LAS GRANDES PELÍCULAS ASIÁTICAS

ESPIRITUALIDAD, VIOLENCIA Y EROTISMO EN EL CINE ORIENTAL

Silvia Rins

LAS GRANDES PELÍCULAS ASIÁTICAS

ESPIRITUALIDAD, VIOLENCIA Y EROTISMO EN EL CINE ORIENTAL

EDICIONES JC

Foto de portada
Flowers of Shanghai (*Las flores de Shanghai,* 1998), de Hou Hsiao Hsien

Diseño de cubierta
Marisa Morea

Esta obra ha sido publicada con una subvención de la Dirección General del Libro, Archivos y Bibliotecas del Ministerio de Cultura.

Rodríguez San Pedro, 2. 28015 Madrid (España). Tfno/Fax 91 446 96 92
edicionesjc@telefonica.net

Impreso en España - *Printed in Spain*

ISBN: 978-84-89564-52-7
Depósito Legal: M-55122-2007
Impreso por Omagraf, S. A.
Madroño, 5. Polígono Industrial Rucinar
28970 Humanes (Madrid)

ÍNDICE

A David, que me acompañó en este viaje por el cine oriental.

INTRODUCCIÓN

LAS culturas, religiones y manifestaciones artísticas del Extremo Oriente han penetrado en la última década con fuerza en Occidente. Y no hay que obviar la influencia del cine del sudeste asiático en este proceso de curiosidad, conocimiento y asimilación. La estética precede en el terreno del pensamiento a las ideas, y en la filosofía oriental, igual que en la metafísica occidental, ambas suelen caminar de la mano. Los valores espirituales vertidos en las películas abren horizontes insospechados a un Occidente materialista y pragmático, ávido de alimentar necesidades más profundas que su estómago o su mente. Las huellas de Buda, de Lao Tse, de Confucio son visibles desde Yasujiro Ozu y Kenji Mizoguchi hasta Pan Nalin y Kim Ki-duk. Una aspiración a lo sagrado, a veces arraigada a la ética, otras por encima de la moral –Oriente se halla más cerca de la sabiduría de lo intuitivo, de la contemplación, que Occidente, que ha evolucionado a la sombra de la tecnología de la razón–, omnipresente en la concepción del erotismo. De la belleza convulsiva de Nagisa Oshima a la mirada hierática de Tsai Ming-liang, y, en el paroxismo de la violencia, del sufrimiento humanizado de Akira Kurosawa a la hiperbolización distanciadora de Takashi Miike. Espiritualidad, erotismo y violencia: respuestas que, subliminalmente, contestan nuestros propios interrogantes existenciales.

En este libro se comentan las películas orientales que más han influido e influyen en Occidente; no sólo las que han sobrevivido o triunfado en sus países de origen, sino las de mayor proyección, las galardonadas con premios internacionales y estrenadas o editadas en Europa, y en concreto en España. Cabe decir que en los últimos años, aparte de aumentar los estrenos de cine asiático en las carteleras españolas, se han sucedido las ediciones en DVD de numerosos films imprescindibles que, por entresijos de la distribución, no pudieron verse en las grandes pantallas, así como de recopilatorios de la filmografía inicial de los prestigiosos Takeshi Kitano o Wong Kar-wai, cuyo público fiel ya puede incorporar a su videoteca obras hasta el momento sólo accesibles para incansables visitantes de festivales de cine o críticos especializados. La reciente aparición de una serie de publicaciones y de revistas especializadas sobre cine asiático, tanto en el medio escrito como en el virtual, ha contribuido a fomentar el interés por estas cinematografías llamadas periféricas. La democratización de la cultura audiovisual entraña, como en otro tiempo ocurriera con la imprenta, su difusión y, sobre todo, su libre reinterpretación, más allá de los dictámenes de los criterios comerciales.

El cinematógrafo fue vivido en Oriente como un invento importado de Occidente, pero se desarrolló arraigado a las culturas autóctonas. En la India llegó a Bombay en 1886, pocos meses después de que las proyecciones de los hermanos Lumière despertaran expectación en París. El primer largometraje, basado en un cuento del *Mahabarata*, data de 1913. Una floreciente industria se consolidaría en las décadas siguientes con los melodramas del popular Raj Kapoor o el maldito Guru Dutt. En la actualidad es el país con mayor producción cinematográfica del mundo y el que exporta menos films a Estados Unidos, lo que corrobora la fuerza de su mercado y su capacidad de abastecimiento. Pese a que el cine que llena las carteleras es el comercial y festivo de *Bollywood*, en Europa causó admiración en los años cincuenta el realismo poético del bengalí Satyajit Ray, y en la década de los ochenta dos directoras como Mira Nair o Deepha Mehta han contribuido a revelar las injusticias sufridas por algunas de las víctimas de la jerarquizada sociedad india: niños, mujeres y castas inferiores.

El inicio del cine japonés corre paralelo al de las cinematografías occidentales. Occidente ha podido conocer, aunque con retraso, algunas de sus grandes obras de la primera mitad de siglo XX,

Los amantes crucificados, de Kenji Mizoguchi.

teniendo en cuenta que el noventa por ciento de las películas realizadas entre 1897 y 1945 se perdió debido a las consecuencias del terremoto de Kanto de 1923, los bombardeos durante la Segunda Guerra Mundial y la censura de la posguerra. Durante ese período, Japón fue el mayor productor de películas por año, prueba suficiente de la potencia de su industria. Akira Kurosawa y Kenji Mizoguchi, en primer lugar, y más tarde Yasujiro Ozu no tardaron en traspasar fronteras y ser objeto de culto en los festivales europeos, como ocurriría con Mikio Naruse, Kon Ichikawa,

Kaneto Shindo o Misaki Kobayashi; en los años setenta los secundará una nueva generación de cineastas interesada por las clases sociales marginadas y los deseos viscerales, donde se sitúan Nagisa Oshima y Shohei Imamura.

Ligado a la filmación de espectáculos tradicionales como la ópera o las marionetas, el cine chino se remonta asimismo a fechas tempranas, si bien su edición y distribución ha sido más escasa en Europa, y especialmente en España. Entre 1896 y 1897, al tiempo que las películas de los hermanos Lumière y de Edison se visionaban en Osaka y Tokio, lo hacían en unos cuantos salones de té de Shanghai, y es precisamente un español, Antonio Ramos, quien fundará el primer cine, el Victoria, en esta ciudad. Entre 1909 y 1912 se crea la compañía Asia y se ruedan los cuatro primeros cortos del país, aunque el primer largometraje de ficción no se producirá hasta 1923. En los años treinta el cine se convirtió, a raíz de la invasión de Manchuria por parte de los japoneses, en un arma patriótica y propagandística que denuncia la opresión social, la pobreza o el paro de la mano de jóvenes intelectuales de izquierdas, igual que hacia finales de los años cuarenta arremetería contra el despotismo del gobierno nacionalista. A mediados de la década de los cincuenta el cine chino se versatiliza y empieza a asomar con timidez en la crítica internacional, pero de nuevo debe replegarse con la llegada de la Revolución Cultural, que se dedicó a deportar a campos de trabajo a los artistas e intelectuales sospechosos de ser contrarios al nuevo régimen, y desaparecerá para el resto del mundo durante casi una década. Sólo tras la llegada de Deng Xiaoping al poder y gracias a las ayudas materiales del Estado aparecen una serie de directores que cultivan todos los géneros con pretensiones artísticas desconocidos en España: Yuan Muzhi, Chen Boer, Situ Huimin, Zheng Junli, Tian Fang, Jin Shan, Sun Yu. Es la Quinta Generación de realizadores la que se dará a conocer en Europa a partir de los años ochenta, encabezada por Zhang Yimou y Chen Kaige, cuyos primeros dramas esteticistas empapados de cierto inconformismo social han evolucionado hacia fantásticas y barrocas epopeyas chinas plagadas de efectos digitales. Aparte

La joya de Shanghai, de Zhang Yimou.

Yasujiro Ozu

de China continental, Hong Kong, la antigua colonia británica, ha sido la cuna de un peculiar cine de acción que ha alcanzado celebridad mundial con Bruce Lee, Jackie Chan y John Woo. Wong Kar-wai se ha alzado como espléndido ejemplo de drama elegante y sofisticado, y la Nueva Ola Cinematográfica de los ochenta en la República de Taiwán ha propiciado una interesante generación de realizadores, capitaneada por el contemplativo y minimalista Hu Hsiao-hsien.

Carente de una tradición que lo respaldara, como el japonés o el chino, el cine de Corea del Sur renace de las cenizas de la modernidad. En las últimas décadas se ha afianzado con fuerza y ha traspasado fronteras nacionales, hecho ligado al desarrollo de un régimen democrático y liberal presto a apoyar unas filmografías en las cuales se alían la experimentación estética y la temática radical del cine independiente con el éxito comercial. Así, el cine coreano aparece como uno de los más asombrosos e intensos, capaz de aunar el lirismo y la crueldad en Kim Ki-duk, el humor y la crítica social en Bong Joon-ho o la violencia y la estilización en Park Chan-wook. Desde el sur del Pacífico, también el cine tailandés se hace un hueco en las cinematografías mundiales con la mirada distanciada y misteriosa de Apichatpong

Weerasethakul, impregnada de la mitología popular de su país. Acaso el cine vietnamita, el filipino o el mongol sea el siguiente en llamar a nuestras puertas.

Si el cine oriental bebió en sus comienzos de los modelos occidentales, donde encontró inspiración técnica y genérica, en las postrimerías del siglo ha tomado la delantera erigiéndose en el referente de muchos directores de Europa y Estados Unidos. Los *remakes* de películas japonesas de terror, los plagios argumentales del *heroic blodshed* de Hong Kong, los préstamos estéticos del drama o el *wuxia* chino... La esencia de numerosos films que no llegan a ser estrenados en nuestro país se encuentra exprimida en versiones, adaptaciones y continuaciones americanas, pergeñadas para obtener recaudaciones sustanciosas en taquilla. Incluso un gran número de directores asiáticos acaban realizando por motivos económicos sus películas en América, a

Qiu Ju, una mujer china, de Zhang Yimou.

gusto del consumidor, según la receta de turno. *Infiltrados*, de Martin Scorsese, galardonada con el Oscar a la mejor película del año 2006, es un *remake* de la coreana *Infernal Affairs* (2002), de Wai Keung-lau y Siu Fai-mak, en España editada en DVD con el título de *Juego sucio*. Por supuesto, la versión americana da una vuelta de tuerca al guión y dota al final de un toque moralista que desvirtúa el mensaje doloroso e irónico de la obra original. Lo más sorprendente, sin embargo, son los planos calcados de la fuente de inspiración hongkonesa, los cuales confirman que un gran presupuesto no es sinónimo de creatividad, todo lo contrario, puede coartarla o disimular una falta de ideas propias. Con motivo del estreno de *Tigre y dragón* (2000), primer film chino subtitulado en salas comerciales de Estados Unidos, el director taiwanés Ang Lee declaraba: "Creo que Hollywood se ha convertido en un gran monopolio que ya no está ofreciendo grandes películas. Es hora de que se produzca un cambio, de empezar a generar un intercambio cultural en términos igualitarios". De hecho, cada vez hay menos diferencias entre películas occidentales y orientales, la absorción de influencias se confunde con las inevitables interacciones de un mundo globalizado.

El exotismo del cine oriental que se dio a conocer en los años cincuenta apenas tiene presencia, salvo en las puntuales recreaciones históricas. La típica confrontación de costumbres y culturas locales frente a las invasoras ideas occidentales de los ochenta se ha diluido, y en el siglo XXI, en vez de hallar el reflejo de la imagen idílica de dichos países, tropezamos con personajes, situaciones y temores similares a los de nuestra vida cotidiana. La violencia épica del cine clásico de samuráis, de kung-fu o de acción de los setenta se manifiesta en directores como Takeshi Kitano, Park Chan-wook o Takashi Miike con una dimensión estetizante y autoparódica que entronca sus propuestas cinematográficas con la posmodernidad. Un callejón sin salida o un festival de fuegos artificiales donde lo sangriento compone coreografías no exentas de lirismo borra las fronteras entre la realidad y el sueño, de las cuales el espectador emerge, como de los *animes* de Katsuhiro Otomo o Hayao Miyazaki, de una orgía de sen-

Akira Kurosawa

saciones. Los modelos narrativos clásicos de Yasujiro Ozu, Kenji Mizoguchi o Mikio Naruse son sustituidos en los nuevos directores independientes, algunos de los cuales han optado por fundar sus propias productoras, por opciones formales que pretenden comunicar el sentido caótico, descarnado y anodino de la contemporaneidad; o bien, con los largos planos fijos, congelados de Tsai Ming-liang, transmitir la sensación desasosegante de la incomunicación o la dificultad de expresar los sentimientos en una sociedad impersonal, frígida, desnaturalizada. El cine oriental no se diferencia del occidental por inventar nuevas técnicas cinematográficas, sino por utilizar las convencionales de una manera diferente e impregnarlas del aroma de sus culturas. Más presentacional que representacional, más expositivo que ficcional, persigue la iluminación a partir de la fuerza de la imagen, obligando al espectador a actuar como un *benshi* introspectivo –voz cronista que acompañaba al cine japonés mudo– y a otorgar sentido a la sucesión de fotogramas en vez de seguir el hilo de un argumento: éste puede existir como fondo, decorado, o bien brotar de una mera operación mental. La identificación entre la historia y el espectador no se produce, pues, automáticamente, sino a través de revueltas y atajos, de un efecto óptico. En un mundo multicultural, donde las diferencias entre grupos están predeterminadas por las identidades compartidas, el espectador debe tender puentes para alcanzar la complicidad con la diferencia.

No es necesario hablar desde un púlpito o una cátedra para comunicar el entusiasmo por la cultura. En plena era de la globalización, bombardeados por la información y presionados por un consumismo masivo e indiscriminado que ha hecho del arte una víctima ejemplar de la tiranía del mercado, el cine asiático todavía posee en España algo de sectario, con el buen sentido del secretismo implícito en esta palabra. Como las cosas puras y realmente valiosas, se transmite boca a boca en impresiones, sugerencias o recomendaciones, formando cadenas de amigos invisibles, internautas amantes del cine asiático, críticos y pedagogos de la otredad, estudiosos y acólitos de religiones orienta-

Los amantes crucificados, de Kenji Mizoguchi.

les, viajeros insaciables por el Extremo Oriente, lectores voraces de cómics o videojuegos nipones, todos ellos unidos por el disfrute común de obras bellas, impactantes, singulares. Guiar en el proceso de revelación y descubrimiento de nuevos horizontes es el propósito último de estas páginas, cuya enumeración –más representativa que exhaustiva– de obras y realizadores apuesta por la diversidad, para que generaciones de cinéfilos compartan sus preferencias: ¿es incompatible admirar a Guru Dutt, divertirse con Jackie Chan, estremecerse con Park Chan-wook, soñar con Zhang Yimou, emocionarse con Hirozaku Kore-eda o solidarizarse con Deepa Mehta? A través de la pantalla, nuestros ojos se giran al unísono hacia Oriente en busca de la luz, a la espera del *satori* o revelación. Como si cada fotograma fuera un ideograma.

RASHOMON

Rashomon

FICHA TÉCNICA: 1950. Japón. 88 minutos. **B/N.**
DIRECCIÓN: Akira Kurosawa.
PRODUCTOR: Minoru Jingo.
PRODUCCIÓN: Daiei Motion Picture Co. Ltd. y Daiei Studios.
GUIÓN: Akira Kurosawa y Shinobu Hashimoto, basado en dos novelas cortas de Ryunosuke Akutagawa, "En una arboleda" y "Rashomon".
FOTOGRAFÍA: Kazuo Miyagawa.
MÚSICA: Fumio Hayasaka.
MONTAJE: Akira Kurosawa.
REPARTO: Toshiro Mifune (Tajomaru), Machiko Kyo (Masako), Masayuki Mori (Takehiro), Takashi Shimura (leñador), Minoru Chiaki (sacerdote), Kichijiro Ueda (aldeano), Fumiko Honma (médium), Daisuke Kato (policía).

La presentación en el Festival de Venecia de 1951 de *Rashomon*, de Akira Kurosawa, donde ganó el León de Oro, se considera el momento clave en que el mundo occidental giró el rostro hacia Oriente o, mejor dicho, lo alzó. Para algunos, incluida la crítica japonesa, el jurado hacía una concesión al exotismo oriental, pero lo cierto es que fue toda una lección de maestría visual y formal para quienes habían ignorado la envergadura del cine japonés que, desde sus inicios en 1889, había experimentado una evolución paralela a la del cine europeo o norteamericano. De *Rashomon* llamó la atención tanto el sentido poético de sus imágenes, apoyado en una rigurosa planificación de los movimientos de cámara y una estructura narrativa pionera (*flashbacks* que repiten un mismo suceso con variaciones), como su trasfondo ideológico, la exploración de la fragilidad del concepto de verdad. El argumento se desarrolla alrededor de un motivo: el ataque de un bandido a un matrimonio que atraviesa un bosque. Encontrado el cadáver del marido, da comienzo una investigación donde cada uno de los implicados ofrece un punto de vista distinto de lo ocurrido, incluido el muerto, que habla a través de una médium. Sobre estos irreconciliables testimonios reflexionan tres personajes durante una tormenta cobijados bajo Rashomon, la gran puerta de entrada a Kyoto, la que fuera capital durante el periodo Heian (794-1194): un monje, un criado y un leñador; éste último, testigo casual de los hechos comentados, aportará su propia versión del asunto. No es de extrañar que los productores de la compañía Daiei, cuando leyeron el guión entre reticentes e intrigados, pidieran explicaciones a Kurosawa sobre su sentido. Éste respondió: "Los seres humanos somos incapaces de ser sinceros con nosotros mismos. No somos capaces de hablar de nosotros sin pavonearnos. Este guión retrata al ser humano, el tipo de ser humano que no puede sobrevivir sin mentirse para creerse que es mejor de lo que realmente es".

La lección que se desprende de *Rashomon*, o bien el debate moral que propicia, es una tragedia universal y atemporal. A partir de la profundidad y modernidad psicológica de los relatos en que se inspira, Kurosawa da forma a los impulsos y las complejidades del corazón humano rastreando la estética del cine mudo, explorando el uso metafórico de la luz y, por primera vez, atreviéndose a enfocar una cámara al sol; rostros iluminados por las sombras de la hojas: así son las verdades de los hombres. Asimismo, el *flashback* se emplea no para iluminar el presente a la luz del pasado, como en la tradición occidental, sino más bien como en la poesía japonesa, para sugerir un paralelismo entre diversas realidades. Una misma historia genera muchas historias, un sinfín de mentiras donde cada personaje se esfuerza por ofrecer a los demás lo que se espera de él, incluso en el mundo de los muertos: la esposa debe ser débil y abnegada, el marido enamorado y engañado, el canalla agresivo y triunfante. En su "Autobiografía", Kurosawa destaca algunas anécdotas acaecidas durante el rodaje, como los ataques de sanguijuelas en el monte Nara, el abanico con tres caracteres chinos "Bien para la humanidad" que le regaló el abad del templo de Komyoji o los coches de bomberos que pidieron prestados para emular la lluvia sobre el inmenso decora-

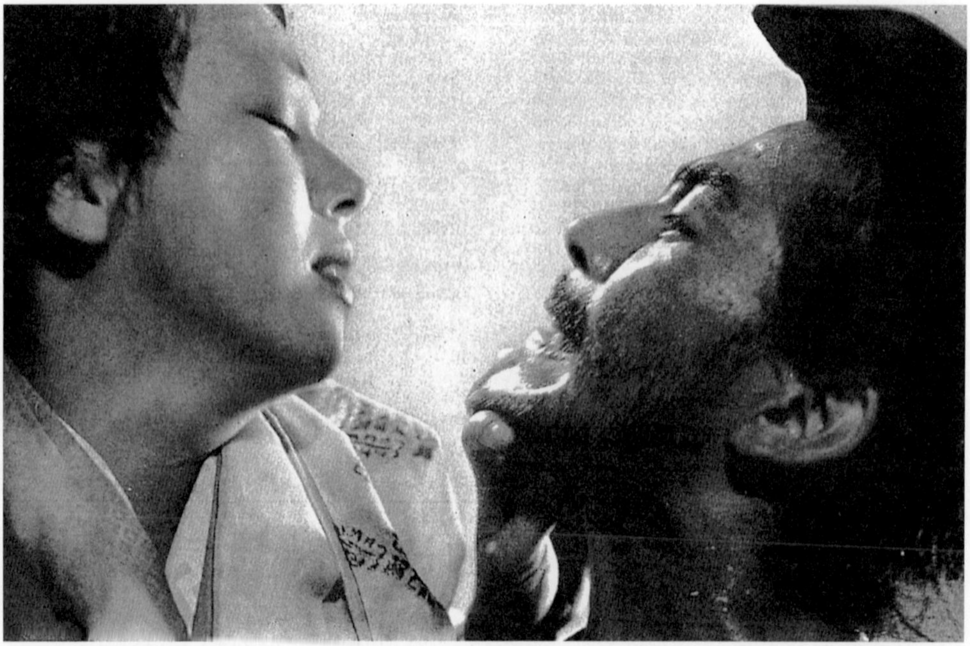

do de la puerta de Rashomon. Pero también destaca la hipócrita actitud del presidente de la Daiei, reacio a la realización de la película y crítico con el resultado final, cuando compadeció tras su éxito internacional ante las cámaras de televisión, elogiando el mérito de que por primera vez en una película japonesa una cámara se hubiera dirigido directamente al sol, sin nombrar ni al director ni a Miyagawa Kazuo, artífice de la proeza: "Al escuchar la entrevista tuve la sensación de volver a *Rashomon* nuevamente. Fue como si las patéticas ilusiones del ego, todos esos fallos humanos que yo había intentado retratar en la película, fuesen mostrados en la vida real. La verdad es que tenemos una dificultad inmensa en hablar de nosotros mismos tal y como somos".

Kurosawa podía haber puesto punto final a la película en la última declaración, la del leñador, un hombre simple que no parece tener razones para mentir –por algo esta versión de los hechos es la única en la cual la música ha sido sustituida por ruidos naturales–, donde ni la esposa es tan frágil, ni el marido tan indefenso, ni el bandido tan aguerrido. Sin embargo, opta por añadir un apéndice, un acto de compasión que nos demuestra que hay algo más allá de la verdad múltiple o inconsistente –uno tiene la impresión que apenas es la posición de la cámara la que funda certezas, la que revela al cine como arte manipulador–, un acto de reflexión implícito sobre la responsabilidad que tiene el individuo para mejorar el mundo, y que bebe de la fuente del budismo, pese a su aparente inspiración cristiana. La esperanza final del monje proviene de la actitud individual de un hombre capaz de contrarrestar la influencia de la tendencia generalizada al egoísmo de la raza humana: "En esta puerta vivía el diablo, pero se fue porque se asustó de los hombres". Kurosawa cierra así una película que hasta el momento había abierto posibilidades de realidad, una tras otra, sin cerrarlas. El mundo es ilusión, apariencia, pero sólo el amor desinteresado por otros seres puede dar sentido a nuestra vida, conseguir el desplazamiento del centro del yo a los demás, idea que encarnará el burócrata filántropo, canceroso redimido en Buda moderno, de su siguiente película, *Vivir* (1952). La realidad parece un espejismo o un sinfín de espejismos, pero he aquí la paradoja, nuestros actos no carecen de realidad.

En el reparto de *Rashomon* destaca la vitalidad de Toshiro Mifune, sus ademanes directos y expeditivos y sus facciones vigorosas, que recuerdan al personaje del demonio en el teatro Noh, y la gestualidad teatral no menos expresiva y apasionada de Machiko Kyo, una actriz que demostrará su capacidad interpretativa en algunas de las obras que darán a conocer el cine japonés en Occidente, como *La puerta del infierno* (1953), poco después ganadora del Festival de Cannes y del Oscar a la mejor película extranjera. También es una historia legendaria que retrocede a un Japón medieval y guerrero, y plantea el dilema de la lealtad y la traición en una mujer casada que un samurái reclama como recompensa a sus heroicidades, pero que deslumbrará a la crítica occidental por motivos diferentes a *Rashomon*: la plasticidad de sus largas secuencias y el peculiar uso del color, ya que Teinosuke Kinugasa, que había empezado en el mundo del cine como actor especializado en papeles femeninos u *oyama* antes de que su carrera como director en la época muda lo situara en la vanguardia cinematográfica, fue el primero en utilizar el sistema Eastmancolor en el cine japonés.

EL VAGABUNDO

Awaara

FICHA TÉCNICA: 1951. India. 193 minutos. **B/N.**
DIRECCIÓN: Raj Kapoor.
PRODUCTOR: Raj Kapoor.
PRODUCCIÓN: All India Film Corporation y R.K. Films Ltd.
GUIÓN: Khwaja Ahmad Abbas.
FOTOGRAFÍA: Radhu Karmakar.
MÚSICA: Jaikishan Dayabhai Pankal y Shankarsinh Raghuwanshi.
MONTAJE: G.G. Mayekar.
REPARTO: Prithviraj Kapoor (juez Raghunath), Nargis (Rita), Raj Kapoor (Raj Raghunath), K. N. Singh (Jagga), Shashi Kapoor (Raj de niño), Cuckoo (bailarina), B.M. Vyas (Dubey, padre de Rita).

EL cine indio desarrolló desde sus inicios una de las industrias cinematográficas más florecientes del mundo, aunque para el público occidental, y en concreto para el español, se trata de un desconocido. Una de sus peculiaridades, que ha pervivido hasta la actualidad, es la importancia de la música: se diría que, en ocasiones, la trama narrativa resulta un mero pretexto para insertar danzas y canciones. Aparte de la afición del pueblo indio a estas manifestaciones artísticas arraigadas a su folclore, otras razones que conforman un rasgo cinematográfico son que grandes compositores y coreógrafos indios, como Ghulam Haydar o Kazi Nazrul, hayan puesto su genialidad a su servicio, contribuyendo a su singular desarrollo. Coincidiendo con el advenimiento del sonoro a principios de la década de los treinta, otro motivo primordial es la decisión de adoptar el hindi como lengua franca, en una nación con veinticinco estados y más de dieciséis lenguas, donde el cine hindi coexiste con el bengalí, el tamil, el kannada, el malayalam o el telug; el *playback*, con cantantes de la categoría de Lata Mangeshar, que llegó a interpretar 25.000 canciones en ocho lenguas de la India, contribuyó a situar a la canción en un plano privilegiado. Todos estos factores incidieron en la exuberancia y la potencia musical de *Bollywood*, de donde surge uno de los más populares directores de la India, famoso tanto por la perfección técnica de sus planos como por la crítica social que impregna sus películas: Raj Kapoor.

Estructurada en rígidas castas bajo los auspicios del hinduismo, el sistema religioso y filosófico más antiguo del mundo, la sociedad de la India es una de las más jerarquizadas. De algunos textos sagrados se sobreentiende que las castas inferiores cometieron numerosos pecados en sus vidas pasadas, por lo cual deben servicio y obediencia a las superiores, presupuesto aprovechado por los brahmanes (sacerdotes) para ejercer su dominio sobre los guerreros (*shatrias*), los artesanos y comerciantes (*vaisias*) y los granjeros y campesinos (*sudras*). Más allá de unas creencias que, por muy asombroso que parezca, todavía fundamentan la socioeconomía de la India, *El vagabundo* cuestiona convicciones arraigadas en la mentalidad hindú desde el punto de vista del determinismo social: ¿el hijo de un hombre respetable tiene que ser también respetable?, ¿el hijo de un ladrón debe ser necesariamente otro ladrón? La película se inicia con la visión de un tribunal donde un reo es juzgado por asesinato. Defiende al acusado una mujer que interroga al juez Raghunath, a partir del cual Kapoor nos transporta al pasado a través de un elegante *flashback*. Los saltos entre pasado y presente se producen sin brusquedad gracias al uso de transparencias, recurso heredero del cine expresionista y surrealista europeo, junto a los juegos de luces y sombras de un suntuoso blanco y negro, y las reminiscencias de la gestualidad y expresividad del cine mudo. En el episodio del rapto de Leela, la mujer del abogado Raghunath, que defiende a Jagga, un bandido vengativo, retumban ecos del célebre "Ramayana", la epopeya épica en sánscrito de la India. La desconfianza que éste siente hacia su mujer tras el secuestro, convencido de que el hijo que va a alumbrar es fruto de la violación de un maleante, desencandena el drama: Leela es expulsada de la casa y debe criar a su hijo, Raj, en los arrabales de Bombay, trabajando duramente para que el muchacho pueda ir a la escuela. La pobreza y la mala influencia de Jagga, que acecha a Raj para llevarle por el mal camino, propician que abandone los estudios y acabe en un reformatorio sin haber cometido ningún delito. Cuando pasados los años queda en libertad, es un ladronzuelo habilidoso, un simpático granujilla que aparenta un comportamiento modélico para impresionar a la mujer amada, Rita, una antigua compañera de colegio con quien se vuelve a encontrar, ahora una joven culta y de voluptuosa belleza (se trata de la célebre actriz Nargis, musa y amante de Kapoor, y madre del actor Sanjay Dutt, considerado el chico malo del cine de *Bollywood*). Rita, con su severo traje de abogada, le defiende en el juicio presidido por el juez Raghunath, a través del cual Raj conseguirá reconciliarse con su verdadero padre (Prithviraj Kapoor y Raj Kapoor, el juez y el delincuente, padre e hijo en la ficción y en la vida real). Pero las rejas del oscuro calabozo, como las escaleras que en el plano onírico separan el infierno de Raj, aprisionado por un esqueleto y rodeado de monstruos, del luminoso cielo de Rita presidido por una benigna divinidad, inciden en la imposibilidad de trascender las barreras de sus respectivas clases. ¿Cómo superar ese inmovilismo social, en el caso de la India apoyado en la religión, que condena al hombre antes de haber cometido un crimen, propiciando que se convierta en un criminal? Estas sugestivas disquisiciones favorecieron que la película se exportara a países como China y Rusia, cuyos dirigentes encontraron el mensaje subliminal muy de acuerdo con las ideas del comunismo.

Productor, guionista, director y actor de gran parte de sus films, Kapoor tiene en común con Chaplin su condición de artista polifacético, pero también el idealismo romántico que emanan sus obras; y cómo no, un personaje que aparece por primera vez en *El vagabundo,* Raj, y que tiene mucho del inefable Charlot, aunque alcanzará pleno desarrollo en *Shree 420 (El Sr. 420*, 1955), en alusión al Decreto 420 del código penal indio, el del fraude, que hizo que dicho número se extendiera en la lengua coloquial para designar a los timadores y tramposos. En esta película, Kapoor denuncia cómo la sociedad actual premia a los ladrones y oportunistas frente a una clase trabajadora empobrecida, cada vez más castigada por el desempleo. El protagonista es un muchacho de pueblo que pasa de una India rural exótica de marajás, elefantes, cobras y bailarinas a la deshumanizada urbe de Bombay, donde el camino hacia el éxito implica la estafa y la explotación de los humildes, es decir, la degeneración moral del individuo. La India de templos y naturaleza exuberantes la recreará el director a todo color en la posterior *Satyam Shivam Sundaram* (*Verdad, fuerza, belleza*, 1978), la historia de una joven con la mitad del rostro desfigurado a causa de un terrible accidente que siempre va cubierta por un velo, pero de cuya melodiosa voz se enamora un joven ingeniero.

CUENTOS DE LA LUNA PÁLIDA DE AGOSTO

Ugetsu monogatari

FICHA TÉCNICA: 1953. Japón. 94 minutos. **B/N.**
DIRECCIÓN: Kenji Mizoguchi.
PRODUCTOR: Masaichi Nagata.
PRODUCCIÓN: Daiei Studios.
GUIÓN: Yoshikata Yoda y Matsutaro Kawaguchi, basado en la adaptación de los relatos "Asaji ga yado" y "Jasei no in", de Akinari Ueda.
FOTOGRAFÍA: Kazuo Miyagawa.
MÚSICA: Fumio Hayasaka, Tamekichi Mochizuki y Ichiro Saito.
MONTAJE: Mitsuzo Miyata.
REPARTO: Masayuki Mori (Genjuro), Machiko Kyo (lady Wakasa), Kinuyo Tanaka (Miyagi), Eitaro Ozawa (Tobei), Ikio Sawamura (Genichi), Mitsuko Mito (Ohama), Kikue Mori (Ukon), Ryosuke Kagawa (maestro de la villa), Eigoro Onoe (caballero), Saburo Date (Vassal), Sugisaku Aoyama (viejo sacerdote).

LA primera película de Kenji Mizoguchi estrenada en Europa deslumbró por la belleza de su fotografía y sus planos pictóricos, verdaderos cuadros en movimiento donde se dan cita la luz y la sombra, la plasticidad y la fragilidad, lo terrenal y lo etéreo. Autor de una filmografía de más de ochenta películas que se inicia en la segunda década del siglo, en Occidente iba a adquirir renombre por su producción de los años cincuenta, a partir del León de Plata que obtuvo en el Festival de Venecia *Cuentos de la luna pálida de agosto*. Los japoneses, por naturaleza taciturnos y serenos, son grandes amantes de la luna, que, presente en las más delicadas *wakas* y *haikus*, se manifiesta también en numerosas historias de carácter fantástico, como este elegante y melancólico melodrama *shibui*, donde el astro nocturno evoca un espacio difuso entre la realidad y el sueño, en la frontera del territorio de los vivos y los muertos.

A finales del siglo XVI, dos matrimonios, Genjuro y Miyagi, y Tobei y Ohama, habitan una aldea del norte de Japón próxima al lago Biwa. Ante la amenaza de la guerra y el saqueo de su poblado, Genjuro propone que se dirijan a la ciudad y se enriquezcan con la oportuna venta de su cerámica. Miyagi accede, pese al riesgo que implica esta decisión para ella y Genichi, su hijo. Tobei, que pretende ser samurái, pese o a causa de los reproches de Ohama, su mujer, decide acompañarle. Los cinco cogen una barca abandonada en la playa de Onowe que avanza mientras la cámara, impasible, la observa desde un lateral del encuadre. De repente, Ohama, que lleva el timón, se detiene y una triste melodía es interrumpida por una siniestra percusión. Otra barca se aproxima en dirección contraria, y en su interior agoniza un comerciante moribundo que les advierte de la amenaza de piratas, despiadados saqueadores, asesinos de hombres y violadores de mujeres. La barca vira y desaparece en la espesa niebla, como un mal presentimiento. Esta escena fantasmagórica, que inspirará la fuga de los protagonistas de *Los amantes crucificados* (1954), se halla impregnada de la misma teatralidad *noh* que el posterior encuentro de Genjuro con la princesa Wakasa. Mizoguchi, que había cursado estudios de arte y pintura, saca el mejor partido del plano secuencia, que en el cine oriental tiene una función más contemplativa o decorativa que narrativa, rodando a una cierta distancia el acontecer de los hechos. Desde el principio, un halo de misterio se proyecta en la figura hierática de la princesa, cuyo velado rostro constituye en sí una máscara. Una vez en su mansión, tras desplegar sus ardides seductores danzando con un abanico en una extraña ceremonia –que obedece a la premisa "mover diez centímetros el espíritu y siete el cuerpo", atribuida a Zeami, el monje zen creador del teatro *noh*–, Genjuro se despierta sorprendido en su mismo lecho. Poco después, los amantes toman un baño en medio del bosque, entre unas rocas, o juegan como dos niños traviesos en un bello prado. Su pasión se contextualiza en una naturaleza idílica, donde se diría que el tiempo se ha detenido y los recuerdos de Genjuro desvanecido.

Pero lo que podría ser una historia de fantasmas adquiere entidad de cuento filosófico, con reminiscencias budistas, sobre la falsedad de las apariencias (basta recordar que Genjuro consigue deshacerse de su obnubilamiento gracias a la advertencia de un monje sintoísta, que tatúa en su cuerpo la armadura de Buda para protegerlo de los capciosos poderes del más allá), al fijar la única verdad sostenible en el universo interior y concebir el arte como un acto que, lejos de saciar la vanidad del hombre, tiene como sublime objetivo revelarle su esencia profunda. Genjuro regresa a los valores familiares, al mundo de lo concreto y de los afectos, tras dejarse tentar por los destellos de las ilusiones. La ambición –sea de dinero, de fama, de belleza– contiene un demonio engañoso, una mujer serpiente que anula nuestra voluntad y borra nuestra conciencia. Las desventuras de Tobei y Ohama corren por otros vericuetos, pero en sentido paralelo al de Genjuro y Miyagi. Tobei consigue, con la impostura de atribuirse la muerte de un terrible guerrero que se hizo el harakiri, el prestigio de samurái al cual aspiraba. Descubrir que su esposa, a la que había abandonado, es ahora una prostituta le revela la doble fatuidad de su triunfo. Miyagi y Wakasa, al fin y al cabo víctimas de la crueldad de los hombres, condenadas a vagar como almas en pena, participan de una misma dimensión espiritual. Genjuro alcanza la paz en su humilde torno de alfarero, bajo la mirada reconfortante que su esposa le devuelve desde cada objeto, cada árbol, cada rayo de luz: "Ahora que os habéis convertido en el hombre que deseaba que fuérais ya no soy de este mundo. La vida es así, ¿no es cierto?". En *Cuentos de la luna pálida de agosto* la lucha entre realidad y deseo se resuelve con el resquebrajamiento de un espejismo. O en palabras del poeta Matsuo Basho:

A la luz de la luna
había flores
y sólo era un campo de algodón.

CUENTOS DE TOKIO

Tokio monogatari

FICHA TÉCNICA: 1953. Japón. 136 minutos. **B/N.**
DIRECCIÓN: Yasujiro Ozu.
PRODUCTOR: Takeshi Yamamoto.
PRODUCCIÓN: Shochiku Kinema Kenkyu-jo.
GUIÓN: Kogo Noda y Yasujiro Ozu.
FOTOGRAFÍA: Yuuharu Atsuta.
MÚSICA: Kojun Saito.
MONTAJE: Yoshiyasu Hamamura.
REPARTO: Chishu Ryu (Shukishi Hirayama), Chieko Higashiyama (Tomi Hirayama), Setsuko Hara (Noriko), Haruko Sugimura (Shige Kaneko), So Yamamura (Same per), Kuniko Miyake (Fumiko), Kyoko Kagawa (Kyoko), Eijiro Iono (Sanpei Numata), Nobuo Nakamura (Kurazo Kaneko).

La familia tradicional japonesa experimentaba desde los años treinta una crisis, fruto de los problemas económicos que el país había atravesado durante el período de preguerra y que se agravaron con la posterior derrota en la guerra, cuyos dictámenes del Mando Supremo de las Potencias Aliadas para fortalecer la democracia y el progreso acabaron desembocando en la vida urbana e industrializada de los años cincuenta. Esta evolución es plasmada por el director Yasujiro Ozu a lo largo de una filmografía que mereció una primera retrospectiva en Londres a mediados de la década de los setenta, en 1978 en París y en 1979 en Madrid. La principal razón de este conocimiento tardío de su obra más allá de las fronteras de su país se debe al convencimiento por parte de los propios japoneses de que, al contrario que las recreaciones exóticas del Japón medieval, ésta no iba a ser comprendida y, por tanto, apreciada por los extranjeros: Ozu realizaba *shomin geki*, dramas íntimos y realistas sobre la gente de clase media, que era el grupo más numeroso de espectadores nipones, poniendo de relieve las diferencias entre tradición y modernidad, medio rural y urbano, costumbres orientales y hábitos occidentales.

En *Cuentos de Tokio* (en japonés, la palabra *monogatari* tiene la significativa doble acepción de "cuento" y "viaje"), dos ancianos residentes en Onomichi, Sukishi y Tomi, se dirigen a la capital para visitar a sus hijos, tras años sin verlos. En casa de su hijo mayor, un pediatra, son atendidos por su amable esposa y dos nietos mal educados, que los toleran con cierta hostilidad, ya que han tenido que ceder una de sus habitaciones a los ancianos. No obstante, Tomi puede pasear y jugar con su nieto pequeño en un terraplén junto a la vivienda, situada en los suburbios de Tokio. Más tarde acuden a casa de su hija Shige, que es propietaria de un salón de belleza y no deja de lamentarse por la falta de tiempo para ocuparse de ellos, mientras recrimina a su marido que regale a sus suegros dulces caros que no van a saber apreciar. De común acuerdo, los dos hijos deciden enviar a los ancianos a un caro balneario junto a la playa para que se distraigan. Seshiki y Tomi aceptan estas improvisadas vacaciones, y aunque el lugar es hermoso, el bullicio nocturno de los turistas jóvenes no les deja dormir. Pronto sienten que ha llegado la hora de regresar al lado de los suyos. No obstante, a su vuelta a Tokio antes de lo previsto son acogidos con frialdad por los hijos, en especial por Shige, que se avergüenza de ellos delante de sus clientes: "Son unos conocidos que vienen del campo". Ozu pasaba meses escribiendo junto a Kogo Noda los guiones de sus películas, y una vez acabados los seguía de manera inflexible, dando precisas instrucciones al reparto de actores con los que trabajaba desde 1948 sobre ademanes y movimientos en el escenario, construyendo a partir del encadenamiento de escenas-anécodotas su visión sobre la desintegración de los valores familiares.

Paradójicamente, ese día en que los ancianos se convierten en unos "sin techo" y se sientan en el banco de un parque a contemplar un Tokio inmenso y efervescente donde "si por casualidad se perdiesen podría pasar que no se reencontraran jamás" será uno de los más conmovedores y emocionantes de su estancia. Alojada en el modesto apartamento de su nuera Noriko, con

quien disfruta del placer de compartir una taza de té, un masaje y una conversación sincera y apacible, llena del afecto que se espera de una hija, Tomi la insta a que supere la muerte en la guerra de su esposo y encuentre un nuevo marido y la felicidad. Mientras tanto, Sukishi cena con un viejo amigo, con quien comparte una alegre y a la vez reflexiva velada, amenizada con una borrachera de sake. De regreso a Onimochi, la pareja de ancianos, encarnación del *wabi* –en terminología de la ceremonia del té, de los valores de la sencillez y la humildad–, no disimulan su decepción por el trato indiferente y ofensivo recibido por sus hijos. Sin embargo, aceptan la realidad con resignación y optimismo, y prefieren convencerse de que los suyos son mejores que la mayoría.

De repente, Ozu detiene el plano, como si quisiera apresar un mundo en vías de extinción, donde primaba el respeto de los padres y la madre era la encargada de velar por las tradiciones.

La obra tiene una dosis de rebeldía sutil, aunque no se detecten movimientos bruscos ni una palabra más alta que otra. La hipocresía y el egoísmo son actitudes casi palpables que afloran de la banalidad de los gestos o de las palabras que se pronuncian sin pensar. Pero lo que se dice importa poco, importa lo que vemos, en el posterior funeral: el hijo mayor alegando prisa por atender sus múltiples ocupaciones, la hija mayor arramblando con un chal de la difunta, frente a la indignación de la hija menor, una maestra que vive con los padres, y la actitud comprensiva y conciliatoria de Noriko: "A cada cual le cuesta su propia vida. Quizá yo también seré así. Es triste imaginarlo". Importa el detalle de la vecina, que en una de las primeras escenas pasa junto al hogar de los ancianos y los saluda a través de la ventana, y en una de las finales pasa de nuevo, y saluda al anciano, ahora solo. Esta vuelta al principio es más que un ardid estructural, ya que realza el ciclo natural de la existencia en una película donde no se percibe amargura contra el destino, apenas cierta indignación frente a las pequeñas mezquindades cotidianas. La vida continúa; a los muertos, indefectiblemente, se les olvida. El gran misterio reside en que ni en lo que se dice ni en lo que se muestra se halla en última instancia el germen de la sobria belleza de esta película de Ozu.

LOS SIETE SAMURÁIS

Sichinin no samurái

FICHA TÉCNICA: 1954. Japón. 206 minutos. **B/N.**
DIRECCIÓN: Akira Kurosawa.
PRODUCTOR: Sojiro Motoki.
PRODUCCIÓN: Toho Company Ltd.
GUIÓN: Akira Kurosawa, Shinobu Hashimoto y Hideo Oguni.
FOTOGRAFÍA: Asazaku Nakai.
MÚSICA: Fumio Hayasaka.
MONTAJE: Akira Kurosawa.
REPARTO: Takashi Shimura (Kambei Shimada), Toshiro Mifune (Kikuchiyo), Yoshio Inaba (Gorobei Katayama), Seiji Miyaguchi (Kyuzo), Minoru Chiaki (Heihachi Hayashida), Daisuke Kato (Shichiroji), Isao Kimura (Katsushiro Okamoto), Keiko Tsushima (Shino).

SEGÚN el Código Bushido o "El camino del guerrero", que se desarrolló en Japón entre la era Heian y Tokugawa (siglos IX-XII), el samurái debía ser capaz de morir por su señor o *daimyo*. En *Los siete samuráis*, Akira Kurosawa plantea cómo este espíritu pervive en siete *ronin*, caballeros errantes y sin dueño, que aceptan ser contratados por unos campesinos a cambio de tres platos de comida al día: siete valientes que, guiados por la compasión, el honor y el valor, se ofrecerán a amaestrarlos en el uso de las armas y a urdir un plan estratégico que les ayude a acabar con los bandidos que cada año saquean sus cosechas. Rodada en una pequeña aldea de las montañas, esta película posee una extraordinaria fotografía de exteriores, que cobra vida propia con el sonido atronador de las herraduras de los caballos, el susurro de los amantes en el bosque arrullados por el canto de los pájaros, la risa estruendosa del fanfarrón Kikuchiyo y las serenas sentencias del maestro Kambei. Tal es la capacidad de Kurosawa para penetrar en la esencia del paisaje. Virtuosismo visual y dominio prodigioso del ritmo dotan a *Los siete samuráis*, donde se utilizaron diversas cámaras para filmar una extraordinaria batalla bajo la lluvia desde varios ángulos, de la acción intrépida de los mejores films de aventuras, impregnada de un halo de espiritualidad. Como afirma Donald Richie en su libro dedicado al cineasta, "*Los siete samuráis* es un film épico bien hecho, una épica del espíritu humano, porque muy pocas películas han logrado llegar tan lejos, mostrar tanto, indicar el alcance sorprendente y terrible de la guerra, y sugerir la valentía personal, la acción gratuita y escoger frente al caos la amenaza abrumadora".

De hecho, *Los siete samuráis*, que parte del folclore japonés y la filosofía zen, y bebe del western clásico, en especial de John Ford, encierra una reflexión sobre el fracaso de las victorias aparentes, la futilidad de la gloria. El personaje de Kikuchiyo, campesino con alma de samurái, expone la diferencia entre dos clases sociales: los campesinos, "avaros, mezquinos y estúpidos", y los samuráis, "crueles, violentos y sanguinarios", causantes del carácter temeroso y servil de los primeros. Se percibe así una concepción ambigua del samurái, un signo de su decadencia, en cuanto su connotación positiva ha desaparecido para parte de la población y se ha convertido en el mercenario cínico y sin ilusiones que se vende al mejor postor, guiado por intereses personales y materiales, que podremos encontrar en *Yojimbo* (1961). Difícilmente podría haber confiado Kurosawa el papel de Kikuchiyo a alguien mejor que a Toshiro Mifune, quien desde *El ángel ebrio* (1948) había revolucionado los cánones tradicionales de la interpretación nipona, influenciados por el hierático y estilizado teatro kabuki, con su comicidad patética y sus grotescas heroicidades. Un cuerpo musculoso, siempre en tensión, una carcajada impulsiva encuentran su contrapunto en la sabiduría reflexiva del líder del grupo, Takeshi Kimura, otro de los actores preferidos de Kurosawa. Pero no sólo la esencia del verdadero samurái se halla perfectamente definida por el director: la joven de quien se enamora Katsushiro, el anciano jefe del poblado, los campesinos temerosos; incluso los bandidos, vistos no sólo como fieros atacantes sino como hombres hambrientos, son más que representantes de una colectividad. El director muestra su interés por los

pobres, los humillados y, finalmente, los perdedores. Ésta es la cara oculta de los samuráis, enaltecidos por los grabados tradicionales, las leyendas de sus gestas, su credo heroico: "No tengo armadura; yo hago de la benevolencia mi armadura. No tengo castillo; yo hago de mi mente inamovible mi castillo. No tengo espada; yo hago de mi no mente mi espada". Ellos, los fuertes, los temidos, los invencibles, que de manera desinteresada protegen a los débiles, son las verdaderas víctimas de la historia: "Ellos, los campesinos, han ganado; nosotros, no", declara Kambei con dolorosa lucidez. El *ronin* idealista, al servicio del campesino, da su vida por el pueblo.

Premiada con el León de Plata en el Festival de Venecia y ganadora del Oscar a la mejor película extranjera en 1956, John Sturges hizo su *remake* con *Los siete magníficos,* un western que alcanzó celebridad internacional. A partir de entonces, resultan innumerables las versiones y variaciones, tanto en Occidente como en Oriente, que ha inspirado esta obra genial. Una de las últimas, desde la perspectiva del *wuxia*, es *Seven Swords* (2005), de Tsui Hark, responsable de la implantación de los efectos especiales en los films de fantasía y artes marciales de Hong Kong durante la década de los ochenta. Como *Los siete samuráis*, cuya versión completa de 206 minutos sólo se puede disfrutar en España editada en DVD desde tiempos recientes, se trata de un producto malogrado por la reducción del metraje que ha sufrido para ser exhibida en las grandes pantallas, lo cual perjudica en especial a la caracterización de los personajes: la elipsis de los detalles de la congregación de los futuros guerreros en el Monte del Cielo, donde un misterioso monje reparte a cada uno sus espadas, no se palía con el recurso final del *flashback*, cuando a la hora de la entrega de las armas se regresa por unos instantes al pasado de los héroes. Su magnífico diseño de peleas y la sofisticación visual no la eximen de la despersonalización e indefinición de sus siete espadachines. La sociología humanista de la obra de Kurosawa se desvanece en el mito fabuloso de Tsui Hark.

SAMURÁI

Miyamoto Musashi

FICHA TÉCNICA: 1954. Japón. 93 minutos. **Color.**
DIRECCIÓN: Hiroshi Inagaki.
PRODUCTOR: Kazuo Takimura.
PRODUCCIÓN: Toho Company.
GUIÓN: Hideji Hojo, Hiroshi Inagaki y Tokuhei Wakao, basado en la novela "Miyamoto Musashi", de Eiji Yoshikawa.
FOTOGRAFÍA: Jun Yasumoto.
MÚSICA: Ikuma Dan.
MONTAJE: Hideshi Ohi.
REPARTO: Toshiro Mifune (Musashi Miyamoto, Takezo), Rentaro Mikuni (Honiden Matahachi), Kuroemon Onoe (Takuan Osho), Kaoru Yachigusa (Otsu), Mariko Okada (Akemi), Mitsuko Mito (Oko), Eiko Miyoshi (Osugi, madre de Matahachi), Akihiro Hirata (Seijuro Yoshioka), Kusuo Abe (Temma Tsujikaze).

NACIDO en Tokio en 1905, Inagaki empezó su carrera de actor a los diecisiete años para la compañía Nikkatsu, fundada en 1912. La gran productora, base de los primeros films japoneses, se especializó en dos géneros que predeterminarían la bifurcación temática del cine nipón: los *gendaigeki*, o dramas contemporáneos, y los *jidaigeki*, de ambientación mítica o histórica. Después de trabajar como ayudante de dirección de Daisuke Ito y Kenji Mizoguchi, Inagaki se decantó por este último género, que en el contexto del cine japonés encuentra su principal referente en las películas de samuráis, y que por la importancia adquirida dentro y fuera de sus fronteras constituyen un subgénero propio, el *chambara*. Siguiendo el ejemplo de ilustres precedentes en la década de los veinte, como *Zanjin zamba ken* (*La espada cortahombres y pinchacaballos*, 1929), de Daisuke Ito, el mundo violento de *Samurái* no está exento de crítica social. La mirada que proyecta hacia el Japón del pasado oscila entre el idealismo hiperbólico y el realismo paródico, y nos sitúa en un momento donde pese a rendirse culto al honor es necesario sobrevivir a las vilezas cotidianas.

Aprovechando todo el talento desgarrador e histriónico de Toshiro Mifune en el papel del protagonista, *Samurái* es la primera parte de una trilogía en torno al personaje de Miyamoto Musashi, que ya había inspirado a Inagaki un notable film en 1940. La película obedece a una doble inspiración, el cine de acción norteamericano y la novela histórica japonesa, ya que utiliza técnicas occidentales, como las panorámicas y el montaje rápido, pero el formalismo de las luchas, así como el esteticismo del paisaje, bebe de pinturas autóctonas y grabados folclóricos. Por esta razón, el uso vibrante del color en las ropas y la sensualidad de la naturaleza, el ritmo veloz con que se suceden las peripecias, la espectacularidad de batallas y persecuciones o la ingenuidad de los diálogos y los episodios sentimentales evocan los films de aventuras hollywoodenses de la década de los cincuenta. Cómico y heroico a la vez, Takezo es un pillo de gran coraje y corazón, un *ronin* vagabundo, en los límites de la ley, que no permite que se pongan riendas a su libertad. No obstante, más allá de su indudable carisma, hay que destacar unos personajes secundarios, en especial los femeninos, de complejidad psicológica y dudosa moral, lo que representa una novedad: mujeres de carne y hueso, sibilinas y tentadoras, en una película de samuráis.

Takezo es un joven huérfano que se ha criado en una aldea de Miyamoto y sueña con alcanzar fama de guerrero junto a su amigo Matahachi. Cierto día, los dos se escapan para combatir en una guerra civil, de la que salen derrotados, maltrechos y hambrientos. Dos mujeres, la viuda Oko y su hija Akemi, los refugian en su casa. Cuando Oko, que roba a los cadáveres de los samuráis caídos en combate, es amenazada por un grupo de bandidos que pretenden apoderarse de su botín, Takezo la defiende y la libra de los asaltantes. Sin embargo, despechada por el rechazo sexual de Takezo, que parece impermeable a sus encantos femeninos, la viuda le cuenta a Akemi que ha intentado abusar de ella, y con sus lágrimas seduce a Matahachi, que, olvidando a su prometida Otsu, decide desertar y huir a Tokio con las

dos mujeres. Al regresar Takezo a la aldea y explicar lo ocurrido, todos desconfían de él, y es acusado de haber abandonado a Matahachi en el campo de batalla. Sólo Otsu, la novia de su amigo, le ayuda a escapar de una emboscada, tras recibir una carta de Matahachi en la cual éste la informa de su boda con Oko. Finalmente, el bravo Takezo escapa de sus enemigos para caer en las manos de un monje budista que, tras un tiempo de aislamiento, lo encauzará por la senda del verdadero samurái, de acuerdo con el Bushido, para el cual un riguroso adiestramiento físico también debe contribuir a fortalecer el carácter y templar el espíritu. Takezo cumple con creces el precepto del *yu*, o valor heroico, del código samurái –"ocultarse como una tortuga en su caparazón no es vivir"; sin embargo, aún no ha llegado a dominar sus extraordinarias fuerzas según el mismo precepto, puesto que "el coraje heroico no debe ser ciego, sino inteligente y fuerte".

Las andanzas de Takezo, que por sus proezas se gana el sobrenombre de Musashi, no han hecho más que empezar, y el interés de la trama sustenta una trilogía épica desarrollada en sucesivas entregas. En *Samurái 2* (1955), el protagonista llega a ser considerado el mejor luchador de Japón y se enfrenta a los miembros de una importante escuela de samuráis. Pese a las numerosas escenas de peleas y habilidosos números con la katana, destaca la ambientación de un Japón feudal, bucólico, presidido por una atmósfera de quietud. Takezo no sólo deberá alcanzar la perfección como samurái, sino escoger entre su sable y su amor por Otsu. *Samurái 3: Duelo en la Isla Ganryu* (1956), sin duda la más artística de la serie, muestra cómo el héroe que ha abandonado la vía del guerrero para compartir los días humildemente junto a Otsu acepta batirse en un último duelo con el brillante guerrero Sasaki Kojiro.

La mayor parte de espectadores recordará a Mifune, fallecido en 1997, como el actor que mejor encarnó los valores ideales de la sociedad japonesa a través de la figura del samurái. Hasta finales de la década de los sesenta siguió representando este papel en películas de proyección internacional, como *La fortaleza escondida* (1958), *Yojimbo* (1961), *Senjuro* (1962), de Kurosawa, o *Los tres tesoros* (1959), de Inagaki. Sin embargo, yo prefiero recordarlo en otro film de Inagaki, menos conocido, más delicado e intimista, *El hombre del carrito* (1958), donde encarna a Matsugoro, un pobre *jinrikista* de triste infancia y juventud pendenciera, que se convierte en el fiel sirviente de una familia acomodada y a quien un amor platónico del que se avergüenza dignifica la soledad de su vejez. Un papel de contenido dramatismo que transpira toda la grandeza interpretativa de uno de los más extraordinarios actores de la historia del cine.

EL INTENDENTE SANSHO

Sansho dayu

FICHA TÉCNICA: 1954. Japón. 120 minutos. **B/N.**
DIRECCIÓN: Kenji Mizoguchi.
PRODUCTOR: Masaichi Nagata.
PRODUCCIÓN: Daiei Studios.
GUIÓN: Fuji Yahiro y Yoshikata Yoda, basado en el relato "Sansho dayu", de Ogai Mori.
FOTOGRAFÍA: Kazuo Miyagawa.
MÚSICA: Fumio Hayasaka, Tamekichi Mochizuki y Kanahichi Odera.
MONTAJE: Mitsuzo Miyata.
REPARTO: Kinuyo Tanaka (Tamaki), Yoshiaki Hanayagi (Zushio), Kyoko Kagawa (Anju), Eitaro Shindo (Sansho dayu), Akitake Kono (Taro), Masao Shimizu (Masauji Taira), Ken Mitsuda (primer ministro Fujiwara), Kazukimi Okuni (Norimura).

DE todas las películas de Mizoguchi, ésta es la más profundamente religiosa, y no sólo por la influencia tácita del pensamiento y la imaginería budista, sino por la serenidad ceremoniosa que emanan los planos, el enaltecimiento de la piedad filial o los juegos de luces del operador Kazuo Miyagawa, que, cuando Tamaki atraviesa el bosque con sus dos hijos, Zashio y Anju, o pasa junto a un campo de juncos que trazan con el viento el movimiento circular de las ondas marinas, revelan un universo donde las certezas se van a dispersar y oscurecer en puras apariencias. Dejando las desventuras de los dos niños en que se centraba la novela de Ogai Mori como un prólogo a la acción principal, el director instó a Yoshikata Yoda, su fiel guionista, a reescribir un híbrido de melodrama y película de tendencia social, o *keiko eiga*, protagonizado por los hermanos adultos, tras haber sido separados de su madre y vendidos como esclavos al cruel Sansho.

Fábula política y discurso filantrópico, *El intendente Sansho* se articula poniendo en paralelo dos ideologías opuestas. Mizogu-

chi contextualiza la acción en el prefeudalismo de la era Heian, que recibió la influencia del budismo durante el s. XI: el padre de Zushio es forzado por el Gobierno a exiliarse a causa de sus convicciones a favor de la igualdad social y los derechos de los menos favorecidos, que resultan poco rentables para las autoridades y pueden favorecer una revuelta de los campesinos. Antes de partir para el destierro confía a su hijo la estatuilla de la diosa Kannon, diosa de la misericordia del budismo Mahayana: "Si una persona no siente la caridad no es una persona, incluso ante tu enemigo hay que sentir caridad. Recuerda, todos los seres humanos son iguales y no se les puede privar de la libertad". Tras estas palabras, Zushio recibe su legado: "Considérala el corazón de tu padre".

La presencia benefactora de Buda es una constante a lo largo de la historia: la estatuilla que Zushio llegará a despreciar –utilizada por su hermana Anju para reconfortar a una esclava moribunda–, le hará tomar conciencia de su destino como portavoz de los valores paternos (al igual que tantas mujeres de la filmografía del director, Anju se convertirá en la protectora y guía espiritual del personaje masculino). En un templo budista, presidido por una gigantesca escultura de la divinidad, Zushio será escondido por los monjes cuando lo persigan los hombres del intendente Sansho. La estatuilla no sólo le protegerá, sino que le otorgará inmunidad y reconocimiento social frente al gobernador. Es posible que tal omnipresencia espiritual derive del hecho de que el director, a partir de los años cincuenta, fuera adepto del budismo Nichiren. Lo cierto es que la diosa Kannon está presente en toda su filmografia: la pinta Utamaro en *Cinco mujeres en torno a Utamaro* (1947) y la veneran las protagonistas de *Osen de las cigüeñas* (1935) y *La vida de Oharu, mujer galante* (1952).

No obstante, si a nivel doctrinal las creencias budistas ofrecen un modelo de comportamiento, también conciben de manera intuitiva –y no discursiva o lógica– la forma de alcanzar las verdades últimas de la vida. Y es el acto, y no el rezo o el silogismo, el que salvará a los hombres. Como sentencia Taro, el buen hijo de Sansho, aislado del mundo para convertirse en monje: "Los hombres se despreocupan de la felicidad o la desgracia de sus congéneres si no afectan a su propia existencia. Si la crueldad de su corazón no cambia, el mundo con el que sueñas no nacerá jamás". Encerrarse en el idealismo de la religión no entraña solución alguna a los problemas mundanos, alguien debe luchar contra las injusticias, aun a costa de perder la vida u ofreciéndola directamente. El sacrificio de Anju y el de Zushio, aunque son incomparables, adquieren un sentido redentor, ya que suponen la liberación de miles de seres humanos condenados a la esclavitud.

Hay una conversión moral y una anagnórisis en la edificante historia de la reunificación familiar. Como es costumbre en el director, la escena final resulta concluyente, ya que la felicidad se diluye en la desesperanza: al contrario que en la novela de Mori, la estatuilla no opera más milagro que el deseado reencuentro entre madre e hijo. Siempre interesado por los débiles y desvalidos, Mizoguchi defiende en esta película los derechos elementales de las personas a través del conflicto entre el *giro* y el *ninjo*: la obediencia a las leyes humanas frente a la fe en unas creencias superiores; la dificultad de conciliar la esfera social y la familiar en un mundo inaceptable. Aunando romanticismo y esteticismo, alecciona a un país que había privilegiado los rendimientos económicos por encima de los valores fraternales a través de un drama cruel y despojado. En la figura de Anju, ser puro, virgen mártir, sumergiéndose en las aguas tranquilas de un lago convergen la espiritualidad cristiana, sintoísta y budista.

NUBES FLOTANTES

Ukigumo

FICHA TÉCNICA: 1955. Japón. 123 minutos. **B/N.**
DIRECCIÓN: Mikio Naruse.
PRODUCTOR: Sanezumi Fujimoto.
PRODUCCIÓN: Toho.
GUIÓN: Yoko Mizuki, a partir de la novela homónima de Fumiko Hayashi.
FOTOGRAFÍA: Masao Tamai.
MÚSICA: Ichiro Saito.
MONTAJE: Ideshi Ohi.
REPARTO: Hideko Takamine (Yukiko), Masayuki Mori (Tomioka), Chieko Nakakita (Kuniko, esposa de Tomioka), Mariko Okada (Osei), Isao Yamagata (Sugio Iba), Daisuke Kato (Seikichi Mukai).

CIERTOS directores japoneses, pese a alcanzar celebridad en su país, permanecieron en la sombra para el panorama internacional. Así, Mikio Naruse, en su propósito de reflejar las vidas ordinarias del Japón contemporáneo y lejos del exotismo de las adaptaciones históricas o los tópicos culturales nipones que solían triunfar en los festivales de Europa, fue considerado como inexportable. De hecho, si por un motivo similar Ozu no se dio a conocer hasta los años setenta, sólo una serie de retrospectivas en Francia durante la década de los ochenta revelaron a Occidente la obra de un director cuya *Mujer sé como una rosa* ya había sido considerada en 1935 el mejor film del año por la revista Kinema Jumpo, convirtiéndose en la primera película japonesa mostrada en los Estados Unidos bajo el título de *Kimiki*, el nombre de su heroína.

Porque el cine de Naruse no es sólo la crónica de las existencias cotidianas y sus tragedias agridulces, sino el poema pesimista de la mujer actual, con las posibilidades de esposa sumisa, madre abnegada, hija menospreciada, amante abandonada o

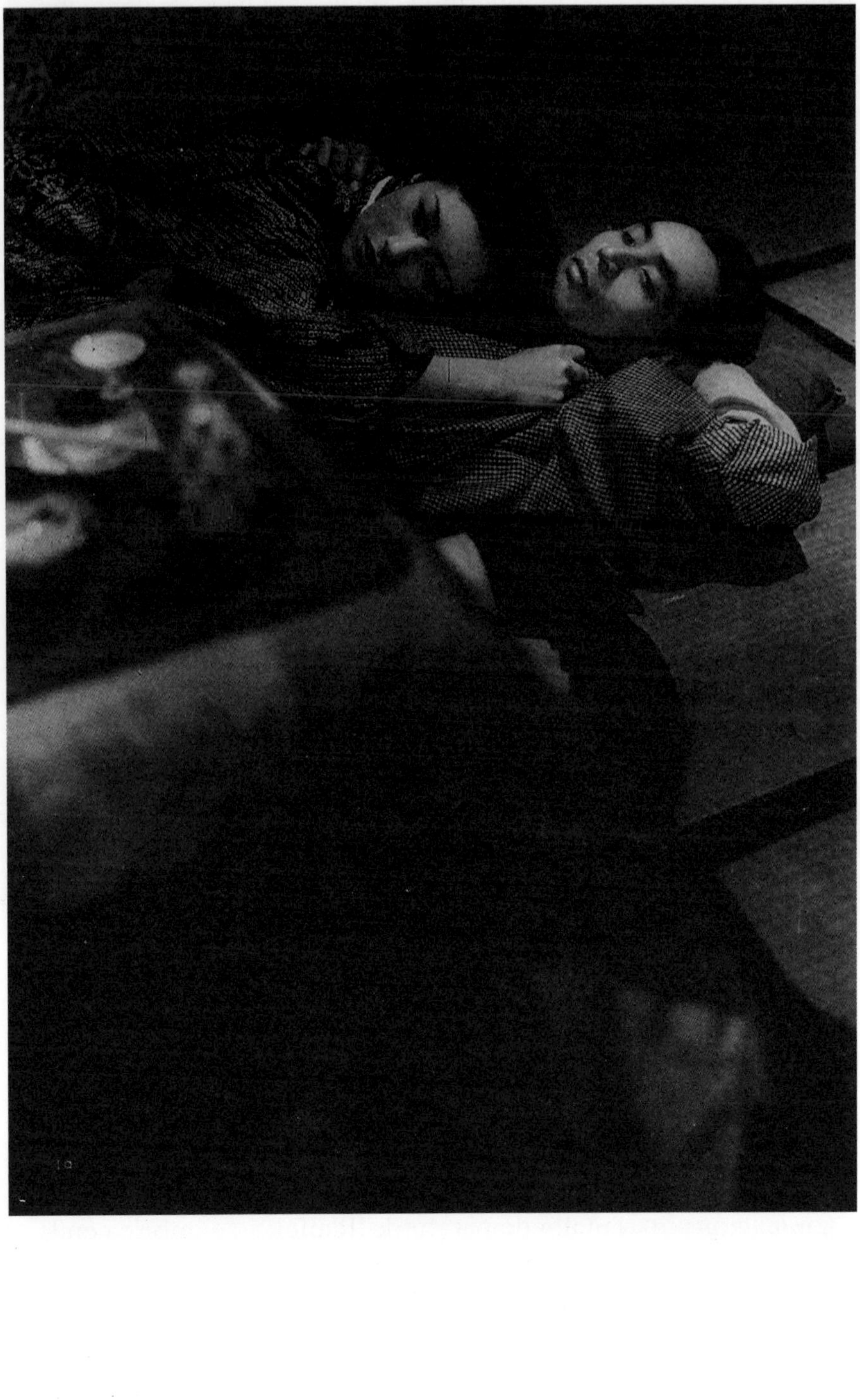

prostituta engañada que se le presentan en un Japón oscilante entra la tradición y la modernidad. *Nubes flotantes* es, de hecho, una adaptación de la escritora Fumiko Hayashi (1903-1951), una personalidad original en la literatura japonesa cuya obra destila un conmovedor feminismo. Durante la infancia recorrió el sur de Japón junto a sus padres, vendedores ambulantes, y en su juventud tuvo una vida precaria, bohemia, plagada de episodios amorosos, de los que da cuenta su primer libro en prosa, "Crónica de mi vagabundear" (1930), antes de consagrarse por entero a la escritura, ligada a círculos intelectuales progresistas, pero sin comprometerse en el terreno político. Naruse, que fue un niño huérfano de familia humilde, hecho que determinó su carácter tímido y taciturno, la admiraba y percibía en sus historias una visión de la existencia semejante a la suya, así como una afinidad en el tratamiento de los personajes: familias de clase media o baja fatigadas por la soledad, la rutina, las preocupaciones materiales, donde sobresalían los caracteres femeninos abocados al fracaso sentimental. La escritora murió en 1951, y, en un período de cinco años, una feliz conjunción de circunstancias llevó a Naruse, quien nunca la había llegado a conocer en persona, a adaptar cinco de sus novelas: "Meshi" ("La comida"), "Inazuma" ("El relámpago"), "Tsuma" ("Esposa"), "Bangiku" ("Últimos crisantemos"); *Nubes flotantes*, la obra maestra de Hayashi, publicada un año antes de su muerte, está considerada también la cima del arte cinematográfico de Naruse. Un arte que, como su persona, optó por la discreción, por un relato de tono monocorde del cual sobresalen raros momentos de intensidad cuya brevedad los hace doblemente interesantes.

En noviembre de 1946, Yukiko regresa de Indochina, donde había estado desempeñando un puesto para el ministerio de Agricultura, en busca de Tomioka, un ingeniero que le había prometido en cuanto acabara la guerra divorciarse de su esposa y casarse con ella. Sin embargo, las cosas no suceden tal como Yukiko había soñado. En *Nubes flotantes*, el fracaso de Yukiko, su frustración ante la falta de pasión de Tamioka, se imbrica en la dolorosa conciencia de la pérdida de la guerra en la década de los

cincuenta, que produce una progresiva americanización en las costumbres y un sentimiento de desazonador desarraigo en los japoneses. Tal es el mundo resquebrajado y en crisis por el que se mueve una pareja que se reencuentra, se pierde, se encuentra, se abandona, se hiere, se perdona y se da cuenta de que siempre fue demasiado tarde para cualquier cosa. En estado de ebriedad, los reproches escuecen como pequeñas heridas profundas: para Yukiko, Tamioka es un fanfarrón y un cobarde que sólo piensa en sí mismo; para Tamioka, hablar del pasado no va a revivir la pasión que compartieron en una ocasión. No obstante, en Naruse el dolor y la inestabilidad humanas escapan siempre a causas externas y emergen de las entrañas de los propios personajes. La mirada que el director proyecta hacia sus ellos, pese a parecer distante, es tierna e incisiva a la vez. No sólo hacia el personaje femenino, interpretado por su actriz fetiche Hideo Takamine, víctima del egoísmo y pusilanimidad masculina, sino hacia Tamioka (resulta difícil identificar a Masayuki Mori, el protagonista de *Cuentos de la luna pálida de agosto*, de Mizoguchi, o al príncipe Muichkine de *El idiota*, de Kurosawa), un hombre que miente para no hacer daño, por pura cobardía.

No es de extrañar que Ozu quedara impresionado al ver esta película, situada por sus "Diarios" –que no suelen prodigarse en halagos– en "el más alto nivel de la historia japonesa". La pérdida de la guerra había producido una inestabilidad no sólo económica: más que nunca, los valores, las relaciones familiares y las creencias se pusieron en tela de juicio en Japón. Naruse recreaba tanto la manipulación interesada de lo religioso por parte de la secta de los Adoradores del Sol fundada por Isao, el cuñado de Yukiko, como el desasosiego anímico de una generación a través del deambular de sus protagonistas, que se perciben como unidad andante dentro del encuadre, filmados de cara, de espaldas o normalmente de lado, con la cámara situada en una perspectiva oblicua y moviéndose con lentitud, un poco por delante de sus pasos.

De obcecada voluntad y sentimientos frágiles, Yukiko y Tomioka se empeñan en sus vidas equivocadas, y su tremenda humanidad proviene del contraste entre la fidelidad a sí mismos y la dolorosa conciencia de sus límites. No hay lugar en sus almas abúlicas, mezquinas y gastadas para el alivio y la serenidad de la trascendencia –¿podemos imaginar lo que siente un hombre al pintar los labios del cadáver de la mujer que le amó hasta el final y pese a todo? ¿Lo que dicen sus lágrimas, que no vemos?–.

Escéptica, la obra de Naruse no deja lugar para la redención zen en la fugacidad de las cosas, como la de Ozu, o una esperanza budista en el futuro, como la de Mizoguchi o Kurosawa. No hay más esperanza para Yukiko o Tomioka que seguir adelante; y de sus actos, altruistas o egoístas, no se desprende moraleja o revelación alguna, tan sólo una lánguida belleza de lo inevitable.

LA CANCIÓN DEL CAMINO

Pather Panchali

FICHA TÉCNICA: 1955. India. 120 minutos. **B/N.**
DIRECCIÓN: Satyajit Ray.
PRODUCCIÓN: Gobierno de Bengala Occidental.
GUIÓN: Satyajit Ray, basado en la novela homónima de Bibhutibhushan Bandyopadhyay.
FOTOGRAFÍA: Subrata Mitra.
MÚSICA: Ravi Shankar.
MONTAJE: Dulal Dutta.
REPARTO: Kanu Bannerjee (Harihar Ray), Karuna Bannerjee (Sarbojaya Ray), Subir Bannerjee (Apu), Uma Das Gupta (Durga), Chunibala Devi (la anciana Indir), Runki Bannerje (Durga pequeña), Reba Devi (Seja Thakrun), Aparna Devi (mujer de Nilmoni).

EN el cine indio, más concretamente bengalí, hay un director que se ha hecho con un lugar en Occidente: Satyajit Ray. En España, su obra, pese a que a partir de los años cincuenta se presentó en festivales europeos, se conoció muy tardíamente. De hecho, la llamada *Trilogía de Apu*, inaugurada en 1955 por *La canción del camino*, que recibió el galardón al mejor documento humano en el Festival de Cannes del mismo año, jamás tuvo posibilidad alguna de estrenarse en las salas comerciales españolas, que cerraron los ojos, lo que es difícil, ante un cine tan artesanal, lírico y transparente como el de Ray. De la estética de *La canción del camino* llama la atención la influencia del neorrealismo italiano y el realismo poético francés, que revelan la admiración del cineasta por obras como *Ladrón de bicicletas* de De Sica, el film que le llevaría a dejar su profesión de diseñador gráfico para ponerse detrás de la cámara, o su decisivo encuentro con Jean Renoir, cuando éste rodaba *El río* (1951) en la India. No obstante, la opción por una fotografía naturalista y la temática social se sitúan en un contexto de búsqueda de nuevas formas expresivas conciliadas con la espiritualidad autóctona, que en el cine indio se empezaba a manifestar en películas como *Do Bigha Zamin* (*Dos hectáreas de tierra*, 1953), de Bimal Roy, o *Chinnamul* (*Los desarraigados*, 1951), de Nemai Ghosh, y en general, ya había dado frutos en otras artes tradicionales, como la literatura, la música o la danza. Ray, un joven de buena familia que no en balde había estudiado en Santiniketan –la escuela artística fundada por Rabindranath Tagore–, no hizo más que visibilizar a Occidente como alternativa al modelo popular de inspiración *bollywoodiense* –lágrimas desesperadas y risas estridentes, fantasías exóticas y contrastes cromáticos, canciones apasionadas y efectista teatralidad–, como un camino alternativo, poderoso en su sencillez, para el cine indio.

La canción del camino es, de hecho, una lección de la vida cotidiana, donde la muerte se integra perfectamente, animada por una concepción cíclica y fatalista del tiempo intrínseca al pensamiento hindú. Basada en la novela de Bibhutibhusan Banerji (1894-1950), en pocos años considerada un clásico de la literatura juvenil en bengalí, la gran belleza de esta película proviene del lirismo que desprende su aparente austeridad. Porque si bien es cierto que el director rodó su ópera prima con una cámara de 16 mm y escasos medios económicos, hasta el punto de verse obligado a empeñar las joyas de su mujer, no lo es menos que consigue describir la dignidad de la miseria gracias a su facultad para recrearla, no para reflejarla, compensando la carencia de medios económicos con la gran profesionalidad para captar el día a día de la familia Roy, a menudo a través de la mirada inocente de su hijo Apu, y de transmitir el ritmo vital de una aldea bengalí de 1910; contribuyen a este logro unos magníficos actores –algunos no profesionales, aunque la mayoría ya contaban con experiencia previa en el cine y el teatro–, unos escenarios naturales cuidadosamente escogidos en Boral, a las afueras de Calculta, y unos interiores construidos hasta el último detalle en estudio. De ahí que su realismo resulte tan patético como poético, y un niño leyendo, una madre acariciando su ajuar, una niña cantando bajo la lluvia, una anciana muerta bajo un árbol, un relámpago tras una cortina, un padre sollozando, un collar arrojado a un charco o una serpiente ocupando una casa deshabitada constituyan planos memorables. "Me encanta explicar historias sencillas creando en su interior una trama de personajes complejos con matices. No me gustan las cosas o blancas o negras", declaró Ray en una ocasión. Y lo que hace imperfectos y entrañables a sus personajes es precisamente la crueldad, voluntaria o involuntaria, de algunos de sus comportamientos, de sus pequeñas mentiras, su obstinado orgullo, su hiriente mezquindad o su fatídico idealismo.

Las aventuras y desventuras de Apu, que se convierte en un joven sensible, amante de la lectura y que sueña con ser escritor, continúan en *El invencible* (1956), la más autobiográfica, centrada en las relaciones del muchacho con su madre, y en *El mundo de Apu* (1959), la más elaborada y perfecta formalmente, y la de mayor agudeza psicológica: Apu será marido y padre, y deberá superar una dura prueba que lo hará madurar a través del sufrimiento; pese a todo, y al contrario que en la novela original en que se inspiró, el director opta por un final esperanzador: el protagonista asume el cambio en la inmovilidad y acepta con resignación el ciclo del nacimiento y la muerte. En una trilogía donde bajo los grandes temas universales late una visión personal de una manera de afrontar la vida y el destino, ciertos elementos adquieren valor simbólico, como el agua; otros forman parte del aprendizaje de Apu y, muy especialmente, representan nexos de unión entre cada una de las películas, como el libro o el tren, anuncio del progreso de la India moderna independiente y del tránsito del ámbito rural al urbano, puesto que en las dos últimas entregas la acción se desarrolla en Calcuta, ciudad natal de Ray, donde éste trabajaría y residiría hasta su muerte. La Calcuta superpoblada e industrializada en que se convirtió tras la emigración rural y la llegada de refugiados generada por la partición del país en 1947, será el escenario a partir de los años setenta de la llamada Trilogía de Calcuta, precedida por *Mahanogar* (La gran ciudad, 1963), merecedora del Oso de Plata en el Festival de Berlín: *Seemabaddha* (*Sociedad limitada*, 1971), *Pratidwandi* (El adversario, 1972) y *Jana Aranya* (*El intermediario*, 1976) nos acercan a una urbe que ha crecido de manera desproporcionada, en la que el paro y el hambre son inseparables de la violencia y la corrupción, y donde Ray afianza su compromiso, más allá de ideologías o tendencias políticas, con los valores humanistas y los seres humanos.

EL ARPA BIRMANA

Biruma no tategoto

FICHA TÉCNICA: 1956. Japón. 116 minutos. **B/N.**
DIRECCIÓN: Kon Ichikawa.
PRODUCTOR: Masayuki Takaki.
PRODUCCIÓN: Nikkatsu Corporation.
GUIÓN: Natto Wada, basado en la novela homónima de Michio Takeyama.
FOTOGRAFÍA: Minoru Yokoyama.
MÚSICA: Akira Ifukube.
MONTAJE: Masanori Tsujii.
REPARTO: Rentaro Mikuni (capitán Intuye), Shoji Yasui (Mizushima), Jun Hamamura (Ito), Taketoshi Naito (Kobayashi), Ko Nishimura (Baba).

BIRMANIA, colonia británica desde 1886, fue ocupada por los japoneses durante la Segunda Guerra Mundial, hasta que 1945 los ingleses reinstauraron su protectorado, que finalizaría con la independencia en 1948. *El arpa birmana* habla de esos pelotones de soldados nipones, de sus diversas reacciones al saber que habían perdido la guerra y tomar conciencia de su dimensión devastadora. También es un canto –nunca mejor dicho, porque la música tiene papel relevante– a la amistad y al compañerismo entre combatientes, y a la profunda espiritualidad del pueblo birmano, azotado a lo largo de la historia por la pobreza y la inestabilidad política. Con esta película antibelicista, con guión de Natto Wada a partir de una novela de Michio Takeyama considerada una de las obras maestras de la literatura japonesa, Kon Ichikawa consiguió darse a conocer en Occidente, obteniendo elogios por parte de la crítica internacional al ser premiado con el León de Oro en el Festival de Venecia. Director prolífico, versátil y experimental, comenzó su carrera en el mundo del cine como diseñador de animación, pero jamás alcanzó el prestigio de Mizoguchi, Ozu o

Kurosawa. Sin duda, sus películas más interesantes y carismáticas fueron las realizadas entre la década de los cincuenta y mediados de los sesenta a partir de los brillantes guiones de su esposa Natto Wada. Distantes, paradójicas, con frecuentes juegos de identidades y un cierto aire de perversidad, *Enjo* (*Conflagración*, 1958), adaptación de "El pabellón de oro", de Yukio Mishima; *Kagi* (*Extraña obsesión*, 1959), versión libre de "La llave", de Junichiro Tanizaki, para las que contó con el magnífico cámara Kazuo Miyagawa, y la asombrosa *Yukinojo henge* (*La venganza de un actor*, 1963), sobre un *oyama* de ambiguo poder de seducción, que pondrá punto final a la fructífera colaboración Wada-Ichikawa, sitúan al director entre los grandes nombres del cine japonés.

A los cadáveres de los extranjeros muertos en la guerra no se les daba sepultura en Birmania. Horrorizado por la cantidad de muertos que encuentra a su paso, el soldado Mazushima, tras haber intentado convencer en vano a unos compatriotas de que han perdido la guerra y deben rendirse para salvar sus vidas, llega a Mudon, deseoso de reunirse con su regimiento, que aguarda la repatriación en un campo de refugiados. Sin embargo, le resulta imposible volver con ellos. Las imágenes de todos esos japoneses devorados por los cuervos o pudriéndose bajo un sol implacable le atormentan y le llevan a tomar una dolorosa decisión: no regresar a Japón junto a sus compañeros vivos para dedicarse a consolar el alma de los compañeros muertos. Su compañía cree reconocerle en un bonzo que lleva sobre su hombro un loro y ha enseñado a un muchacho a tocar con su arpa la canción "Home, Sweet Home" ("Hogar, dulce hogar"), con los mismos acordes de Mizushima. Incapaz de despedirse del resto de soldados, el bonzo responde a sus ruegos de que vuelva a Japón tocando con el arpa del muchacho "La canción del adiós", mientras estos le escuchan tras la alambrada de espino que simbólicamente separa a los birmanos de los japoneses. Ichikawa, exento de ir a la guerra por su frágil salud y en la línea de un cine pacifista que proliferó en la posguerra, como *Los niños de Hiroshima* (1952), de Kaneto Shindo, o *Crónica de un ser vivo* (1955), de Akira Kurosawa, insiste en la inutilidad de la Segunda Guerra Mundial y en la necesidad de superar las heridas morales del conflicto, a través de este ex soldado que le roba su túnica al monje que le salva la vida para adoptar voluntariamente sus hábitos. Confluencia de rasgos culturales birmanos, chinos, tailandeses e indios, *El arpa birmana* muestra cómo el conservador budismo Theravada impregna el arte y las costumbres sociales de Birmania, al igual que en Nepal, Camboya y Tailandia, donde los monjes son venerados y alimentados por la población. Presente en los detalles arquitectónicos y escultóricos –la cúpula de un templo, el interior de una cripta– la imaginería budista se manifiesta en un paisaje de junglas frondosas, desiertos blancos y montañas escarpadas. Tres años después, *Nobi* (*Fuego en la llanura*, 1959), otra película sobre el final de la guerra –más feroz y efectista–, describirá los últimos días de un grupo de combatientes japoneses en Filipinas, su progresiva degradación y descenso a los infiernos. También escrita por Wada, es un fresco de la muerte y la desesperación, de gran impacto visual por su crudeza.

La aureola mítica que alcanzó *El arpa birmana* propició que el mismo Ichikawa realizara un *remake* a mediados de los años ochenta, con fotografía en color y sonido dolby, mucho más espectacular que su predecesora, convirtiéndose en una de las películas más taquilleras del cine japonés, que se exportó con éxito a Europa. Esta versión se rodó en Tailandia, en templos budistas y ruinas históricas de Ayulthaya y Chiengmai. Resultó imposible hacerlo en Birmania, debido a la situación de caos que imperaba en el país. Pocos años después, Birmania dejaría de existir. Recibe el nombre de Unión de Myanmar desde que, después de constituirse en República Socialista en 1974, un golpe de Estado militar en 1988 –donde más de diez mil personas fueron asesinadas– instaurara una férrea dictadura. En la actualidad, está considerado uno de los regímenes más brutales del mundo por sus constantes violaciones de los derechos humanos. ¿No parece una paradoja sangrienta, tras haber visto en el film la fascinación de los birmanos por el canto, que muchos opositores hayan sido torturados, hechos prisioneros o asesinados por cantar letras prohibidas?

Cuando ahora vemos la versión de 1956 de *El arpa birmana* evocamos esos rostros de hombres y mujeres captados por el director durante la escasa semana en que pudo rodar en el lugar: rostros curtidos por el sol, de mirada limpia y profunda, resignados ante la inevitable intrusión de los extranjeros en su tierra. En un decorado despojado, de un blanco y negro polvoriento y calcinado, como los caminos de Birmania, la tierra manchada de sangre de Birmania. Y recordamos las palabras de Mizushima: "¿Por qué tanta destrucción ha caído sobre la tierra? Entonces una luz iluminó mi pensamiento: ningún pensamiento humano puede dar respuesta a una pregunta inhumana".

LA CALLE DE LA VERGÜENZA

Akasen chitai

FICHA TÉCNICA: 1956. Japón. 87 minutos. **B/N.**
DIRECCIÓN: Kenji Mizoguchi.
PRODUCTOR: Masaichi Nagata.
PRODUCCIÓN: Daiei Studios.
GUIÓN: Masashige Narusawa, basado en la novela "Susaki no onna", de Yoshiko Shibaki.
FOTOGRAFÍA: Kazuo Miyagawa.
MÚSICA: Toshiro Mayuzumi.
MONTAJE: Kanji Sugawara.
REPARTO: Machiko Kyo (Mickey), Aiko Mimasu (Yumeko), Ayako Wakao (Yasumi), Michiyo Kogure (Hanae), Kumeko Urabe (Otane), Yasuko Kawakami (Shizuko), Hiroko Machida (Yorie), Eitaro Shindo (Kurazo Taya), Sadako Sawamura (Tatsuko Taya), Toranosuke Ogawa (padre de Mickey).

A lo largo de su obra, Mizoguchi se ha revelado como uno de los directores más comprometidos con la condición femenina. La prostitución, lejos de aparecer de manera puntual y anecdótica, adquiere en su filmografía un valor simbólico del triste destino que depara a la mujer una sociedad patriarcal como la nipona. En la mayor parte de sus *jidaigeki*, es una constante que se vea forzada a prostituirse por diversas circunstancias vitales: Tamaki, la madre salvajemente separada de sus hijos en *El intendente Sansho* (1954); la Ohama violada por unos soldados en *Cuentos de la luna pálida de agosto* (1953) o la protagonista de *La vida de O Haru, mujer galante* (1952) que, privada de su verdadero amor, se hunde en una espiral de desgracias que precipitan su caída social y moral. *La calle de la vergüenza*, en la línea de *Las hermanas de Gion* (1936) o *Mujeres de la noche* (1948), es en cambio un *gendaigeki*, un drama actual que apuesta por una estética realista, lo cual no resulta obstáculo para que siga destilando la maestría formal del director. Habitual del barrio de Yoshiwara, de larga tradición prostibularia desde que en 1617 los sogunes de Tokugawa decidieron restringirlo a zona exclusiva para el placer de los guerreros, Mizoguchi tuvo que realizar una minuciosa reconstrucción de una de sus casas de citas, llamada significativamente "El país de los sueños"; no le fue permitido rodar en el barrio en cuestión, como era su deseo, y tuvo que conformarse con una vista aérea de Tokio para contextualizar la acción en la primera escena del film, debido a las reticencias de sus moradores –que huían de toda polémica– cuando en el país se estaba discutiendo un proyecto de ley gubernamental para erradicar la prostitución.

La calle de la vergüenza es una película de protagonismo múltiple, de destinos paralelos, ya que en ella se presenta a cinco mujeres muy diferentes entre sí, unidas por la misma manera de ganarse la vida. Mizoguchi muestra con gran naturalidad la rutina entre los patronos y las muchachas, las relaciones entre éstas y sus clientes, y las define a partir de las razones que las han decantado por ese *modus vivendi*: Yumeko, una viuda que roza la cuarentena, paga así la educación de su hijo, quien desconoce el origen de sus ingresos. Ayuko proviene de una aldea, donde sus progenitores apenas tenían con qué alimentarla, y sueña con casarse y fundar un hogar respetable con un hombre que la ame. Esposa de un obrero tuberculoso en paro, Hanae sostiene económicamente con su labor nocturna a su familia. Yasumi, una joven de gran belleza y una de las favoritas de los clientes, fue vendida a la casa por su familia para pagar la fianza de su padre, un ex funcionario del gobierno que está en la cárcel involucrado en un escándalo político. La muchacha se dedica a atesorar dinero para comprar su libertad de nuevo, y para ello no duda en prestarlo con intereses a sus compañeras y extorsionar a los hombres que la rodean, incluso a uno que se ha enamorado de ella y pretende desposarla. Por último, Mickey, la más joven, encarna la rebelión contra la hipocresía social a través de la prostitución. Hija de un hogar acomodado y con un padre propenso a visitar prostíbulos, a quien culpa de la vida desgraciada y la triste muerte de su madre, se enfrenta con su decisión a la autoridad paterna, que pretende su regreso por el buen nombre de la familia. Es la más dura, la más cínica. Cuando su compañera Ayuko decide irse a su pueblo y casarse con un hombre que le promete una vida honrada le regala un billete de vuelta a Tokio. No cree en el amor, ni siquiera en el dinero, sólo en disfrutar dilapidándolo en cigarrillos y golosinas, haciendo un uso caprichoso de él. Pese a su superficialidad, es sincera; su valentía no oculta su resentimiento contra el mundo. Yasumi y Mickey representan dos modelos de prostituta antitéticos, que se originan a partir de su relación con la figura paterna: la primera, modelo tradicional, acepta ser prostituta para salvar a su padre (¿se percibe el fantasma de Suzu, la hermana del director, vendida por el padre a una casa de *geishas* por motivos económicos?); la segunda, una *moga* o chica moderna, escoge voluntariamente ser prostituta para castigar al suyo. Sin duda, la desenfadada Mickey, alegre y sin prejuicios, vestida al modo occidental, es el futuro, el perfil de prostituta que poco a poco se irá implantando en Japón, y que sobrevivirá, disfrazada de diferentes formas, hasta la actualidad.

A medida que avanza el film, se suceden las emisiones de radio sobre el proyecto de ilegalización de la prostitución. Y nos preguntamos: ¿qué ocurrirá cuando estas mujeres sean obligadas a salir del paraíso artificial, de la burbuja ilusoria que habitan? Para ellas, el burdel adquiere la misma dimensión de mundo aparencial, de falsa ilusión –estatuas de Venus, cuadros ensoñadores, un baño vaporoso– que para sus clientes, para los espectadores, inefables *voyeurs*, cuando la niña Shizuko, maquillada para la ocasión, levanta tímidamente una mano hacia nosotros. No hay alternativas a la miseria del Japón de posguerra. En la casa de citas las mujeres deben vender su cuerpo y sus encantos, pero fuera las alternativas no se vislumbran mejores, o en cualquier caso, más dignas: trabajar para un marido sin recompensa alguna, en régimen de esclava; contemplar impertérrita cómo tu familia se muere de hambre; vivir bajo el mismo techo que el

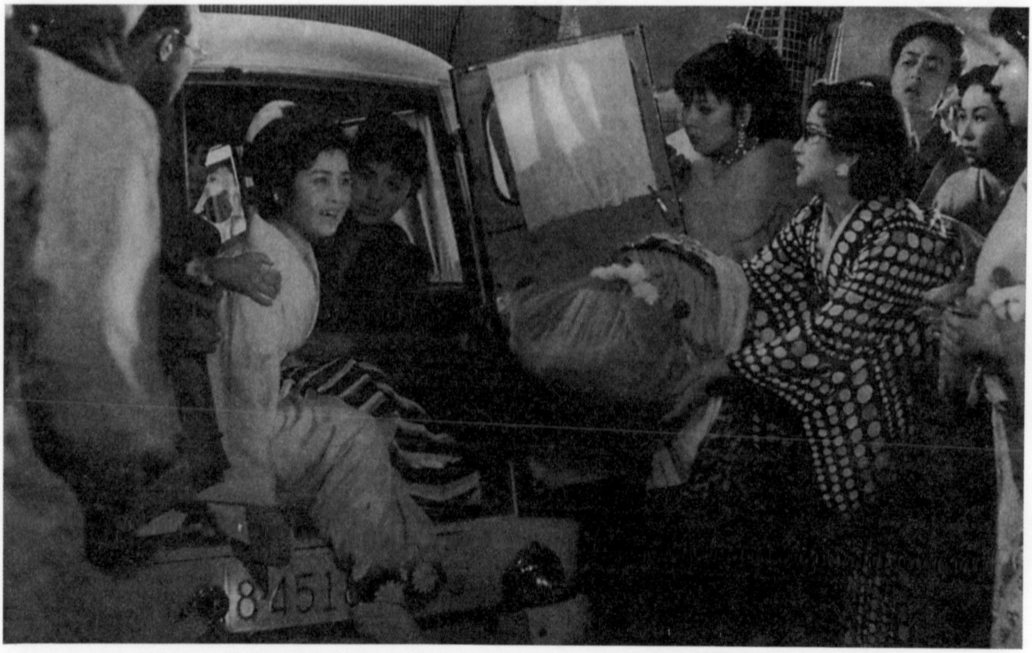

hombre culpable de la muerte de tu madre (¿acaso la prostitución espiritual no puede llegar a ser peor que la prostitución carnal?). Y en el caso de Yumasi, la única que consigue salir de "El país de los sueños" y fundar su propio negocio a base de haber estafado a un hombre que la amaba, entrar en la rueda del sistema, ponerse del lado de los verdugos.

En cualquier caso, la lucidez de Mizoguchi reside en que no juzga a las protagonistas en su búsqueda de la supervivencia. Lo denostado es la explotación del individuo como objeto mercantil y la hipocresía de la vergüenza en nombre de la religión o la moralidad. La prostitución no es más que un microcosmos, un engranaje ejemplar de la estructura política, económica y social que oprime al individuo, llámese feudalismo o capitalismo. Estrenada tras la muerte del director por leucemia a los 58 años de edad, *La calle de la vergüenza* tuvo un gran éxito y se exportó a los Estados Unidos. Unos meses después, se cumplían los augurios radiofónicos y la prostitución era prohibida en Japón.

PYAASA

Pyaasa

FICHA TÉCNICA: 1957. India. 146 minutos. **B/N.**
DIRECCIÓN: Guru Dutt.
PRODUCTOR: Guru Dutt.
PRODUCCIÓN: Guru Dutt Films Pvt. Ltd.
GUIÓN: Abrar Alvi, a partir de una historia de Guru Dutt.
FOTOGRAFÍA: V. K. Murthy.
MÚSICA: Sachin Dev Burman. Canciones de Sahir Ludhviani.
MONTAJE: Y. G. Chawhan.
REPARTO: Guru Dutt (Vijay), Waheeda Rehman (Gulabo), Mala Sinha (Meena), Rehman (Mr. Ghosh), Johnny Walker (Abdul Sattar), Kumkum (Juhi), Leela Mishra (madre de Vijay), Mehmood (hermano de Vijay).

DE pocos directores se puede decir que hayan realizado cine, no sólo de autor, sino de poeta. Guru Dutt, nacido en 1925 en el seno de una familia de artistas de Bangalore, con sus películas inspiradas, obsesivas y de profunda belleza, es uno de esos raros, y por tanto preciados, ejemplos. Contó con el apoyo de un equipo fiel de colaboradores y con la actriz Waheeda Rehman, la muchacha a quien convirtió en estrella en *Pyaasa*, formó una antológica pareja en el *star system* oriental comparable a la de Sternberg-Dietrich para el público occidental.

Siguiendo las convenciones del melodrama de la década de los cincuenta centralizado en Bombay, que incluye canciones, bailes y escenas cómicas, Guru Dutt dotó a este género de gran calidad y refinamiento con su espectacular dominio de la puesta en escena. Su talento es visible en *Pyaasa* a la hora de fundir las canciones con la evolución de la trama y subrayar las emociones de los personajes: la primera aparición de la prostituta Gulabo; Abdul, impagable secundario, ensalzando las virtudes de una loción milagrosa; la ensoñación en que Meena, la estudiante que dejó a Vijay para optar a un matrimonio que le proporcionara seguridad económica, desciende de unas escaleras sobre las nubes; la lectura en casa de un editor, que resulta ser el marido de Meena, quien contrata a Vijay como sirviente para humillarlo delante de su esposa y sus invitados, poetas mediocres y autocomplacientes, pero ricos... Los planos inciden en los momentos emotivos más impactantes, así como los amplios movimientos de cámara y los *travellings*, capaces de predecir reacciones y desvelar pensamientos ocultos. El retrato del artista que sufre la indiferencia y el menosprecio del mundo resulta conmovedor; sin embargo, Vijay también es testigo de la miseria social, entroncando con el ideal de héroe humanista que, bajo el influjo de Gandhi, se proyecta en las obras de Raj Kapoor o Satyajit Ray, cuando vaga borracho y desesperanzado por las calles de Bombay y, como un marginado más, se solidariza con los niños y las prostitutas, cantando uno de sus poemas: "Estas hijas de Eva, estas hijas de Radha y Yashoda, estas hijas de Zulekha, estas hijas de Dios... ¿Dónde están los orgullosos de esta tierra?". Finalmente, cuando hace su inesperada entrada en el anfiteatro donde se conmemora el primer aniversario de su muerte y canta "¿Por qué recompensar a un hombre que posee el mundo?", expresa su toma de conciencia acerca de la futilidad de los aplausos de "un mundo donde la vida es considerada trivial, un mundo donde la muerte es exaltada, un mundo donde la muerte es más barata que la vida... Un mundo donde la juventud es orillada al crimen, donde la juventud es cultivada para ir al mercado, donde el amor es otro nombre para el comercio". En efecto, el Vijay que soñaba con la fama ya no existe, tras descubrir en qué consiste el triunfo social: una mezcla de interés editorial, *marketing* publicitario y fanatismo de las masas por el poeta convertido en ídolo, no por el valor inmutable de su palabra. Sólo la pureza del amor aparece como un sentimiento lo suficientemente sagrado para el poeta. La vigencia de este mensaje es asombrosa. En la actualidad, el sistema capitalista valora al individuo según los beneficios económicos que reporta al Estado, y los límites del arte y el producto, del creador y el charlatán, son cada vez más difíciles de discernir a causa de la sibilina manipulación que ejercen los medios de comunicación.

Fundador de una productora para llevar a la gran pantalla sus obsesiones más íntimas, protagonizadas por él mismo, Guru Dutt se arruinaría con su siguiente film, *Kaagaz ke phool* (*Flores de papel*, 1959), una nueva reflexión sobre el fracaso del artista. Si a Vijay, el poeta, los editores le tiraban los manuscritos a la papelera y sus hermanos los vendían como papel usado, Sinha, el director de cine, experimenta cómo una película también se rige por la ley de la oferta y la demanda y los caprichos del público. Cuando su obra es abucheada por los espectadores, comienza su declive económico y social. Significativamente, la historia que ha rodado se trata de una nueva versión de *Devdas*, el clásico del cine indio dirigido en 1935 por Pramatesh Chandra Barua, un príncipe originario de Assam, que adaptó la novela del escritor bengalí Saratchandra Chatterjee, si bien ya existía una primera versión de 1928 a cargo de Naresh Mitra. Este trágico melodrama sobre el hijo de una familia de terratenientes o *zamindar*, enamorado de su pobre y bella vecina Parvati, con quien no puede casarse ya que las diferencias de casta se lo impiden –su éxito en la historia del cine indio ha dado lugar a posteriores *remakes*, el que dirigió Bimal Roy en 1955 y el realizado por Sanjay Leela Bhansali en el año 2002–, anticipa el pesimismo vital de Guru Dutt y los conflictos amorosos que plantea en su obra, donde la riqueza y el prestigio son escollos insalvables: el poeta en paro y la joven que se ha casado por dinero en *Pyaasa*; la actriz desconocida y el cineasta de renombre, que más tarde será el cineasta arruinado, que debe sobrevivir como figurante, frente a la actriz adorada por el gran público en *Flores de papel*. Con el personaje de Sinha, Dutt evoca a P. C. Barua, quien también pasó de la gloria al olvido, y del olvido al alcohol y la muerte, sin dejar de hablar proféticamente de sí mismo: del fracaso de su matrimonio con Geeta Roy, cantante que pondrá la voz a las canciones de Waheeda Rehman. Ella fue la musa inspiradora con quien Dutt viviría un romance que contribuiría a disolver su matrimonio, y que tras la muerte del director seguiría su carrera cinematográfica con otros grandes nombres de la escena india: ficción, homenaje y autobiografía se mezclan de manera emotiva e indisoluble, como en algunas películas de Bergman, en un juego especular de autorreferencias.

Artista maldito cada vez más fascinado por la tentación de la muerte, a la que se había ido acercando a través de su filmografía, Guru Dutt se suicidaría en 1964 con apenas 39 años. El fantasma de la celebridad *postmortem* que lo acompañó en vida se cumplió. Hoy en día es considerado un director de culto en la India, y *Pyaasa*, cuyas canciones miles de indios tararean de memoria, un clásico del cine de este país: "Cuando pedí flores, me dieron espinas. ¿Qué afortunados consiguen el amor anhelado? Cuando busqué la felicidad, me perdí en calles de tristeza. Cuando busqué canciones alegres, escuché canciones tristes. Todos los amigos aumentaban la tristeza de mi corazón. Llegaron compañeros, se quedaron un rato y luego me abandonaron. ¿Quién tiene tiempo para tomar la mano de un hombre caído? Incluso mi sombra me rehúye y desaparece".

BUENOS DÍAS

Ohayo

FICHA TÉCNICA: 1959. Japón. 94 minutos. **Color.**
DIRECCIÓN: Yasujiro Ozu.
PRODUCTOR: Shizuo Yamauchi.
PRODUCCIÓN: Shochiku (Ofuna).
GUIÓN: Kogo Noda y Yasujiro Ozu.
FOTOGRAFÍA: Yuharu Atsuta.
MÚSICA: Toshiro Mayuzumi.
MONTAJE: Yoshiyashu Amamura.
REPARTO: Keiji Sada (Heichiro Fukui, el profesor de inglés), Yoshigo Kuga (Setsuko Arita, la tía), Chishu Ryu (Keitaro Hayashi, el padre), Kuniko Miyake (Tamiko, la madre), Haruku Sugimura (Kikue Haraguchi), Koji Shitara (Minoru Hayashi), Masahiko Shimazu (Isamu), Hajime Shirata (Haraguchi), Eiko Miyoshi (abuela Haraguchi), Eijiro Tono (Tomizawa), Teruko Nagaoka (Señora Tomizawa).

DIRECTOR que hizo de la familia el centro de su obra, en torno al cual giran el resto de temáticas, y de la casa su espacio por excelencia, Yasujiro Ozu se decantó por una peculiar puesta en escena ligada a las técnicas compositivas del arte japonés que, visibles en sus jardines, sus pinturas o su arquitectura, basan el equilibrio estético –de acuerdo con las doctrinas taoístas– en el rechazo de la simetría evidente y la falaz sofisticación. El logro de Ozu, en la línea de los grandes artistas plásticos orientales, consiste en el ocultamiento del artificio bajo la pátina de la naturalidad. Se decanta por planos largos y medios; evita las panorámicas, los fundidos, los *travellings*, salvo algún plano general esporádico, urbano, anónimo, para ambientar la acción; sitúa la cámara al borde del tatami, a la altura del personaje en posición sedente, con lo cual prioriza fachadas y techos, dejando fuera del encuadre los elementos superfluos. No obstante, pocos directores han pensado con tanta meticulosidad sus encuadres para que guardasen una determinada armonía estética. Cada mampara abierta o cerrada, cada objeto depositado sobre un mueble o abandonado en un rincón del plano está calculado, según las indicaciones de sus "Diarios" o los *storyboards* conservados, y hasta el mínimo movimiento de sus actores previsto. Al fin y al cabo, la ubicación y tamaño de cada habitación es decidida en función del tiempo que tarda el personaje en entrar, recorrerla o traspasarla: los japoneses poseen un término específico, *ma*, para aludir a esta dimensión espacio-temporal que, en última instancia, determina el ritmo del relato cinematográfico de Ozu.

La casa, sus muebles y complementos, y los seres que la habitan conforman un ente orgánico para Ozu. En *Buenos días*, su bosquejo de la habitación central, el salón o comedor, parte de un croquis basado en un modelo real, que se reduce a la más pura expresión esquemática de rayas horizontales y verticales. Tal pureza de líneas es inseparable de algunas de las características del zen: la sencillez, la serenidad, la espontaneidad. Al director le gustaba establecer dos habitaciones centrales comunicadas por un corredor, a partir del cual disponer las diversas estancias de la casa tradicional japonesa: vestíbulo, cocina, baño y escalera que conduce a los dormitorios del piso superior. En ellas, los personajes, de pie o en plano medio, se suelen presentar en ángulo, o bien uno al lado de otro, sin mirarse directamente, como dictan las normas de la cortesía nipona, más como si estuviesen representando una obra de teatro que bajo el impasible foco cinematográfico, y no sólo para conversar, ya que a menudo se limitan a compartir un sentimiento común mientras pierden la vista en un cuadro o una ventana. Ozu privilegia una visión frontal, objetiva, casi documental desde la entrada de una casa cualquiera, donde hacía instalar mamparas abiertas para dotar de profundidad al salón japonés y afianzar la impresión de verosimilitud con el efecto de perspectiva. Éste es el espacio donde se desarrollan sus historias, tan lejos de la intriga como del drama: fragmentos robados a la vida, ni aburridos ni pretenciosos, oscilando entre lo cómico y lo triste, lo anodino y lo trascendental.

Si en *Cuentos de Tokio* (1954) Ozu exploraba con sutilidad las diferencias generacionales entre padres ancianos e hijos adultos, en *Buenos días* trata de los conflictos entre éstos últimos y sus hijos, una tercera generación. El motivo de rebelión de dos hermanos gira alrededor de un objeto que representa por sí mismo a la sociedad moderna: el televisor. Así que deciden declararse en huelga de "palabra" y no volver a hablar hasta que su padre, que se niega en rotundo a adquirir el aparato, acceda a comprarlo. El argumento tiene muchos puntos en común con una deliciosa comedia de la etapa muda del director, *He nacido, pero...* (1932), donde el motivo de la huelga de hambre de los niños es más complejo, ya que implica una reflexión sobre las clases sociales: protestan porque su progenitor les obliga a asistir a la escuela para que sean "gente importante", mientras que él es un asalariado que debe hacerse el gracioso para contentar a su jefe. Si para Ozu cada encuadre es un cuadro enmarcado, si los planos son tan rígidamente diseñados para causar en nuestra vista una determinada impresión, los personajes que se mueven por ellos parecen de carne y hueso, hasta el punto de rozar la vulgaridad. En *Buenos días*, no sólo se ponen de relieve las fricciones en las relaciones familiares, también la desconfianza, la competitividad o las habladurías entre vecinos, que Ozu registra con fina ironía. Actos como emborracharse, orinar o pedorrear, como hacen los niños protagonistas, que se retan en la labor e ingieren piedra pómez para resultar más efectivos, son una muestra de lo escatológico integrándose sin fisuras en el humor nipón.

Sin duda la televisión es un elemento que en la década de los sesenta entra a formar parte de la vida doméstica de la familia nipona y de sus casas, para transformarlas a ambas. Pero Ozu no se propone plasmar la amargura de un pueblo que toma los hábitos del enemigo con el que hace pocos años estaba en guerra; más bien insinúa que símbolos del progreso importados de Occidente pueden servir para fortalecer las tradiciones autóctonas, puesto que el principal motivo por el que los niños exigen el aparato es poder ver los campeonatos de sumo, deporte nacional japonés, una peculiar forma de lucha libre que se remonta a ceremonias rituales sintoístas de más de mil años de antigüedad.

LA ISLA DESNUDA

Hadaka no shima

FICHA TÉCNICA: 1960. Japón. 94 minutos. **B/N.**
DIRECCIÓN: Kaneto Shindo.
PRODUCTORES: Matsuura Eisaku y Kaneto Shindo.
PRODUCCIÓN: Kindai Eiga Kyokai.
GUIÓN: Kaneto Shindo.
FOTOGRAFÍA: Kiyomi Kuroda.
MÚSICA: Hikaru Hayashi.
MONTAJE: Toshio Enoki.
REPARTO: Nobuko Otowa (Toyo, la madre), Taiji Tonoyama (Senta, el padre), Shinji Tanaka (Taro, el hijo mayor), Masanori Horimoto (Jiro, el hijo pequeño).

MIENTRAS Japón se convertía en un país urbano e industrializado, en la costa del Pacífico cientos de campesinos seguían habitando los islotes del archipiélago, cultivando la tierra árida y rocosa con grandes esfuerzos y los medios más rudimentarios. Para la familia de *La isla desnuda*, el padre, la madre y sus dos hijos, la televisión que ven en el escaparate de la tienda de una ciudad es un objeto inútil. Donde viven no hay electricidad, pero sobre todo carecen del bien más preciado: el agua dulce. Ese agua que, desde el amanecer, los padres van a recoger con el método tradicional del balancín: dos cubos atados con cuerdas a un arco de madera que sujetan sobre uno de sus hombros, para luego derramar en una tierra insaciable. Con esta pequeña obra de arte, naturalista y experimental, donde equipo y actores participaron sin cobrar, Kaneto Shindo (Hiroshima, 1912), uno de los directores japoneses más longevos y activos, alcanzaría una fugaz celebridad en Occidente –en España, tras resultar premiada en el Festival de Valladolid, incluso sería distribuida comercialmente–. De su interesante y versátil obra posterior, donde las preocupaciones sociales subyacen bajo temas eróticos, fantásticos e inquietantes, como en *Onibaba* (1964), apenas se tendrían noticias en nuestro país, así como de la fructífera carrera de Shindo como guionista de directores de la talla de Kozaburo Yoshimura en los años cincuenta, Yazuso Masumara en los sesenta, Yoshitaro Nimura en los setenta o Seijiro Koyama desde los ochenta, o de su colaboración con Kon Ichikawa en *Eiga Joyu* (*Actriz de cine*, 1982) y Kinji Fukasaku en *Omocha* (*La casa de las geishas*, 1999).

En la batalla por la supervivencia cotidiana que representa *La isla desnuda*, rodada con la delicada ceremoniosidad con que Mizoguchi, a quien más tarde Shindo dedicaría el documental *Aru eiga kantoku no shogai: Mizoguchi Kenjino kiroku* (*Kenji Mizoguchi: la vida de un director de cine*, 1975), trataba a sus héroes del pasado, no hay explotación del hombre por el hombre o regodeo en la pobreza, sino dignificación del campesino, homenaje a su propia familia, fuente inspiradora del film: "Nací en la costa del mar interior de Seto, y con mis propios ojos he visto el duro trabajo de mis padres. La siega de la cosecha y la siembra del arroz al principio del verano, bajo el ardiente sol; su laboriosa recolección durante el otoño y la figura de mi madre arrastrando un pesado fardo fueron para mí escenas inolvidables. Un día me vino a la mente el contar la lucha de los campesinos con la tierra. Pero esa silenciosa lucha me ha parecido imposible traducirla en palabras, aun cuando hubiese sabido expresarme con habilidad. Ni siquiera mi madre en el momento de su muerte se quejó de su agotador trabajo".

Y el silencio absoluto preside la tragedia rural de *La isla desnuda*. Un trabajo pesado y rutinario, mecánico y poco agradecido, que otorga ritmo interior al film, a través del *leitmotiv* del ascenso de los padres por la pendiente pedregosa hasta el terreno de cultivo cargados con agua, y del posterior ritual del riego, planta por planta. Sólo de vez en cuando, la presencia de ruidos del mar o el viento, unos remos o unas pisadas, nos hace conscientes de que la lucha del hombre para fertilizar la tierra tiene lugar en un contexto inmenso y cíclico, donde el cielo se oscurece e ilumina, las mareas suben y bajan, a los meses de sequía se suceden los lluviosos... Las estaciones marcan la estructura del relato visual, siempre con relación a la labor de la tierra, en torno a la cual gira la existencia de los protagonistas: el verano, con los frecuentes desplazamientos en busca de agua y la ceremonia del riego; el invierno, cuando se prepara la tierra para cultivarla y se siembra con la ayuda de un arado rudimentario; la primavera, con la recolección manual de la cosecha y el viaje para vender los sacos de grano a la ciudad, que les permitirá la compra de cuatro cosas imprescindibles: disfrutar de la comida en un pequeño restaurante y subir a un funicular... y de nuevo, el abono con algas y la siembra, bajo una copiosa lluvia. El silencio evoca una vida tan cercana a la naturaleza que la palabra es superflua e innecesaria para los componentes del núcleo familiar. El amor que comparten, no obstante, se revela sutilmente a diario: la celeridad con que los niños preparan el desayuno a los padres, que luego todos engullen sin mirarse a los ojos antes de volver a sus múltiples quehaceres; la madre acompañando en barca a Taro a la escuela, empujando el remo bajo la lluvia, mientras éste se guarece bajo su paraguas; el padre corriendo desesperado de casa en casa en busca de un médico. Apenas hay lugar para la risa del padre, que trasmite una eufórica alegría al advertir el pez que Taro ha sacado del mar; del llanto de la madre, superada por el dolor de una pérdida irreparable... La música, un único motivo instrumental con variaciones, de viento o de cuerda, es el contrapunto a las emociones dilatadas en el tiempo, los coros de los escolares o los acordes de una fiesta tradicional, las suaves transiciones de las panorámicas en que la naturaleza sigue impasible su curso ajena al esfuerzo y las tragedias humanas. La impresión repetitiva de la subida de la cuesta con el cargamento de agua sólo es atenuada por la posición de la cámara, que cada vez adopta un ángulo distinto: la vacilación de un pie sobre una roca, la inclinación temblorosa de la espalda, los rostros sudorosos y ausentes... Que la madre derrame el contenido de un cubo de agua, en una ocasión por accidente y en otra por un acto de rebeldía voluntaria, recibe dos respuestas opuestas por parte del padre: una bofetada aleccionadora y una mirada de tristeza y comprensión. El acto de llevar entre los dos un pequeño ataúd blanco por el mismo camino escarpado y resbaladizo confiere a la muerte la pesadumbre del sufrimiento cotidiano en este documento insuflado de austera espiritualidad.

HARAKIRI

Seppuku

FICHA TÉCNICA: 1962. Japón. 135 minutos. **B/N.**
DIRECCIÓN: Masaki Kobayashi.
PRODUCTOR: Tatsuo Hosoya.
PRODUCCIÓN: Shochiku.
GUIÓN: Shinobu Ashimoto, basado en la novela de Yasuhiko Takiguchi.
FOTOGRAFÍA: Yoshio Miyajima.
MÚSICA: Toru Takemitsu.
MONTAJE: Hisashi Sagara.
REPARTO: Tatsuya Nakadai (Hanshiro Tsugumo), Rentaro Mikuni (Kageyu Saito), Shima Iwashita (Miho Tsugumo), Akira Ishihama (Motome Chijiiwa), Yoshio Inaba (Jinai Chijiiwa), Ichiro Nakaya (Hayato Yazaki), Kei Satō (Masazaku), Masao Michima (Tango Inaba).

MASAKI Kobayashi fue uno de los directores más críticos con el sistema, y no es de extrañar que sólo realizara veintidós películas a lo largo de su carrera. Nacido en Hokkaido en 1916, pese a la popularidad y rentabilidad que alcanzaron algunos de sus films, siempre inspiró un cierto recelo a las compañías que lo financiaron. Se formó como ayudante de Kinoshita, y a lo largo de su filmografía –la mayor parte inédita en España– trató temas polémicos para Japón, como los injustos procesos gubernamentales a criminales de guerra, la ilegalidad de las bases norteamericanas instaladas en el país, la crueldad del Ejército japonés en Manchuria, que sometió a los trabajadores a unas condiciones infrahumanas de esclavismo... Ésta última obra, *La condición humana* (1958-61), de nueve horas de duración, fue comercializada en forma de tríptico y se convirtió en la película antibélica más importante después de la Segunda Guerra Mundial.

Harakiri, primer *jindaigeki* de Kobayashi, incursiona en las diferencias sociales de las castas militares a través del ejemplo de los legendarios samuráis. Hacia 1630, el poder se centraliza en los sogunes de Tokugawa, y ante la progresiva pacificación de un país llevado con mano férrea y cerrado al extranjero, los ejércitos alternativos que representaban los samuráis, vinculados a clanes aristocráticos, empiezan a perder su función social. Algunos se convirtieron en *ronin*, guerreros sin señores; otros se reciclaron en campesinos o comerciantes, la mayoría malvivieron al borde de la pobreza. Los más desesperados se aventuraron a visitar a sus antiguos señores, solicitando la muerte por el ritual del harakiri, con la esperanza de inspirar compasión y recibir una limosna o una oportunidad de trabajo. Éste es el caso de Motome, un joven que contempla impotente a su mujer y su hijo, enfermos y hambrientos, y decide formular la infamante petición. Aquella noche, su cadáver es devuelto a su casa por miembros del clan Iyi.

A Kobayashi le gusta explorar las responsabilidades de las tragedias: *Harakiri* se centra en la venganza de Hanshiro (un impasible y sombrío Tatsuya Nakadai con rostro de asceta y mirada de pantera, cuya interpretación resulta simplemente magistral), que desafía el código de honor del Bushido yendo al encuentro de los hombres que obligaron a darse muerte a su yerno. Pese a estar motivada por el dolor, su venganza no es resultado de la ira, sino de una meditada reflexión, calculados actos y voluntad de justicia. El protagonista encarna la esencia del verdadero samurái según el pensamiento zen, durante un tiempo profundamente arraigado en el estamento militar japonés: el control de la mente y la dignidad moral son cualidades tan importantes para él como el dominio de la técnica de la espada. Y si es cierto que "la espada es el alma del samurái" –la espada de la vida y la de la muerte, la larga y la corta, la que combate al adversario y la que representa el autosacrificio del ser o la liquidación de las tentaciones–, el verdadero maestro debe evitar la pelea; desenfundar la espada, sea contra el prójimo o contra uno mismo, es su último recurso.

A través de la palabra, del relato de su vida, Hanshiro intenta más que convencer, conmover al implacable tribunal que lo juzga, y que lo ha condenado de antemano. Está decidido a hacerse el harakiri, porque nada le queda que le arraigue a la

vida, pero antes luchará por la verdad hasta sus últimas consecuencias, arrojando al escenario de su ejecución unos cuantos moños cortados, unos cuantos honores perdidos, aunque luego los vencedores, los altos dignatarios del clan, preocupados por conservar a toda costa su hegemonía y prestigio, tergiversen la historia para dar su propia versión de los acontecimientos. Heredero de la visión crítica de Kobayashi sobre la decadencia de una clase social y la humanización del samurái ajena a los arquetipos heroicos que el fascismo japonés elevó a mito de la nación, Yoji Yamada (Osaka, 1931) muestra en *El ocaso del samurái* (2002) cómo Seibei también ha tenido que vender su espada para alimentar a su familia y, a su pesar, deberá obedecer a los mandatarios de su clan y matar a un hombre; en *La espada oculta* (2004), Munezo, más interesado en conseguir el amor y la armonía vital que en cumplir los preceptos del Bushido, cuestionará unas leyes en nombre de las cuales el clan encubre los asesinatos de sus miembros rebeldes.

La denuncia de una sociedad clasista y de unos tabúes inamovibles se plasma en *Harakiri* con una sobrecogedora violencia que transpira espiritualidad y grandeza: la horrible escena en la que Motome debe abrirse en cruz el vientre con una espada de bambú, antes de que le corten de un tajo la cabeza como ordena la ceremonia, para escarnio de los samuráis nobles; la del duelo a espada en el campo entre Hanshiro y uno de los maestros de la espada, bajo un cielo tormentoso; o la de Hanshiro contra cincuenta soldados, que culmina con el simbólico derribo de la armadura vacía del fundador del clan. Kobayashi se inspira en el formalismo estético tradicional japonés en una de las películas más intensas y bellas jamás realizadas. La injusticia, la venganza y el sacrificio presidirán asimismo la posterior *Rebelión* (1967), donde Toshiro Mifune encarna a un viejo samurái, primero "honrado" con la boda de su hijo con una concubina de su señor, y luego obligado por éste a entregarle a la mujer y a su heredero. Como en *Harakiri*, el protagonista se enfrentará a la decisión de su superior y acabará sucumbiendo por un justo ideal tras haber demostrado su valor. Siempre fiel a sí mismo, Kobayashi dedicaría sus últimos años al proyecto documental *Tokyo Saiban* (*Los procesos de Tokio*, 1983), inencontrable en España, que produjo de modo independiente y en la cual arremete contra las imposturas de los poderes mundiales.

EL SABOR DEL SAKE

Samma no aji

FICHA TÉCNICA: 1962. Japón. 113 minutos. **Color.**
DIRECCIÓN: Yasujiro Ozu.
PRODUCTOR: Shizuo Yamauchi.
PRODUCCIÓN: Shochiku.
GUIÓN: Kogo Noda y Yasujiro Ozu.
FOTOGRAFÍA: Yuharu Atsuta.
MÚSICA: Takanobu Saito.
MONTAJE: Yoshiyashu Amamura.
REPARTO: Chishu Ryu (Shuehi Hirayama), Shima Iwashita (Michiko Hirayama), Jeiji Sada (Koichi), Mariko Okada (Akiko), Shinichiro Mikani (Kazuo), Teruo Yoshida (Yutaka Miura), Noriko Maki (Fusako Taguchi), Nobuo Nakamura (Shuzo Kawai), Daisuke Kato (Yoshitaro Sakamoto).

CONFORME maduraba su estilo, la influencia del zen, como en los *haikus*, se fue evidenciando en la obra de Ozu: la búsqueda de la revelación de la trascendencia en el instante inefable. Y es que si en China el zen se manifestó en las enseñanzas morales confucionistas, en Japón, de manera más honda y pura, arraigaría en su arte, su cultura, en los aspectos más prácticos de la vida, lejos de la racionalidad del intelecto, constituyendo una filosofía del ser y del seguir viviendo. El director más preocupado por la composición cultivó también una poesía de lo ordinario arraigada a la vacuidad de los espacios y a la elocuencia de los objetos. En las comidas familiares o las cenas de amigos, en la rutina de tomar una bebida en un bar, subsiste una cierta ceremoniosidad integrada en las nuevas costumbres occidentalizantes, donde se desarrollan los diálogos que Ozu urdía junto a su fiel colaborador Kogo Nada, como la conversación sobre la derrota en la Segunda Guerra Mundial de *El sabor del sake* entre el protagonista, Hirayama, y un joven a quien encuentra por casualidad, Yoshitaro, que había estado a sus órdenes como soldado en la Marina:

"Si hubiéramos ganado estaríamos en Nueva York. Sí, en Nueva York. Nada de imitaciones. En América. ¡Y pensar que ahora nuestros jóvenes menean el trasero a ritmo de jazz! Si hubiéramos ganado, los de ojos azules llevarían pelucas negras. Y mascarían chicles mientras cantan canciones japonesas", se lamenta Yoshitaro. "Menos mal que perdimos", le responde Hirayama, aceptando con una sonrisa irónica ese Japón moderno, de tonos rojos, azules, grisáceos, donde los amigos se reúnen cada tarde con sus trajes occidentales alrededor de una típica mesa baja nipona, con platos y vasos de formas ovaladas, verdes, azules y amarillos. El sake en un jarro de laca sobre el mantel, y en el suelo, en primer plano, unas grandes botellas de cerveza vacía, ofrecen el justo contrapunto a la geometría rectangular del conjunto.

La familia japonesa, en la bisagra de la tradición y la modernidad, había presidido la filmografía de Yasujiro Ozu, en especial las relaciones entre padres e hijos. De hecho, *Primavera tardía* (1949) y *Otoño tardío* (1960), donde un padre y una madre, respectivamente, deben fingir ante sus hijas la intención de volver a casarse con el propósito de que ellas abandonen el hogar y funden su propia familia, tiene muchos puntos de similitud con *El sabor del sake*. Fiel a sí mismo, el director seguía haciendo en la década de los sesenta la misma película, buscando quizá la definitiva. En este caso, Hariyama toma la decisión de casar a su hija Michiko aconsejado por un buen amigo, y ante los ejemplos de su colega Horie, otro viudo desposado recientemente con una mujer muy joven, y un viejo profesor, ahora modesto regente de un humilde colmado, "el Calabaza", que en estado de ebriedad le confiesa durante una cena sentirse culpable por haber convertido a su hija en una solterona. Ozu, que apenas conoció a su padre, observa con ternura y agudeza la institución familiar como una pérdida de libertad individual, y, al mismo tiempo, un alivio que hace la vida soportable. En la década de los sesenta se inauguraban nuevos caminos para el cine, que surcaban nuevas estéticas y querían reflejar otras realidades. El mundo de Ozu se evaporaba, se marchitaba como los padres de sus películas, ence-

rrados en un círculo de soledad. Sin embargo, desde la perspectiva del paso de los años, su obra conserva intacta la modernidad de un mundo cosmopolita y globalizado, donde la cerveza compite con el sake, los ideogramas japoneses con el alfabeto occidental de los anuncios luminosos; planos que afloran aquí y allá y que, junto a la música, que se adapta a las diversas situaciones, sirven de transición entre las escenas. La convivencia social y estética de culturas se percibe también en las nuevas costumbres: la hegemonía de la mujer en el matrimonio, las tareas compartidas en el hogar entre los cónyuges, el uso de pastillas vigorizantes por parte de los mayores y anticonceptivos entre los jóvenes.

Tras la boda de Michiko, elegantemente resuelta a través de una elipsis, puesto que lo que importa son sus consecuencias para Hariyama, éste deja pronto a sus amigos para refugiarse en el bar Torys y contemplar a la joven que, pese a la ropa occidental, tanto le recuerda a su difunta esposa. Luego regresa a su casa. Imposible no sentir un escalofrío al presenciar las últimas escenas, donde se siente, casi se palpa, el peso del hogar vacío, de las sombras ominosas desgastando las paredes, de la ausencia de la hija a quien ha conminado a casarse. Los planos fijos de Ozu poseen la densidad significativa de los *haikus*. Estos segundos sólo son comprensibles, o intuibles, si dejamos de pensar en la actitud del padre como una apuesta por la felicidad de su hija –Michiko no se va a casar con el joven de quien está enamorada, ya comprometido, sino con un desconocido que le ha presentado la familia–, para verla como un sacrificio inútil. Con hija o sin hija al lado, la vejez es una etapa nostálgica y "el hombre siempre acaba solo". Pero Ozu no intenta demostrar nada a través de Hariyama, sólo transmitir una emoción, uno de los estados anímicos zen, el *yugen* o profundidad misteriosa, conciencia dolorosa del paso del tiempo y de la proximidad de la muerte, relacionada con la última estación, la invernal. Chishu Ryu, actor que desde la década de los treinta había participado en todas las películas del director y desde la posguerra fue el protagonista de la mayoría convirtiéndose en su alter ego, nunca fue tanto Ozu como en esta película. Un Ozu enfermo de cáncer, que moriría pocos meses después y se enfrentaba a la muerte con la mente lúcida y el sabor del sake en la boca.

En su tumba de Kamamura sólo quiso que figurara el signo *Mu*: la nada para el mundo, el todo para la eternidad.

NUBES DISPERSAS

Midaregumo

FICHA TÉCNICA: 1967. Japón. 107 minutos. **Color.**
DIRECCIÓN: Mikio Naruse.
PRODUCTORES: Sanezumi Fujimoto y Masakatu Kaneko.
PRODUCCIÓN: Toho.
GUIÓN: Nobuo Yamada.
FOTOGRAFÍA: Yuzuru Aizawa.
MÚSICA: Toru Takemitsu.
MONTAJE: Hideshi Ohi.
REPARTO: Yuzo Kayama (Shiro Mishima), Yoko Tsukasa (Yumiko Eda), Mitsuko Kusabue (Fumiko, hermana de Yumiko), Mitsuko Mori (Katsuko, cuñada de Yumiko), Mie Hama (Yunko, novia de Shiro), Daisuke Kato (Hayashida), Joshio Tsuchiya (Hiroshi, marido de Yumiko).

"DESDE mi juventud comprendí que el mundo en el que vivimos nos traiciona", declaró una vez Mikio Naruse, afirmación que le ha valido el sello de cineasta de la decepción amorosa. Y es que en su obra no hay escapatoria: tanto las relaciones conyugales como las uniones clandestinas, quienes se aferran al recuerdo o aspiran al cambio, los fieles a la tradición o los fascinados por lo extranjero, se sienten atrapados, insatisfechos, en la indiferencia insalvable entre el alto vuelo de sus deseos y la grosera realidad con que deben conformarse. *Nubes dispersas*, la película que cierra su filmografía, no es una excepción, sino la cumbre de un panorama existencial y de una refinada estética cinematográfica. Como en *Nubes flotantes*, el conflicto de la protagonista es la imposibilidad de olvidar. Pero si en Yukiko el conflicto radica en amar a alguien que no le corresponde, en Yumiko se trata de la imposibilidad de amar a quien le robó la felicidad. Clásico tardío, rodado en colores suaves y desvaídos, a través de la historia de amor entre una mujer, cuyo marido pierde la vida atropellado por un automóvil, y el conductor del vehículo causante del accidente, el espectador descubre el Japón americanizado, elegante y moderno, de la década de los sesenta.

Pero que nadie se lleve a engaño al leer sintetizado en dos líneas el argumento de esta película. Aunque suene a melodrama clásico hollywoodiense, tipo *Obsesión* (1954), de Douglas Sirk, se sorprenderá al hallarse ante una obra cercana al neorrealismo, donde abundan las largas conversaciones, los paseos morosos, y los planos se encadenan con sutilidad para que la vida misma dé la impresión de circular ante nuestros ojos. La puesta en escena resulta tan natural como los movimientos de los personajes, cuyas decisiones e indecisiones responden a un interior indescifrable, del que sólo nos da pistas una mirada perdida, una sonrisa amarga, un gesto de compasión. ¿Qué sabe el hombre lo que hay dentro del hombre, lo que predetermina y explica sus actos? Si en Ozu la vida se retrata en una pose meditada, un encuadre geométrico donde se ha pensado el justo lugar para cada motivo y personaje, la discreción de las imágenes de Naruse, que no llaman la atención sobre sí mismas, ponen su acento en los detalles azarosos y las delicadezas afectivas: Yumiko echando a Mishima de su habitación del hospital con un grito desgarrador; Yumiko devolviendo en un bar a Mishima los sobres con los cheques que le ha enviado; Mishima intentando sostener a Yumiko ebria; Yumiko en una cafetería entregando a Mishima su encendedor y su paquete de cigarrillos; de pie, junto a un árbol, Mishima y Yumiko guareciéndose de la lluvia bajo un paraguas en los alrededores de la pequeña ciudad turística de Aomori; Yumiko aplicando paños húmedos sobre la frente febril de Mishima en una habitación de hotel. Los gestos tímidos, las miradas ladeadas que nunca se contemplan directamente, las vacilaciones en las inflexiones de la voz o los silencios dolorosos remiten a afectos latentes aunque nunca se lleguen a pronunciar. De la simplicidad de los decorados interiores, donde tienen lugar las conversaciones, y de la luminosa frescura de los exteriores sacan el mejor partido las variaciones de la luz, que se proyectan en los rostros de los protagonistas, encomiable labor del director artístico Satoshi Chuko.

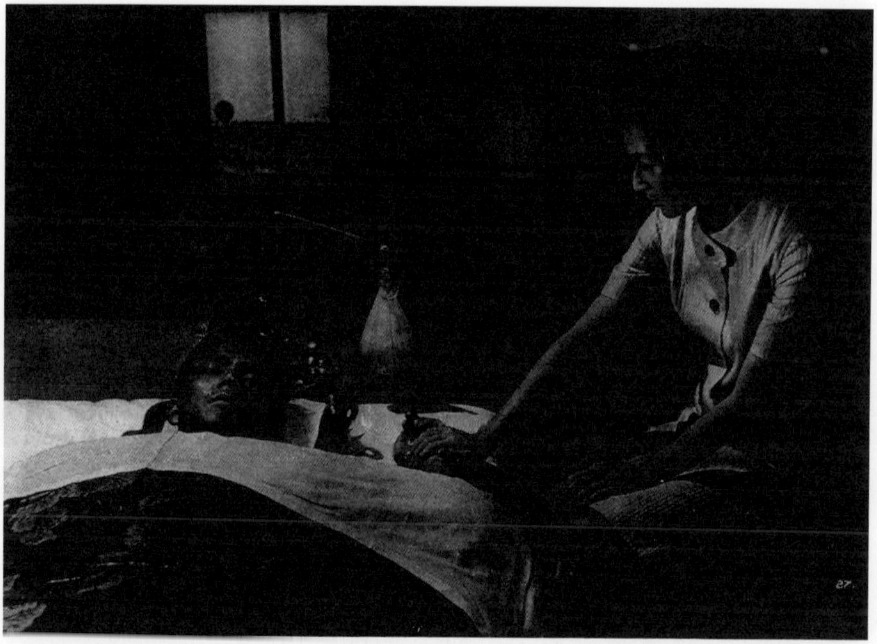

Hay ciertos momentos en que, en la intimidad, las nubes se eclipsan, y entre ellas se filtra un rayo de esperanza, pero la obscenidad de un camión empotrado en un frágil coche, los gritos de una mujer alrededor de la camilla que se lleva una ambulancia nos conciencian de no presenciar un cuento de hadas. *Nubes dispersas* se desarrolla sin saltos ni rupturas, dando más importancia al testimonio del tiempo transcurrido, de la experiencia de un drama, que a la resolución de una intriga. Las pasiones se diluyen en un tiempo uniforme, parsimonioso, que las dulcifica, las pinta evanescentes o las traza resignadas para desembocar, como en otra de las obras maestras de Naruse, *La voz de la montaña* (1954), en un sentimiento *mono no aware*, o de empática percepción de la fugacidad de la belleza; sin embargo, lo que en ésta última entraña una cuestión de perspectiva, en la precedente responde a una cuestión de profundidad, de traición a un punto de referencia. La ambigüedad de una mujer contemplando la superficie del lago Towada brillando bajo el sol puede significar la consecución de la ansiada paz o bien la definitiva consagración al recuerdo, porque quizá cuando uno comienza a olvidar también se le quitan las ganas de vivir.

EL FUROR DEL DRAGÓN

Meng long guojiang

FICHA TÉCNICA: 1972. Hong Kong. 100 minutos. **Color.**
DIRECCIÓN: Bruce Lee.
PRODUCTORES: Bruce Lee y Raymond Chow.
PRODUCCIÓN: Concord Productions Inc. y Golden Harvest Company.
GUIÓN: Bruce Lee.
FOTOGRAFÍA: Tadashi Nishimoto.
MÚSICA: Joseph Koo.
MONTAJE: Chang Yao Chang.
REPARTO: Bruce Lee (Tang Lung), Nora Miao (Chen Ching Hua), Chuck Norris (Colt), Wei Ping-ao (Ho), Wang Cheng-hsin (tío Wang), Robert Wall (Bob Fred), Whang Ing-sik (luchador japonés).

EL cine de acción de Hong Kong, colonia ex británica entre 1898 y 1997, ha presentado desde sus inicios rasgos propios y originales, combinando la tradición de las artes marciales orientales y la noción occidental del cine como espectáculo. Sus argumentos constituyen el hilo sutil –incluso redundante– que dota de sentido narrativo a una serie de escenas de enfrentamientos que privilegian el lenguaje del cuerpo. Bruce Lee, nacido en 1940 en el barrio chino de San Francisco, regresará a Estados Unidos con dieciocho años, donde malvivirá dando clases de artes marciales y trabajando en un restaurante chino para costearse sus estudios universitarios de filosofía. Una exhibición en los torneos anuales de kárate de Long Beach le abre las puertas de la televisión y el cine, protagonizando su primer largometraje en Hong Kong, *Kárate a muerte en Bangkok* (1971), al que sucedería *Furia oriental* (1972), ambos realizados por Lo Wei, pero donde se aprecia la huella de Lee como coreógrafo. Si *El furor del dragón*, primera y última película dirigida por él, es sintomática y reseñable, no se debe sólo a que reveló a Occidente la importancia de las artes marciales chinas, en concreto del kung fu, frente al kárate japonés, sino a haber aplicado a las peleas el *jeet kune do*, literalmente, "el camino del puño interceptor", que causó admiración entre los cinturones negros de la época. El argumento tópico y desdibujado de *El furor del dragón* –la llegada a Roma de Tang Lung, un joven de un pueblo de Hong Kong, para ayudar a unos familiares amenazados por unos gánsters que desean apoderarse de su restaurante–, el ingenuo narcisismo o las licencias cómicas no eximen a Bruce Lee de demostrar su letal estilo, o su "no estilo", como a él le gustaba calificar a una manera de luchar, libre y expresiva, en que "conocerse a sí mismo implica ser capaz de observarse en acción con otro".

"El tao del jeet kune do", escrito por Lee en forma de pensamientos y aforismos, concibe el kung fu como una vía espiritual de conocimiento: igual que el "Tao" de Lao Tse persigue la disolución de las formas, el luchador debe deshacerse de los rígidos preceptos o técnicas aprendidas para encontrar de manera espontánea, intuitiva, su propio camino, una apuesta por el autoconocimiento donde Lee asume la influencia del filósofo indio Krishnamurti. En el mismo libro se afirma que "el combate no puede considerarse desde un solo ángulo, sino que utiliza todos los cambios y medios necesarios para llegar a buen fin". Lo cual se traduce en el terreno cinematográfico en un realismo sin parangón al cual renunciarían los films de acción posteriores, en beneficio de las fantasías acrobáticas o visuales, y donde Lee supuso combinar sus conocimientos de *wing chun*, una refinada arte marcial en que le había instruido el maestro Yip Man, con las estratagemas y los arrebatos viscerales propios de las peleas callejeras entre bandas rivales durante su juventud en Hong Kong –objetos punzantes encontrados en una fábrica de hielo en *Kárate a muerte en Bangkok*, un mordisco al oponente ruso en *Furia oriental*– armas provenientes del *kobudo* japonés, como el palo largo o *bo*, o sus imprescindibles *nunchakus*, compuestos por dos varas del tamaño del antebrazo unidas por un extremo con una cadena corta o soga –que con tanta maestría utiliza en *El furor del dragón* contra los secuaces de los gánsters en la trastienda del restaurante–, y elementos del boxeo, la esgrima o incluso la lucha grecorromana, presentes en esta misma película en el célebre combate en el Coliseo romano recreado en estudio entre Bruce Lee y Chuck Norris, campeón del mundo de kárate, bajo la mirada vigilante de un gato. ¿En qué se parece un vaso de agua al kung fu?, le preguntaron en cierta ocasión en un programa radiofónico al "pequeño Dragón". "Creo que es una buena forma de explicar el kung fu, ya que el agua es la sustancia más suave y aun así puede entrar en la más dura roca. Es indestructible, insustancial y no puede ser dañada o herida. Todo artista de kung fu ha de entrenarse para ser dúctil como el agua, flexible para saber adaptarse a su oponente". Suave, pero no dócil; firme, pero no duro: bajo la apariencia inofensiva de Lee se esconde el golpe brutal que deja KO –la patada o el puño a corta distancia–, unos movimientos tan perfectos como contundentes, y de una gran simplicidad, guiados por el instinto de supervivencia; tras unos segundos de concentración, los salvajes gritos de aviso antes de aniquilar frente a la cámara a cada uno de sus contrincantes.

No podía imaginarse Bruce Lee, muerto prematuramente a los 32 años de una embolia cerebral y mitificado por la posteridad –aunque el pueblo chino no ha dejado de especular sobre un posible asesinato a cargo de la sociedad de la Mano Negra, supuestamente furiosa porque Lee habría descubierto a Occidente los secretos de un arte ancestral– que tras el sinfín de imitadores y falsos dobles surgidos de las numerosas secuelas de sus obras en busca del éxito fácil, su digno sucesor sería ese joven extra no acreditado a quien partía el cuello en *Operación dragón* (1973): Jackie Chan.

DERSU UZALA, EL CAZADOR

Dersu Uzala

FICHA TÉCNICA: 1975. URSS/Japón. 141 minutos. **Color.**
DIRECCIÓN: Akira Kurosawa.
PRODUCTORES: Yoichi Matsue y Nikolai Sizov.
PRODUCCIÓN: Atelier 41, Daiei Studios y Mosfilm.
GUIÓN: Akira Kurosawa y Yuri Nagibin, basado en los libros de Vladimir Arsenyev, "Dersu Uzala" (1907) y "Una expedición a Siberia" (1921).
FOTOGRAFÍA: Fyodor Dobronravov, Yuri Gantman y Asazaku Nakai.
MÚSICA: Isaak Shvarts.
MONTAJE: Akira Kurosawa.
REPARTO: Maksim Munzuk (Dersu Uzala), Yuri Solomin (capitán Vladimir Arseniev), Svetlana Danilchenko (señora Arseniev), Dmitri Korshikov (Wowa, hijo de Arseniev), Suimenkul Chokmorov (Jan Bao).

CUANDO la carrera de Kurosawa parecía estancada, obligado a abandonar por su exigencia y meticulosidad el rodaje de *Tora! Tora! Tora!*, una ambiciosa visión bilateral de la guerra del Pacífico de la 20th Century Fox, que finalmente sería dirigida por Kinji Fukasaku, y tras diversos problemas de salud y un intento de suicidio, al director le llegó una oferta desde la Unión Soviética de la productora Mosfilm, dispuesta a financiar uno de sus proyectos. La elección de Kurosawa fue *Dersu Uzala*, basada en una historia autobiográfica de Vladimir Karavievitch Arseniev (1872-1930), escritor poco conocido en España, pese a ser uno de los grandes representantes de la literatura de viajes rusa del siglo XX, que había atraído al director desde su juventud, pero que nunca se había planteado llevar al cine por su imposibilidad de rodarla en Japón. Arseniev relata la misión cartográfica que realizó en la región del río Osuri, en la Rusia oriental cercana a la frontera con China. Durante el viaje conoce a un viejo cazador mongol que se convierte en guía de los expedicionarios. Entre estos dos hombres tan diferentes, un ingeniero militar y un cazador de la jungla, florece una amistad basada en el afecto y el respeto mutuo. Arseniev propone a Dersu quedarse junto a él y su familia en la ciudad, pero éste no consigue habituarse a la rutina sedentaria y opta por regresar a la vida en el bosque. Kurosawa quiso ser fiel a las memorias de Arseniev y reprodujo para la gran pantalla la belleza salvaje del paisaje siberiano, así como la especial comunión entre el paisaje y el hombre que lo habita, en una película contemplativa, sobria, de impecable factura clásica e inspirada perfección.

Una mirada superficial muestra la naturaleza como la totalidad homogénea que nos rodea; una mirada científica la disecciona e intenta comprender hasta perderla de vista; pero si llegamos a penetrar en su misterio, accederemos a un mundo poblado de extrañas presencias, de espíritus, de "gentes" que habitan el sol, el viento, el agua y el fuego: ésta es la mirada de Dersu Uzala. El cazador nómada y solitario habita un universo mágico y animista. Es un *gold*, nombre que reciben los habitantes de la región de Osori, apasionados de la caza del ciervo y el reno, y rastreadores del ginseng, una planta a cuyas raíces los chinos atribuyen virtudes medicinales. Con Dersu Uzala, Arseniev descubrirá que de poco le sirven su cámara de fotos y su brújula en un medio hostil. Él le enseñará a interpretar intuitivamente los indicios del bosque, el canto de los pájaros o la forma de unas huellas, y le salvará la vida en la taiga, gracias a su ingenio y constancia, cuando sean sorprendidos por una tormenta de nieve en el lago Hanka. Siguiendo la estructura de una película de aventuras, Kurosawa entrelaza una serie de anécdotas que conforman paralelamente una aventura interior: es el alma del hombrecillo la que encierra verdadera sabiduría, y no tanto sus habilidades; una sabiduría, por otro lado, destinada a desaparecer en un futuro materialista y fagocitador. Dersu es generoso con sus semejantes y respetuoso con el hábitat natural. Sin embargo, hay un momento en que traiciona sus creencias, cuando dispara a un tigre antes de que éste se lance sobre él, temeroso de que ataque a los miembros de la expedición. Aquí, el

cazador transgrede una ley sagrada para ponerse del lado de los hombres, del afecto a sus compañeros, aunque sepa que entre ellos no está su lugar. Según tradiciones siberianas ancestrales, quien mata injustificadamente es castigado por Canga, el espíritu del bosque. Los malos presagios y las pesadillas le persiguen. Su pérdida de visión pone en peligro su supervivencia.

Dersu decide entonces aceptar la invitación del capitán de instalarse con él en la ciudad, pero no tarda en preguntarse cómo "los hombres pueden vivir encerrados en una caja". Amante de la vida nómada, bestia enjaulada, no sólo se siente aprisionado entre las cuatro paredes de una habitación, sino que se rebela contra algunas costumbres urbanas que no acierta a comprender, como la prohibición de plantar su tienda en la calle, la compra y la venta del agua o la tala de los árboles cercanos para convertirlos en leña. Atentados contra el hábitat natural en que se basa la civilización moderna y en los que funda sus comodidades, que tan absurdas nos parecen a través de los ojos de ese hombrecillo rechoncho, patizambo, testarudo, ingenuo, entrañable, fumando lentamente con su pipa mientras reflexiona mirando las estrellas o increpando al fuego porque le provoca con sus chispas, que hace que olvidemos hallarnos frente al magnífico actor Maxim Munzuk para convencernos de estar frente al auténtico Dersu Uzala.

Atemorizado por el espíritu de Amba, que adquiere los tonos de una divinidad vengadora sintoísta, la bondad innata de Dersu no advierte que en la civilización el enemigo es otro, concluye con amargura nostálgica la película. Y he aquí que la égloga a la doble cara de la naturaleza, bella y amenazante, apacible y devoradora, se convierte en elegía de un mundo en peligro de extinción, en fábula ecologista. Otra leyenda cuenta –la que genera todo rodaje– que cierto día Kurosawa desapareció un par de días en el bosque y a su vuelta regresó con un cuadro que regaló al actor ruso Yuri Salomin para su cumpleaños: era la cabeza del tigre majestuoso cuyos ojos brillan en la noche y con quien Dersu compartirá finalmente destino.

EL IMPERIO DE LOS SENTIDOS

Ai no corrida

FICHA TÉCNICA: 1975. Japón. 105 minutos. **Color.**
DIRECCIÓN: Nagisa Oshima.
PRODUCTOR: Anatole Dauman.
PRODUCCIÓN: Argos Films, Oshima Productions y Shibata Organisation Inc.
GUIÓN: Nagisa Oshima.
FOTOGRAFÍA: Hideo Itoh
MÚSICA: Minoru Miki.
MONTAJE: Patrick Sauvion y Keiichi Uraoka.
REPARTO: Tatsuya Fuji (Kichizo Ishida), Eiko Matsuda (Sada Abe), Aoi Nakajima (Toku), Yasuko Matsui (Tagawa) , Meika Seri (sirvienta Yoshidada), Kanae Kobayashi (vieja geisha Kikuryu).

SADA Abe se convirtió en una figura femenina mítica de la cultura japonesa a raíz de un acontecimiento sucedido en 1936: asesinó a su amante, con su consentimiento, en un acto desorbitado de pasión sexual. El acto conmocionó al país entero, y mientras las instituciones condenaban a Sada a seis años de cárcel, surgía en los ámbitos populares una simpatía y veneración por esa mujer, que iba adquiriendo una aureola de sacerdotisa del erotismo y de la muerte. Oshima quiso rendirle su particular homenaje veinte años después con la película *El imperio de los sentidos*, así como evocar una tradición de refinamiento erótico y amatorio que había florecido en la sociedad japonesa del siglo X y, tras desaparecer en la era de los samuráis, resurgió en los ámbitos aristocráticos de los siglos XVII y XIX. La monogamia impuesta a principios del siglo XX en el Japón moderno fue, de hecho, una moda importada de Occidente que pretendía contribuir a la modernización del país. Así que sería un error pensar que el comportamiento de los amantes protagonistas de esta historia se alimenta de la literatura de autores como Sade, Artaud o Bataille, porque pese a conocer estas fuentes, el director se sitúa de pleno en la tradición erótica oriental.

Con *El imperio de los sentidos*, Oshima se enfrentó al reto cinematográfico de la representación real del coito, mostrando primeros planos de órganos y actos sexuales, y alcanzando con ellos un valor poético comparable a los rostros de los amantes en pleno éxtasis, técnica recurrente en el cine pornográfico, pero todavía tabú en el cine de calidad y pretensiones artísticas, que en esta película se inspira en las delicadas estampas de los grandes pintores erotómanos Hokusai y Utamaro. En ocasiones, las escenas íntimas se convierten en colectivas, y criados, a su pesar, o *geishas*, de buen grado, participan del goce de la pareja de amantes insaciables. El director recurre de manera explícita a la felación, la penetración, la eyaculación y la mutilación, en una relación sexual llevada a sus límites que sólo culminará con la entrega máxima, definitiva. Actores célebres, de vidas ejemplares, se brindaron a realizar el papel más importante de su vida: a interpretarse haciendo lo que nunca se muestra, lo que, prohibido, se relega a la esfera de la penumbra rojiza, asfixiante, de la habitación donde se hermanan el sexo y la muerte.

Sada es una mujer de extrema sensibilidad y libre de prejuicios al satisfacer por piedad a un viejo vagabundo, mostrándole su sexo y tocando sus genitales. También es una mujer agresiva, al atacar a otra sirvienta que la insulta, llamándola prostituta. Es entonces cuando el amo, Kichizo, repara en ella, diciéndole con cierta sorna: "¿Por qué usar estas manos para matar pudiendo usarlas para el placer?". Sada se encargará de demostrarle que una y otra cosa pueden resultar equivalentes. La joven, que en un principio se siente ultrajada y humillada ante la omnipotencia de la erección dominante del macho, acaba consiguiendo un plano de igualdad cuando el amo abandona a su esposa para casarse con ella. La progresiva adopción por parte de Sada de la postura activa en el coito, situada encima de Kichizo, indica su creciente poder erótico, que convierten a su amante en un hombre objeto, cuya único deseo es satisfacer a su hembra, proporcionarle, cada vez más exhausto, ese orgasmo que nunca llega, mientras Sada rejuvenece tras cada fornicación: "Por favor, no puedo seguir esperando". Ese orgasmo que, si ya es calificado comúnmente como "pequeña muerte", aspira a más, a la gran muerte, a la total, la definitiva: "Lo que te da placer a ti me hace feliz a mí"... "¿Por qué te has parado? Casi había llegado al éxtasis. ¿Te ato las manos? Voy a matarte. Es monstruoso. Es maravilloso".

Uno de los axiomas de Oshima es confundir sueño y realidad. Aquí lo consigue en tres ocasiones claves para la acción, las tres en la mente de Sada: cuando imagina asesinar a la mujer de Kichizo al sorprenderlos haciendo el amor; la insorportable visión de Kichizo corriendo desnudo, con el kimono que ella le ha dejado, al lado de su esposa, y tras el último orgasmo, su propia visión, con un kimono entreabierto que deja ver su cuerpo desnudo, tumbada en una plaza, mientras un niño da vueltas a su alrededor gritando: "¿Dónde está?". El director se enfrentaba, así, a dos de las escenas más complejas y fascinantes de rodar: el ser humano teniendo relaciones sexuales y el ser humano en el momento de morir, mostrando lo cerca que se hallan los dos estados, aunados por la dimensión del sueño.

Si *El imperio de los sentidos* es una película esencialmente transgresora no es sólo por su estética, por lo que muestra, sino por la subversión que en el terreno ético y moral presupone la opción de sus protagonistas: una reivindicación del goce de la mujer hasta sus últimas consecuencias, el sacrificio voluntario del macho que santifica a víctima y verdugo, ya que ambos han sido arrebatados por la tiranía del placer. En palabras del propio director: "Mientras los otros japoneses eran movilizados para morir en los campos de batalla, existía este hombre, Kichizo Ishida, que murió con alegría para satisfacer la sexualidad de una mujer". El coito, rito mortal e inmortal, alcanza así en esta película dimensiones trascendentales, extraordinarias. *El imperio de los sentidos* no fue creada para estimular sexualmente, pese a haber sido acusada en Japón en un largo proceso por delito de obscenidad, según el artículo 175 del código penal nipón, sino para reflexionar sobre la dimensión sagrada del sexo, elevada la consecución del goce absoluto a religión del cuerpo.

EL IMPERIO DE LA PASIÓN

Ai no borei

FICHA TÉCNICA: 1978. Japón/Francia. 104 minutos. **Color.**
DIRECCIÓN: Nagisa Oshima.
PRODUCTOR: Anatole Dauman.
PRODUCCIÓN: Argos Films y Oshima Productions.
GUIÓN: Nagisa Oshima, basado en la novela homónima de Itoko Namura.
FOTOGRAFÍA: Yoshio Miyajima.
MÚSICA: Toru Takemitsu.
MONTAJE: Keiichi Uraoka.
REPARTO: Tatsuya Fuji (Toyoji), Kazuko Yoshiyuki (Seki), Takahiro Tamura (Gisaburo), Takuzo Kawatani (Inspector Hotta), Masami Hasegawa (Oshi).

MIENTRAS la Administración del Estado, poniendo de relieve la falta de libertad de expresión en España, decidía si calificar *El imperio de los sentidos* de pornográfica y, en caso contrario, permitir su visionado en las grandes pantallas, se estrenaba en nuestro país en 1979 *El imperio de la pasión*, avalada por el premio a la mejor dirección en Cannes el año anterior. Cabe decir que *Ai no borei,* cuya traducción literal sería "El fantasma del amor", no se ajusta en absoluto al título original, a causa de una estrategia comercial para presentarla como una continuación de su predecesora, que había alcanzado mayor celebridad por su erotismo explícito que por su indudable calidad estética. Aunque se puede considerar que *El imperio de la pasión* conforma un díptico sobre el deseo con *El imperio de los sentidos*, en cuanto en ambos casos se trata, en palabras del director, "de un hombre y una mujer que no dudan en confundir su existencia real con sus pulsiones sexuales más profundas", *El imperio de la pasión* no centra su atención en la exhibición del cuerpo: las relaciones sexuales siempre son mostradas como producto de un sentimiento que supera a los protagonistas y les conduce a cometer un asesinato. En *El imperio de los sentidos* se describía una historia de amor aislada del mundo, en su expresión más física, mientras que en *El imperio de la pasión* algo suele interponerse entre el espectador y la representación erótica: la espalda de Toyoji afeitando el pubis de Seki, los troncos de los árboles a través de los cuales vislumbramos un coito. Sordidez y crueldad se aúnan con serenidad y delicadeza narrativa, y la intriga amorosa y criminal se vincula al relato fantástico japonés, en una historia donde la exploración del contexto natural y social es un factor determinante. Las murmuraciones y sospechas de los campesinos se materializarán en un fantasma, el del marido difunto, símbolo de la ley y el orden instaurado por los hombres, que los amantes transgredieron para consumar su pasión.

El argumento de esta película también tuvo su origen en un hecho real contemporáneo, un crimen sucedido en Japón en 1926. Sin embargo, cuando estaba trabajando en el guión, el director tuvo la oportunidad de leer la obra de Itoko Nakamura "Takashi Nagatsuka. Tres generaciones para fertilizar la tierra", biografía de su admirado Takashi Nagatsuka, donde se mencionaba un caso parecido, el del cochero Gisaburo, acaecido en 1896, que impactaría a Nagatsuka, pero sobre el que no llegaría a escribir: el asesinato del conductor de un carrito por parte de su esposa y el joven amante de ésta, que decidieron librarse de él estrangulándolo y escondiendo su cadáver en un pozo abandonado. Oshima, director urbano, optó por desarrollar esta historia campestre, sobre la cual encontró abundante documentación, contextualizarla en el sombrío y represivo período de era Meiji y rodarla en escenarios naturales, en un aldea cercana al lago Biwa.

El blanco de la nieve, el marrón de la tierra o la madera y el ocre de las hojas secas son algunos de los colores pastosos que presiden los encuentros esporádicos entre Toyoji y Seki en medio del bosque. Oshima pretendía de esta manera ofrecer una imagen original de la condición humana y remontar a las raíces de la vida: "Los amantes parecen vivir en un infierno por su pulsión sexual, pero para mí son los bramidos de la tierra, el murmullo del viento, el crujir de los árboles, el canto de los pájaros y los insectos, en resumen, es la naturaleza entera la que guía a esta pareja en su descenso a los infiernos. Ni el mismo fantasma se distingue de esta naturaleza". De hecho, según la ley de la naturaleza, del instinto animal, la unión de Seki y Toyoji no es culpable: la apariencia de juventud y belleza innata de Seki, y su sexualidad insatisfecha por un marido que trabaja demasiado, la justifican. Aparte del estudio social y etnológico, Oshima introduce elementos psicoanalíticos, como el edípico, cuando Toyoji aparta a Seki de su hijo y se lanza sobre sus pechos; o, más adelante, en el momento en que se revuelcan en el fango del pozo, hundiéndose en el lodo, y Seki pierde la vista. (¿No estaba ya cegada antes por su pasión? ¿Tendrá que hallarse frente al cadáver para asumir la muerte de su marido?) Significativamente, tanto Toyoji como Seki realizan sus ofrendas al viejo pozo, que conserva toda su fuerza telúrica, donde reposa el cadáver de Gisaburo: él deposita a diario hojas secas, en un acto inocente que remite al necesario olvido del pasado; ella, atormentada por la visión del difunto, acude para llevarle su sake. Respecto a Gisaburo, inspirado en los auténticos fantasmas populares, su rostro es pálido, triste y cansado, o no tiene rostro. En absoluto resulta efectista o agresivo, como los espíritus provenientes del kabuki; de hecho, las represalias legales correrán a cargo del inspector Hotta, personaje no por ridículo menos amenazante.

No se halla en esta obra la denuncia esperable de un director tan irreverente y heterodoxo como Oshima, por el contrario, opta por una visión contemplativa de los hechos y objetiva en su narración, a través de la voz que comenta los sucesos desde la segunda parte de la película. Es tarea del espectador intuir la disolución de la culpabilidad en el sufrimiento, la resolución por parte de los amantes de seguir viviendo su pasión, por encima de los rumores, los fantasmas de la conciencia, la condena de la sociedad: un crimen que no fue más que la manifestación de un amor entre dos seres frustrados sólo podrá redimirse a través del placer y el suplicio compartido de la carne. Como en *Los amantes crucificados* (1954), de Kenji Mizoguchi, la aceptación del castigo será en última instancia un acto de reivindicación amorosa extático y trascendente.

EL MONO BORRACHO EN EL OJO DEL TIGRE

Jui Kuen

FICHA TÉCNICA: 1978. Hong Kong. 111 minutos. **Color.**
DIRECCIÓN: Yuen Woo-ping.
PRODUCTOR: Ng See-yuen.
PRODUCCIÓN: Seasonal Film Corporation.
GUIÓN: Lung Hsiao, Ng See-yuen y Yuen Woo-ping.
FOTOGRAFÍA: Hui Chang.
MÚSICA: Chow Fu-liang.
MONTAJE: Hsiung Pang.
REPARTO: Jackie Chan (Wong Fei-hung), Siu Tien Yuen (Su Hua Chi), Jang Lee Hwang (el asesino), Ging Man Fung (Sr. Li), Hsia Hsu (rey del bastón), Linda Lin (tía de Fei), Dean Shek (profesor Kai Hsien).

EN un principio, las películas de artes marciales estaban basadas en coreografías operísticas. De hecho, desde el siglo XIX, en la Ópera de Pekín, aparte de melodramas delicados y extravagantes, había lugar para los acróbatas, muchos de ellos antiguos luchadores que se reciclaban en el mundo del espectáculo. Un siglo más tarde, los alumnos sometidos a unos severos entrenamientos –que a menudo rozaban la tortura– para aprender kung fu, danza, canto y teatro en las escuelas de la ópera se encontraron con que ésta cerraba sus puertas y buscaron fortuna en la industria del cine. Jackie Chan fue uno de estos sufridos muchachos, primero extra y figurante en films de acción, luego protagonista de una serie de largometrajes de Lo Wei que intentaban convertirlo en un clon del desaparecido Bruce Lee. Pero, precisamente, siguiendo el testamento filosófico de Lee, "El tao del jeet kune do", Jackie Chan se proponía, más cerca de cómicos del cine mudo como Buster Keaton o Harold Lloyd que de sus compañeros de generación, encontrar su propio camino. O como sentencia a su adversario en *El mono borracho en el ojo del tigre*, el film dirigido por Yuen Woo-ping que le revelaría como estrella del kung fu humorístico:

> Cada hombre es como es,
> cada caballo tiene su establo
> cada Iglesia tiene su Buda.
> Y cada maestro su propia técnica.

Uno de los aciertos argumentales de *El mono borracho en el ojo del tigre* era identificar a un héroe prepotente y malcriado con el mítico Wong Fa-hung adolescente, posteriormente justiciero defensor de los derechos del pueblo chino ante la corrupción de sus autoridades locales y los intereses de los invasores extranjeros, que fue protagonista de la primera saga del cine de artes marciales con el rostro del veterano actor Kwan Tak Hing. Harto del indisciplinado muchacho, el padre decidirá ponerlo en manos de un maestro vagabundo llamado Su Hua Chi, conocido por sus implacables y sádicos adiestramientos, y que se trata, ni más ni menos, que del padre del director, en su juventud entrenador de la Ópera de Pekín, cuya agilidad con casi setenta años deja tan pasmado al espectador como las acrobacias, muecas y payasadas de Chan. Haciendo honor a la que fue su profesión en la vida real, el maestro somete a Wong a una férrea disciplina –para evitar que se escape durante la noche le ata una cuerda en el dedo gordo del pie– y un endurecimiento del cuerpo a partir de tareas domésticas –desde llenar y vaciar tazas en cubos de agua, o cubos de agua en tinajas, atado en posiciones inverosímiles, hasta romper nueces con las manos o en su propia cabeza–. El espectador occidental no puede evitar una sonrisa al recordar al maestro Pai Mei de *Kill Bill II* (2003), de Quentin Tarantino, claro homenaje a esta típica figura de los films de artes marciales. Sólo tras superar la agotadora preparación, de la que no se libra pese a sus artimañas para escabullirse de las tareas o aligerarlas, en la mejor tradición de la picaresca, Wong aprenderá la técnica secreta de su maestro: los Ocho Estilos del Kung fu Borracho, que se manifiestan, por supuesto, en estado de ebriedad: el Dios de la fuerza interior, el tullido, el que lleva ollas en las manos, el del poderoso ataque de cadera, el de la doble buena pegada, el que se queda afónico, el que toca la flauta y la Diosa que se pone a bailar, los cuales permiten a Chan explotar al máximo el ingenio, la imaginación y el humor en los combates. Su expresiva comicidad se irá matizando, no obstante, cuando demuestre su valía detrás de la cámara, dirigiendo, escribiendo y coreografiando sus films posteriores, que poseen escenas de acción memorables: *La hiena* (1979) y su exhibición del kung fu emocional; *El chino* (1980) y sus desafíos con espadas y abanicos; *Piratas en los mares de China* (1983), junto a sus compañeros de la Ópera de Pekín Sammo Hung y Yuen Biao, en la que realiza una persecución en bicicleta de aire circense y acomete la peligrosa hazaña de dejarse caer desde el reloj de una torre; *Gángster por un pequeño milagro* (1989) y la desopilante pelea en un restaurante, donde cada objeto y pieza del mobiliario tiene su función; *Police Story* (1985), *Police Story 2* (1988) y la más seria, pero igualmente trepidante, *Crime Story* (1993).

En la cumbre de su carrera cinematográfica, Jackie Chan dirigirá la segunda parte de *El mono borracho en el ojo del tigre*, bajo el título de *La leyenda del luchador borracho* (1994). Con cuarenta años retoma su papel de un Wong Fei-hung adicto a la lucha etílica, un recurso tan políticamente incorrecto en estos tiempos como simpático y efectivo. Conforme el alcohol corre por sus venas, su fortaleza se multiplica, y sea con los puños, palos de bambú o armas blancas se bate con su feroz enemigo –un campeón de *kickboxing*–. Su último enfrentamiento tiene lugar en una fábrica en llamas, que causó más de una quemadura de gravedad al todoterreno Chan. Wong Fei-hung ya es un adalid de la causa nacionalista china frente a los colonizadores ingleses, en esta película ambientada en la China del siglo XIX, destinada a recaudar fondos para la Asociación de Especialistas de Hong Kong, que contiene alguna que otra escena paródica de la saga épica de artes marciales *Érase un vez en China* (1991), de Tsui Hark, con Jet Li como un convincente e impoluto Wong Feihung y la colaboración de Yue Woo-ping en el diseño de las escenas de acción, apostando por un complejo sistema de cables que acrecienta su espectacularidad. Chan siempre se ha vanagloriado de no utilizar dobles en los rodajes de riesgo ni trucos de montaje y, a tal efecto, hizo del largo plano secuencia una de sus constantes estéticas. Para él, la tecnología de Yue Woo-ping, que predeterminará la transición del cine de artes marciales tradicional al *wuxia* –será el coreógrafo, y hasta cierto punto el responsable, del éxito de las películas *Hero* (2002) y *Tigre y dragón* (2000), la trilogía de *Matrix* (1999) o el díptico de *Kill Bill* (2003-2004)– despojaba de valor las proezas físicas que él había efectuado durante tanto tiempo. En el siglo XXI, tomarán el relevo realizadores como Stephen Chow, uno de los actores cómicos más célebres de Asia, director de *Shaolin Soccer* (2001), que ha hecho furor entre las jóvenes generaciones al interaccionar las artes marciales con el fútbol, y *Kung Fu sion* (2004), donde homenajea el kung fu clásico aprovechando las posibilidades de los efectos digitales hasta la autoparodia: Chaw llega a saltar tan alto antes de patear a su rival, que se encuentra a Buda meditando sobre las nubes.

LA BALADA DEL NARAYAMA

Narayama bushiko

FICHA TÉCNICA: 1983. Japón. 128 minutos. **Color.**
DIRECCIÓN: Shohei Imamura.
PRODUCTORES: Goro kusakabe y Jiro Tomoda.
PRODUCCIÓN: Toei Imamura Production.
GUIÓN: Shohei Imamura, adaptación libre de dos novelas de Shichiro Fukazawa "Tohoku no zummutachi" ("Los hombres del norte") y "Narayama bushi ko" ("La balada del Narayama").
FOTOGRAFÍA: Masao Tochizawa.
MÚSICA: Shinichiro Ikibe.
MONTAJE: Hajime Okayasu.
REPARTO: Ken Ogata (Tatsuhei, jefe de la familia), Sumiko Sakamoto (Orin, la madre), Aki Takejo (Tamayan, segunda esposa de Tatsuhei), Tonpei Hidari (Risuke, el apestoso), Seiji Kurasaki (hijo mayor de Tatsuhei), Junko Takada (Matsu), Mitsuko Baisho (Oei, joven viuda), Nijiko Kiyokawa (Okane, vieja viuda).

DONALD Richie, autor de origen británico pero afincado en Japón durante décadas y el mejor estudioso del cine japonés, ha ejemplificado de manera brillante que tanto la obra de Oshima como la de Imamura revelan la existencia de dos Japones opuestos entre sí, a los cuales el cine ha dado entidad en la pantalla. Por un lado el Japón "oficial", que estaría representado por "el hermoso mundo del teatro *noh* y de la ceremonia del té, la abnegada mujer nipona vestida con kimono, los resquicios de feudalidad en la exquisita gradación de los estamentos sociales y virtudes tales como la fidelidad, la lealtad, la devoción, en resumen, las cosas por las que el resto del mundo conoce a Japón". Esta versión "oficial" de la serenidad taoísta de las películas de Ozu no corresponde sólo a la que la nación ha querido proyectar al exterior, sino a la manera en que los propios japoneses se quieren ver a ellos mismos, aunque haga más de cincuenta años que no sea en absoluto representativa de la realidad de la sociedad nipona, y acaso jamás lo haya sido.

El Japón que ofrecen las película de Imamura sería "el otro", la versión "real", la censurada o simplemente la olvidada. Pertenecientes a las clases más bajas de la población, a minorías marginadas o desfavorecidas, sus personajes viven arraigados a sus instintos primarios, y si se caracterizan por algunos sentimientos, éstos son el egoísmo, la vitalidad o la amoralidad. La inocencia natural, que siempre es crueldad, vista como componente antropológico en películas como la que comentamos a continuación, encerraría el germen de un vigor, de una vitalidad difíciles de soterrar y apagar, incluso en los períodos de mayor represión en Japón. No es de extrañar que, cuando Imamura había consolidado su trayectoria en la década de los años sesenta con títulos más o menos heterodoxos como *Nippon konchuki* (*La mujer insecto*, 1963), *Jinruigaku nyumon: Erogotshi yori* (*El pornógrafo*, 1966), *Kamigami no fukaki yokubo* (*El profundo deseo de los dioses*, 1968) o *Nippon sengoshi-madamu onboro no seikatsu* (*Historia del Japón de posguerra contado por una azafata de bar*, 1970), decidiera enfrentarse al reto de realizar su propia versión de *La balada del Narayama*, esta vez a partir de dos relatos de Shichiro Fukazawa. El reto implicaba igualar en altura a la versión que Teisuke Kinoshita había dirigido en 1958 y, al mismo tiempo, ser capaz de realizar una película totalmente diferente. La obra de Kinoshita, muy teatral y estilizada, ya había atraído la atención internacional. Rodada íntegramente en estudio, se presentaba como un cuento fantástico ambientado en el Japón feudal. Imamura, que siempre había recurrido a escenarios naturales, optó por trasladarse a la cima de la montaña para filmar una historia de carácter realista que pudiera haber tenido lugar en un tiempo no demasiado lejano.

Siguiendo una antigua tradición, de la que Imamura halló reminiscencias en el pasado de pueblos como los húngaros o los esquimales, los habitantes de una aldea aislada en medio de las montañas, que viven sumidos en la mayor de las pobrezas, conducen a sus progenitores cuando cumplen setenta años hasta lo alto del Narayama, donde los abandonan a la espera de la muerte. Esta bárbara costumbre es básica para la supervivencia de las jóvenes generaciones, igual que el asesinato de los hermanos menores al

nacer o la venta de las niñas cuando es imposible otra boca que mantener, o la pena de muerte para los ladrones de comida. Orin es una mujer de fortaleza ejemplar que tiene 69 años y sabe que una vez pase ese año, y sus cuatro últimas estaciones, realizará el último viaje, de acuerdo con las normas de la comunidad, para reencontrarse con los espíritus de sus ancestros. Antes de su ascenso al Narayama, no dudará en romperse los dientes contra una piedra, temerosa de que no alcance para todos la comida almacenada para pasar el invierno; encontrará una nueva mujer para su primogénito, Tamayan, a quien mostrará los pequeños secretos que permitirán a la familia seguir adelante, e incluso conseguirá que una mujer quiera pasar la noche con el hijo menor, Reisuke, de repulsivo olor corporal, que se ve obligado a aplacar sus necesidades sexuales con la perra del vecino.

Cabe decir que el estado de vida del japonés primitivo no implica en Imamura ninguna idea roussoniana de visión idílica del buen salvaje, pero tampoco negatividad alguna, sino el máximo respeto. El uso del montaje cercano al documental, para mostrar cómo la vida diaria de la familia se desarrolla de manera paralela a la de los depredadores de la zona, nos aproxima más bien a un mundo donde no hay héroes posibles, sino una lucha constante por la satisfacción de las necesidades primarias al borde de la animalidad, una sucesión de peripecias cómicas o dramáticas, con hálito tétrico y ribetes inauditos de crueldad. Sobre la ley de los hombres se insinúa un universo panteísta, presidido por el águila, custodiado por la serpiente, vigilado por el búho, regenerado por los cuervos, donde la tierra trasciende su dimensión física para convertirse en una fuerza omnipresente de la cual emana el poder del dios de la montaña.

EL MUNDO DE BIMALA (LA CASA Y EL MUNDO)

Ghare Baire

FICHA TÉCNICA: 1984. India. 140 minutos. **Color.**
DIRECCIÓN: Satyajit Ray.
PRODUCCIÓN: National Film Development Corporation of India.
GUIÓN: Satyajit Ray, basada en la novela "La casa y el mundo", de Rabindranath Tagore.
FOTOGRAFÍA: Sumendu Roy.
MÚSICA: Satyajit Ray.
MONTAJE: Dulal Dutta.
REPARTO: Soumitra Chatterjee (Sandip Mujkherjee), Victor Banerjee (Nikhil Choudhury), Swatilekha Chatterjee (Bimala Choudhury), Gopa Aich (la cuñada de Nikhil), Jennifer Kapoor (Miss Gilby), Manoj Mitra (el director de la escuela), Indrapramit Roy (Amulya).

IGUAL que hay dos Japones, también hay dos Indias, o mejor dicho, una infinidad de Indias: la que rinde culto a la tradición y la que se siente fascinada por el progreso, la de los hombres y la de las mujeres, la hindú y la musulmana, la occidentalizada y la nacionalista, que Jawaharlal Nehru intentará fundir en una sola. Asimismo, en la versatilidad de la obra de Ray hay que distinguir, aparte de la India de los pobres, presente desde *La canción del camino* (1955) hasta *El trueno lejano* (1972), una India más suntuosa y opulenta, la de los *zamindar*, la clase burguesa e intelectual, que aparece en *El salón de música* (1958) o *Davi* (*La diosa*, 1960), y en las adaptaciones de las novelas de un escritor de quien Ray fue discípulo y gran admirador, y a quien dedicó un magnífico documental en 1961: Rabindranath Tagore. La prosa rítmica del célebre poeta, músico, pintor, ensayista, reformador y educador alienta un cine más cultural, que explora la historia contemporánea de Bengala, acaso para que sirva de lección para el presente y el futuro: *Las tres muchachas* (1961), *Charulata* (1964) o la traducida en nuestro país como *El mundo de Bimala* (1985), cuyo título original es *La casa y el mundo*. Primera película de Ray estrenada en España, a finales de la década de los ochenta, y en la actualidad prácticamente inencontrable, *El mundo de Bimala* está ambientada en la India de 1905, un momento en que la decisión de los ingleses –el oscuro decreto promulgado por lord Curzon– dividió el país en dos bloques administrativos diferentes, hindúes y musulmanes, propiciando una serie de cruentas revueltas nacionalistas que sólo cesaron con la reunificación de 1912. No obstante, en 1947 Bengala se dividiría de nuevo en dos estados, el hindú de Bengala Occidental y el musulmán de Bengala Oriental, bajo dominio de Pakistán, que sólo en 1971 conseguiría la independencia bajo el nombre de Bangladesh o Tierra de Bengala.

Nikhil, un hombre culto y pacífico, es visitado en su lujosa casa campestre por su amigo Sandip, un líder el movimiento nacionalista *swadeshi*, que intenta convencerle de la necesidad de que tome partido político y participe en un boicot a los productos ingleses. Pese a contribuir normalmente a las causas de Sandip, se resiste, puesto que tal medida perjudicaría a los pequeños comerciantes musulmanes y generaría su hostilidad. Durante uno de sus encuentros, Sandip conoce a Bimala, la mujer de Nikhil, a quien él ha instado a salir del tradicional *pudra*, o reclusión de la mujer bengalí en el hogar, y participar en la vida social, para que su amor sea completo y absoluto. En palabras de Tagore: "Quiero verte avanzar hasta el corazón del mundo exterior, que encuentres allí realidad. No estás hecha para vivir siempre en el mundo de los convencionalismos y de los cuidados domésticos. Tenemos que volver a encontrarnos uno al otro, en el mundo verdadero, para que nuestro amor sea también verdadero". Seducida por Sadip, Bimala acabará debatiéndose entre la fidelidad a su esposo y el sentimiento de deseo que el intruso ha despertado en ella, mientras Nikhil advertirá con dolor la situación, sin actuar en consecuencia, sin despedir a su huésped, dejando que su mujer descubra por sí sola la ambición y la mezquindad que se esconden detrás de la brillante retórica del político. En la obra de Ray, la figura del *zamindar* parece ilustrar la decadencia de un *modus vivendi* en extinción, el de la aristrocracia rural india. Pero si en *El salón de música* el protagonista se arruinaba por su obsesión artística y en *Devi* (*La diosa* 1960) por el fanatismo religioso, en *El mundo de Bimala* es por su extremo idealismo, por su confianza en el ser humano, traicionada en todos los sentidos.

Uno de los logros de este film intimista, imprescindible para amantes de exquisiteces, es la sutilidad con que se abrazan la trama amorosa y política. Bajo la superficie de los diálogos sobre la opresión de la colonización británica y de las costumbres occidentales, a la sombra del grito de rebelión *Vande Mataram*, late una pasión amorosa que Ray describe de manera menos sentimental que Tagore, rompiendo el tabú que sobre el beso todavía pesaba en el cine indio. Una mirada objetiva hacia los personajes, donde prevalece el plano medio, alterna con un uso del *zoom*, que dota al rostro de expresividad no sólo a través de la palabra sino de la música, compuesta por el mismo realizador; como en *Gertrud* (1969), de Dreyer, otra historia acerca de una mujer en busca de sus deseos y su emancipación, los espejos se utilizan para revelarnos datos ocultos acerca de los personajes. Bimala difiere de su predecesora, Charulata, en que no se trata de una mujer solitaria y frustrada. Ella es feliz con su marido, quien a su vez procura no sólo su bienestar y su alegría, sino también que tenga acceso a la cultura, el arte y la política de su tiempo. No obstante, al ofrecerle la libertad también le da la opción a equivocarse, le abre la puerta a las tentaciones, las dudas y el dolor: "Estas heridas tienen que ser curadas: ¿No podemos curar nuestras heridas con el bálsamo del amor hasta que un día la cicatriz desaparezca? ¿No será demasiado tarde? ¡Hemos perdido tanto tiempo en desconocernos, que solamente ahora nos comprendemos!". Nikhil es casi un *alter ego* de Tagore, el hombre que creyó en el poder regenerador del arte y en la importancia de la educación para la madurez de la India como nación. El escritor y pensador, que siempre luchó por la independencia de su país, fue autor de dos canciones, "Amar Sonar Bangla" y "Jana Gana Mana", que son en la actualidad los himnos nacionales de Bangladesh e India, y no dudó en arremeter contra la beligerancia y los intereses ocultos de los nacionalismos extremistas, no sólo de la India, sino de América y Japón. Y es haciendo de la independencia de Bimala un correlato de la independencia del país como Ray se erige en heredero del mensaje que emana de la obra de Tagore y del Renacimiento bengalí.

RAN

Ran

FICHA TÉCNICA: 1985. Japón/Francia. 160 minutos. **Color.**
DIRECCIÓN: Akira Kurosawa.
PRODUCTORES: Masato Hara y Serge Silberman.
PRODUCCIÓN: Greenwich Film Productions, Herald Ace Inc. y Nippon Herald Films.
GUIÓN: Akira Kurosawa, Hideo Oguni y Masato Ide.
FOTOGRAFÍA: Asazaku Nakai, Takao Saito y Masaharu Ueda.
MÚSICA: Toru Takemitsu.
MONTAJE: Akira Kurosawa.
REPARTO: Tatsuya Nakadai (Hidetora Ichimonji), Akira Terao (Taro Takatora Ichimonji), Jinpachi Nezu (Jiro Masatora Ichimonji), Daisuke Ryu (Saburo Naotora Ichimonji), Mieko Harada (lady Kaede), Yoshiko Miyazaki (lady Sué), Hisashi Igawa (Shuri Kurogane), Peter (Kyoami), Masayuki Yui (Tango Hirayama), Kazuo Kato (Kageyu Ikoma), Norio Matsui (Shumenosuke Ogura), Takeshi Nomura (Tsurumaru).

NO es casual que Akira Kurosawa marcara el interés de Occidente por el cine japonés en la década de los cincuenta. Su obra había bebido de la influencia de los géneros americanos y mostrado su admiración por los grandes clásicos de la literatura europea, como Dostoievski (*El idiota,* 1951), Gorki (*Los bajos fondos,*1957) o Arseniev (*Dersu Uzala*, 1975). *Ran*, adaptación libre de "El rey Lear", de Shakespeare, inspirada asimismo en una leyenda de samuráis, iba a conformar, junto a *Trono de sangre* (1957) y *Kagesmusha* (1980), el gran tríptico del director sobre el poder, la locura y la muerte. La película tuvo una extraordinaria acogida en Europa y en Estados Unidos, en comparación a la discreta indiferencia de la crítica de Japón, donde, no obstante, logró un buen resultado comercial. Hubo quien consideró que su propio país menospreciaba a Kurosawa por la inspiración occidental de sus obras, aunque sería más correcto pensar que personalidades importantes se sintieron humilladas, porque bajo la superficie del señor de la guerra Hidetora Ichimonji, desposeído de su reino y condenado a errar, no sólo estaba el alma del rey Lear o la sombra del señor feudal Motonari Mori, sino que palpitaba el aliento del maestro Kurosawa, despreciado por el estudio Toho e ignorado por el resto de productoras niponas, que lo condenaban a una jubilación forzosa antes de tiempo. Rodada gracias a capital francés, en escenarios naturales del sur de Japón, el Parque Nacional del Monte Aso y en la isla de Kyushu, *Ran* precisó más de 200 caballos y 1.400 extras para recrear las batallas más suntuosas y espectaculares; un tifón asoló las costas y fue aprovechado para recrear las escenas más apocalípticas y los ataques de locura de Hidetora; al pie del monte Fuji se construyó un castillo cuyo destino fue consumirse hasta las cenizas, como los viejos valores de un mundo feudal alegórico, encarnados por el viejo rey, y su burlona conciencia, el bufón Kyoami. Pese a hallarnos ante un *jidaigeki*, un fragmento de fresco histórico, es indudable que su sombra se proyecta sobre el presente: en la imagen final Tsurumaru es el hombre contemporáneo errando en la nada, con las manos vacías.

Ambientada en el Japón feudal del siglo XVI, *Ran* nos sitúa ante el rey Hidetora, que llegado a la vejez decide abdicar y cede a su hijo mayor, Taro, el máximo poder y su mayor castillo, a Jiro el segundo en importancia y al hijo menor, Seburo, el tercero. Seburo protesta, recriminándole su imprudencia, ya que sin el control sangriento del poder que ha ejercido hasta ahora es de suponer que el reparto desigual propiciará conflictos generacionales y guerras filiales. Taro, sin embargo, desconfía de las palabras de Seburo, de su ofensiva sinceridad, y le deshereda. Progresivamente, el rey es testigo del deterioro de las relaciones con el resto de sus hijos, los que en apariencia le halagaban y respetaban. El mayor, instigado por su esposa, lady Kaede, sedienta de venganza porque su familia fue asesinada por Hidetora, recibe con hostilidad a su padre cuando éste acude a visitarle y le obligar a firmar un juramento de obediencia. Lady Kaede, sin embargo, no es un monstruo, aunque los sucesos desencadenenados por sus actitudes sean monstruosos, sólo alguien que ha trans-

formado el dolor por la pérdida de los suyos en ira y crueldad. Crueldad no menor a la de Hidetora en el pasado, tirano que sólo inspira piedad en la senilidad y el desarraigo, una vez entrevé con desesperada lucidez los crímenes que ha cometido.

Kurosawa soñaba desde la década de los setenta con poder realizar "la obra de su vida", estudiando la vida y las costumbres feudales, preparando los dibujos del vestuario y las pinturas de los escenarios, que se convertirían en los *storyboards* de la película y más tarde darían lugar a una magnífica exposición. Se había iniciado apenas unos años atrás en el uso del color en el cinematógrafo, y a la exploración de sus valores atmosféricos y dramáticos añadió el elemento simbólico. Tres principios básicos le guiaron en el cromatismo de *Ran*: reproducir los colores del siglo XVI japonés, diferenciar las partes en conflicto enfrentadas para esclarecer los bandos en las batallas y evocar los caracteres que representaban a los hijos: el amarillo para Taro, un color tan poco limpio o definido como su personalidad; para Jaro, el rojo, color de la sangre; el azul para Seburo, el de la calma. Junto a ello, el contraste polar de la luz y las tinieblas: el blanco de Hidetora, pálida su figura y su venerabilidad, y el negro agresivo de las tropas de Ayabe; el cielo iluminado y el suelo carbonizado. El director no sólo cuidó al máximo el aspecto cromático, sino que controló personalmente la colocación de las luces, el maquillaje y el diseño de los kimonos y armaduras, realizados a mano por Emi Wada, que debían reflejar todo el esplendor y la belleza de las indumentarias de la época. Así, una cierta ceremoniosidad teatral, característica del cine de época oriental, se convierte en el contrapunto perfecto para el dinamismo exaltado, de aliento épico, de las escenas bélicas.

Sin embargo, no es en *Ran* el tratamiento del color lo más prodigioso, sino la fusión entre imagen y sonido, de imprevisibles y espectaculares efectos. "El momento más excitante, en el que de verdad me estremezco, es el momento en el que añado el sonido. Antes de elegirlo, naturalmente, calculo, imagino el efecto que producirá en la escena. Espero, pues, un cierto efecto. Pero a menudo sucede que el sonido, sobrepasando todas mis previsiones, centuplica el efecto de la escena", afirmó el director en una ocasión. Y en esta película la síntesis entre ambos registros resulta magistral. Los sonidos naturales del fragor de la batalla –el rumor de las tropas en marcha, el relincho de los caballos cruzando el río, el entrechocarse metálico de la armas, el brillante crujir de las armaduras– multiplican la fuerza expresiva, de la percusión más trepidante a los acordes más elegíacos, de la música de Toru Takemitsu.

Nunca fue tan violento el humanismo de Kurosawa, que se convierte aquí en compasión fatalista. El hombre ciego al borde del abismo y el dios caído, la estatuilla de Buda, que la cámara muestra en su descenso, son una misma imagen. Los dioses están en nuestras manos, aterrados de nuestra crueldad, mudos testigos impasibles, cuando vence el estandarte del color del odio, o *ran*, el caos de la existencia.

SORGO ROJO

Hong gao liang

FICHA TÉCNICA: 1987. China. 91 minutos. **Color.**
DIRECCIÓN: Zhang Yimou.
PRODUCTOR: Wu Tian-ming.
PRODUCCIÓN: Xian Film Studio.
GUIÓN: Chen Jianyu y Zhu Wei, según la novela homónima de Mo Yan.
FOTOGRAFÍA: Gu Changwei.
MÚSICA: Zhao Jiping.
MONTAJE: Zhang Yimou.
REPARTO: Gong Li (abuela), Jiang We (abuelo), Ten Rujun (tío Luohan), Ji Cunhua (bandido), Jia Liu (padre, de niño).

EN nombre de la Revolución Cultural, liderada por Mao y con el apoyo de los Guardias Rojos, habían sido aniquilados impunemente en China desde 1966 tres millones y medio de ciudadanos, arrasadas las instituciones que apoyaban la industria cinematográfica, condenados a trabajos forzados en campos agrícolas numerosos artistas e intelectuales bajo sospecha de opositores del nuevo régimen. Un joven llamado Zhang Yimou, estigmatizado por una familia con antecedentes en el Partido Nacionalista Chino, debe pasar tres años en el campo de Xianyang como agricultor en condiciones miserables. Pero hacia 1977 se inicia bajo el mandato de Deng Xiaoping una etapa de mayor cordura que supone a principios de la década de los ochenta una incipiente apertura cultural de China al resto del mundo. Durante este período, Yimou, aficionado a la fotografía y aspirante en secreto a director de cine, consiguió acceder tras muchos esfuerzos y privaciones a la reabierta Academia Oficial de Cine de Pekín. Allí completó su formación y conoció a quienes serían sus compañeros, la denominada Quinta Generación de cineastas chinos, compuesta entre otros por Chen Kaige y Tian Zhuangzhuang, cuya obra empezaría a traspasar fronteras. El cine chino, que durante décadas había resultado un misterio para el público occidental, se reveló definitivamente cuando *Sorgo rojo*, la primera película de Yimou, recibió el Oso de Oro en el Festival de Cine de Berlín.

La ópera prima de Zhang Yimou es un melodrama rural con ribetes de cuento bélico y espíritu de film de aventuras. Con un gusto efectista por los detalles, las simetrías y los contrastes, los planos cortos y los cambios de ritmo, relata la historia de una joven que debe viajar en palanquín hasta la casa del anciano leproso con quien su padre le ha concertado matrimonio. Durante el viaje, los porteadores son asaltados por un bandido, justo en la zona llamada Quingshakou, donde florece el sorgo silvestre, propicia para las emboscadas. El jefe de la expedición no dudará en enfrentarse con él y vencerlo. La novia seguirá el camino hasta la destilería donde la espera su futuro marido, con un cuchillo escondido entre sus ropas, pero el destino le aguarda más de una sorpresa.... Inspirada en la novela homónima del escritor Mo Yan, con quien el director trabajó codo con codo en el proceso de reconversión de novela lírica a guión cinematográfico, sorprende que, pese a rezumar patriotismo en la reacción de los campesinos chinos frente a los invasores japoneses y, aunque de manera implícita, esté presente la idea del comunismo chino como liberador del pueblo, *Sorgo rojo* tuviera problemas con la censura, por su inusual dosis de erotismo y violencia. El carácter aguerrido y obstinado de la pareja protagonista, "el abuelo", un experimentado Jiang Wen, y "la abuela", una joven revelación Gong Li, estudiante de Arte Dramático en la Academia de Pekín, dispuestos a vivir su pasión hasta sus últimas consecuencias, pecaba de una rebeldía en el terreno personal que el sistema entreveía como peligrosa. Pero éste era justamente el aspecto que había fascinado a Yimou de un argumento que debía erigirse en canto a la vida. El campo de sorgo que se plantó *ad hoc* en unas seis hectáreas de terreno de Shandong, bajo su directa supervisión, fue una de sus obsesiones, dado el protagonismo como escenario real y su valor simbólico añadido. Llegado el

verano, a causa de la sequía y la falta de abonos y plaguicidas, la planta apenas había crecido, y con el objetivo de rodar la película en los plazos previstos, y ya sin presupuesto para contratar agricultores locales, el mismo equipo de realización tuvo que regar, expurgar insectos y abonar de nuevo el terreno. Finalmente, la lluvia jugó a su favor, y pocos días antes de empezar el roda-

je, las plantas habían crecido casi tres metros. En las escenas en que el viento sopla sobre ellas, se mueven con la sensual dulzura de una inmensa marea roja.

La pasión por la fotografía de Zhang Yimou, que no le abandonará a lo largo de su obra, se manifiesta en una monocromía espectacular pero sin estridencias, artificiosa y creativa, ritual y sentimental: el rojo (*hung*) era en la China ancestral el color de lo sagrado. Asimismo, la introducción de cantos basados en diversas óperas chinas folclóricas y el ambiente bullicioso reinante entre los campesinos contrastan con la voz en *off* del muchacho que nos relata la historia de sus abuelos, roja como el palanquín y el velo de la novia, el vino de la destilería, la sangre derramada por el pueblo o los campos de sorgo: una voz que tiene el tono entre distante y nostálgico de un pasado legendario, que jamás existió, y, en cualquier caso, él nunca llegará a conocer.

SALAAM BOMBAY

Salaam Bombay!

FICHA TÉCNICA: 1988. India/Inglaterra/Francia. 113 minutos. **Color.**
DIRECCIÓN: Mira Nair.
PRODUCTORES: Mira Nair y Gabriel Auer.
PRODUCCIÓN: Cadragee, Channel Four Films, Doordarshan, La Sept Cinéma, Mirabai Films, Nacional Film Development Corporation of India (NFDC).
GUIÓN: Mira Nair y Sooni Taraporevala.
FOTOGRAFÍA: Sandi Sissel.
MÚSICA: L. Subramaniam.
MONTAJE: Barry Alexander Brown.
REPARTO: Shafiq Syed (Krishna/Chaipau), Hansa Vithal (Manju Golub), Chanda Sharma (Sola Saal), Raghuvir Yadav (Chillum), Anita Kanwar (Rekha Golub), Nana Patekar (Baba Golub), Raju Barnad (Keera), Chandrashekhar Naidu (Chungal), Sarfuddin Quarrassi (Koyla).

EN la década de los setenta y los ochenta las películas indias experimentan un regreso a la temática social, tanto por parte del cine popular como del cine de autor. En un período de industrialización y edificación descontroladas, el decorado urbano y los desórdenes políticos cobran importancia en films como *Zanjeer* (*La cadena*, 1973), de Prakash Mehra, y *Deewar* (*La pared*, 1975), de Yash Chopra. La emigración masiva del campo, bajo la óptica sociológica de los niños huérfanos o abandonados que intentan sobrevivir en las calles de la gran ciudad, fue plasmada en *Salaam Bombay* (1988), de Mira Nair, que, sin tremendismo ni sensiblería, abrió los ojos de Occidente a una cruda realidad. Avalada por la Cámara de Oro a la mejor ópera prima en el Festival de Venecia, estrenada en España y candidata al Oscar, *Salaam Bombay* otorgó fama internacional a una cineasta de apenas treinta años. Nacida en Bhubaneswar, un pueblo de Orissa, al este del subcontinente, Mira Nair cursó estudios de teatro en Nueva Delhi, y de cine y fotografía en Harvard. *Salaam*

Bombay representó todo un reto para ella, que hasta el momento había realizado los documentales *So Far from India* (1982), *India cabaret* (1985) y *Children of Desired Sex* (1987), basados en personajes y situaciones reales de la India, los cuales ya desvelaban sus preocupaciones temáticas. Así pues, esta joven directora sacaría el máximo partido de su experiencia de documentalista en una primera ficción cinematográfica construida a partir de los recuerdos de la guionista Sooni Taraporevala, cuya infancia había transcurrido en una casa de los mismos suburbios donde se rodaría el film, y de los testimonios y anécdotas de los propios niños de Bombay.

Poco tiene de los típicos dramas indios, con sus inmensos decorados en estudio, su sentimentalismo y su exotismo, esta película de ribetes naturalistas. Su plató lo conforman las calles de Bombay, con sus casas y comercios, la estación de Grant Road y el burdel 57 de Kamathipura, el cementerio musulmán y la casa reformatorio de Dongui. Mira Nair comparte con el Satyajit Ray de los cincuenta la osadía de rodar en escenarios naturales y la voluntad de sacar provecho de actores no profesionales. De hecho, organizó un *casting* con niños de la calle consistente en un taller de teatro de ocho semanas, dirigido por Barry John, en el cual seleccionó a los catorce pequeños actores que compartirían plantel con tres actores indios adultos profesionales. Durante estos cursos los chiquillos aprendieron a interpretarse a sí mismos. La mayoría analfabetos, tuvieron que memorizar diálogos, aprender a improvisar diversas situaciones y a expresarse a través de ademanes y movimientos, y experimentar la dificultad de resultar auténticos ante una cámara capaz de registrar los estados de ánimo y reacciones más sutiles.

Bajo la mirada inocente de Krishna, que después de trabajar en un circo acaba refugiándose en el submundo de Bombay –donde subsistirá, como el protagonista de *Awaara*, de Ray Kapoor, con trabajos precarios y pequeños hurtos–, se describe una de las ciudades más frenéticas, inmensas y vigorosas de la India. La sucesión de peripecias del muchacho mantiene el ritmo narrativo: vende té por cinco rupias al día en un intento de ahorrar quinientas rupias para regresar a su casa, se hace amigo de la encantadora y celosa

¡SALAAM BOMBAY!
चल बम्बई चल
un film de MIRA NAIR
CAMARA DE ORO
CANNES
1988
alta films
ALTA FILMS, S. A., presenta a MIRABAI FILMS PRODUCTION en asociación FILM FOUR INTERNATIONAL-NFDC-Doordarshan-CADRAGE, S. A.-LA SEPT. Con: SHAFIQ SYED, HANSA VITHAL, CHANDA SHARMA, NANA PATEKAR, ANEETA KANWAR, RAGHUBIR YADAV. Música: L. SUBRAMANIAM. Productor: MITCH EPSTEIN. Montaje: BARRY ALEXANDER BROWN. Fotografía: SANDI SISSEL. Historia de MIRA NAIR y SOONI TARAPOREVALA. Guión: SOONI TARAPOREVALA. Productores ejecutivos: ANIL TEJANI-MICHAEL NOZIK-GABRIEL AUER-CHERIE RODGERS. Co-productor: MITCH EPSTEIN. Producida y Dirigida por MIRA NAIR.

hija de una prostituta, ayuda en vano a Chillum, su amigo drogadicto, vela por una chica nepalí vendida a un burdel, de quien se enamora a primera vista: ¿no es el mismo barrio de chulos brutales, clientes desaprensivos, niños hambrientos y prostitutas resignadas que Guru Dutt denunciaba en *Pyaasa*? Paradójicamente, es encerrado en un reformatorio del Estado acusado de robar, cuando el dinero que la policía le encuentra en los bolsillos lo ha ganado sirviendo el banquete de una boda; al final, ante una situación límite, se ve desbordado por sentimientos de rabia, impotencia y frustración, y comete un acto impulsivo y brutal. Niños desprovistos de su derecho a la infancia por sus duras condiciones de vida, como en tantos países tercermundistas, encuentran su hogar en unas calles de delincuencia y miseria, donde, pese a la lucha por la supervivencia, hay momentos para el humor y la solidaridad, hasta para la inusitada dulzura de una prostituta explicándole un cuento con sombras chinescas a su hija o de la niña escuchando embelesada una caja de música, mientras su madre atiende a un cliente en la habitación contigua. Sin embargo, una sensación de desesperanza pone punto final a la película: como si los personajes estuvieran condenados a vivir en un círculo vicioso del que es imposible escapar, salvo perdiéndose entre la masa bulliciosa de la fiesta de Ganesha, el dios con cabeza de elefante, hijo de Shiva y Parvati, que da la prosperidad, la sabiduría y mueve el universo.

Con los considerables beneficios obtenidos por un film que en un principio las productoras no se atrevían a financiar, Nair creó una asociación sin ánimo de lucro, la Salaam Balak Trust, encargada del proyecto de dos centros educativos para niños de la calle en Nueva Delhi y Bombay. Los chicos contratados para actuar empezaron a asistir a la escuela, a trabajar, regresaron a su pueblo o incluso consiguieron algún fugaz papel en la televisión. Algunos volvieron al cabo de un tiempo a la calle. Shafiq Syed, el protagonista, tuvo otro papel memorable en *Patang* (*La cometa*, 1994), de Goutam Ghose. Poco después se trasladó a Bangalore, donde en la actualidad se ocupa junto a su familia de reparar *auto rickshaws*, o *tuk-tuks*, como los llaman los nativos, los populares vehículos de tres ruedas de la India urbana.

AKIRA

Akira

FICHA TÉCNICA: 1988. Japón. 124 minutos. **Color/Animación.**
DIRECCIÓN: Katsuhiro Otomo.
PRODUCTORES: Ryohei Susuki, Hiroe Tsukamoto, Yutaka Maseba, Shunzo Kato y Haruyo Kanesaku.
PRODUCCIÓN: Akira Committee Company, Dragon Production, Nakamura Production, Telecom Animation Film Company y Tokyo Movie Sinsha.
GUIÓN: Izo Hashimoto y Katsuhiro Otomo, basado en el cómic homónimo de Katsuhiro Otomo.
FOTOGRAFÍA: Katsuji Misawa.
MÚSICA: Shoji Yamashiro.
MONTAJE. Takeshi Seyama
REPARTO (voces): Mitsuo Iwata (Kaneda), Nozomu Sasaki (Tetsuo), Mami Koyama (Kei), Teso Koyama (Ryusaku), Hiroshi Otake (Nezu), Yuriko Fuchizaki (Kaori).

AKIRA fue la primera película japonesa de animación destinada al público adulto que traspasó barreras internacionales y se convirtió en un inesperado éxito mundial. Tras una larga y prestigiosa trayectoria como dibujante ("Feeling War", "Fire Ball" y "Domu", la serie con la que obtuvo en su país el Gran Premio de Ciencia-ficción en 1982), Katsuhiro Otomo consiguió llevar a las grandes pantallas como director y guionista su propia obra gráfica con un elevado presupuesto, inusual para el mercado nipón, en un ambicioso proceso de adaptación no desprovisto de complejidades. Comparando su experiencia laboral tanto en el *manga* como en el *anime*, Otomo comentaba en una entrevista: "La gran diferencia entre uno y otro es que en el cómic, si me equivoco, me enfado conmigo mismo. En la película, si algo sale mal, tengo con quien enojarme". Bromas aparte, se registran diferencias importantes entre la serie que el autor publicaba en el "Young Magazine" –en español traducida por Dragon Comics– y un largometraje que debía concluir antes de darse a conocer el final de la serie gráfica. Así, la primera mitad es casi una adaptación del cómic original, pero la cinta va adquiriendo progresivamente tonos apocalípticos, acelerando el clima de violencia, hasta desembocar en una dimensión cósmica, por lo que muchos la consideran superior a su fuente inspiradora: "La idea de *Akira* surgió porque quería crear un héroe cuya edad estuviese entre la de un adulto y la de un niño. Pero el argumento está basado en un tebeo que contaba la historia de un robot del que se quiere hacer mal uso. La idea se fue transformando, y así surgió *Akira*. Al final, a medida que avanzaba la historia, ésta escapó a mi control". No deja de resultar significativo que a una película que Otomo creara pensando específicamente en el público japonés, se le acabara rindiendo culto en América y Europa, digna de la admiración de grandes directores de la ciencia-ficción, como Steven Spielberg o George Lucas. En *Akira* aparecen algunas referencias de la filosofía oriental que giran alrededor del binomio mente-cuerpo y espíritu-materia, contextualizadas en una sociedad que idolatra la tecnología pero donde proliferan los guías espirituales, el sectarismo de las masas y los niños con poderes paranormales. Por eso, la visión decadente y crepuscular de la ciudad de Neo Tokio en el año 2019, controlada por un férreo gobierno militar y unos políticos corruptos, y plagada de bandas de salvajes motoristas callejeros, manifestaciones de parados y atentados terroristas, remite al idéntico futuro infernal que amenaza a las grandes cosmópolis occidentales.

Lo más destacable de la estética de *Akira* es su simultánea pretensión de realismo y de espectacularidad. Rodada en 70 mm, como si se tratara de una superproducción, en ella se experimentó con mezclas de colores inéditas, se diseñaron inmensos decorados con miles de edificios y panorámicas y se utilizaron efectos especiales asombrosos. Pero su mayor interés reside en que todos estos logros visuales responden a una voluntad de producir el efecto de una filmación (variedad de planos y perspectivas, *travellings*, *zooms*), que la acercan más a un largometraje de ciencia-ficción en imagen real que a una serie de dibujos animados

hecha por ordenador. Por encima –o por debajo– del virtuosismo técnico y del alarde de medios, hay un buen guión, que parece expandirse y descontrolarse a la vez que la energía de Tetsuo, pandillero motorizado convertido en conejillo de indias por un experimento científico a cargo del Gobierno. Pero Tetsuo es también ese niño huérfano y acomplejado que siempre se sintió inferior a los demás, incluida su pandilla de amigos. Recurriendo al montaje paralelo y al *flashback*, Otomo hace hincapié en las dos dimensiones del personaje, su debilidad natural y su fortaleza artificial, destacando como telón de fondo la ruptura de la amistad entre Tetsuo y Kaneda. En este mundo crepuscular, los personajes, cuyos poco modélicos actos y actitudes extremas son la única pista para que el espectador intuya sus sentimientos y motivaciones, huyen de cualquier tipo de maniqueísmo. Si una lección se desprende con claridad de *Akira,* cuyo desenlace abre más de un interrogante, es que existen poderes y fuerzas que se escapan al entendimiento humano, y es un craso error que el hombre intente dominarlas o apropiarse de ellas, sea cual sea su intención. El tema de la explosión nuclear no aparece como la amenaza atómica producto de una agresión externa, sino como la autodestrucción hacia la cual se encamina una sociedad de soberbia sin límites, adicta a los experimentos paranormales, al poder político y militar o a las drogas de diseño, cuya última representación es un monstruo iracundo capaz de engullir en su seno todo lo que arrasa a su paso.

La exploración de los límites entre lo humano y lo tecnológico es un tema que Otomo reemprenderá, desde otra perspectiva, en *Steamboy* (2005), recreando un mundo totalmente mecanizado en el Londres de la Revolución industrial. Asimismo, de los productores de *Akira,* se estrenó en 1995 la película de Mamoru Oshii *Ghost in the Shell*, una aventura ciberespacial inspirada en el *manga* de Masamune Shirow –en España editado con el título "Patrulla especial Ghost", donde se aúnan la calidad visual y literaria con las disquisiciones filosóficas, como en su meritoria continuación *Ghost in the Shell II. Innocence*. La clave de la cuestión es: en un mundo cuya frontera entre hombres y replicantes se difumina por momentos, ¿dónde se halla la esencia de lo humano? ¿Qué relación hay entre la materia y el vacío? ¿Poseen el tiempo y el espacio infinitas dimensiones? ¿Cómo diferenciar lo real de lo virtual? Al igual que en esta película, las respuestas tienen implicaciones metafísicas, o místicas, si cabe... Porque todos aquellos que la han visto sabrán que Akira no es el protagonista, sino la energía pura, su último misterio.

EL ASESINO

Dip hyut shueng hung

FICHA TÉCNICA: 1989. Hong Kong. 111 minutos. **Color.**
DIRECCIÓN: John Woo.
PRODUCTOR: Tsui Hark.
PRODUCCIÓN: Film Workshop Ltd., Golden Princess Film Production Limited, Magnum Entertainment, Media Asia Group Ltd.
GUIÓN: John Woo.
FOTOGRAFÍA: Peter Pau y Wong Wing-hung.
MÚSICA: Lowell Lowe.
MONTAJE: Fan Kung Ming.
REPARTO: Chow Yun-fat (Jeffrey Chow), Danny Lee (inspector Li), Sally Yeh (Jennie), Chu Kong (Sidney), Tsang Kong (sargento Tsang Yeh), Shing Fui On (Johny Weng), Yip Wing-cho (Wong Dung-yu).

UNA de las personalidades más sobresalientes del cine de acción de Hong Kong, y el mayor responsable de su influencia y exportación a Occidente, es John Woo (Guanzhon, 1948). Hijo de una familia cristiana, temerosa de las consecuencias de la revolución comunista china, emigró a un barrio humilde y conflictivo de Hong Kong, donde fue testigo de un clima de violencia que más tarde recrearía en sus películas. Demasiado pobre para estudiar en una escuela de cine, Woo se formó viendo films de sus admirados Melville y Scorsese, y rodando de manera experimental en el instituto, hasta conseguir trabajo de ayudante de guionista en los estudios Cathay y, pocos años después, en la productora Shaw Brothers, como asistente del director de artes marciales Chang Cheh, cuya influencia será perceptible en su filmografía. El éxito de su primera película, *Tie han rou qing* (*Jóvenes dragones* 1974), coreografiada por Jackie Chan, le iba a permitir cultivar con fortuna variada el melodrama inspirado en la ópera china, los films tradicionales de kung fu o las comedias histéricas con Ricky Hui. Sin embargo, su reconocimiento no llegaría hasta *Un mañana mejor* (*A Better Tomorrow*, 1986), iniciadora del denominado *Heroic blodshed*, o "heroico derramamiento de sangre", subgénero que sustituía las peleas cuerpo a cuerpo de expertos en artes marciales por artísticos tiroteos entre policías y criminales; Chow Yunfat sería su actor revelación y se convertiría en el icono *cool* de un nuevo héroe tan duro como humano en *El asesino*.

Romántica, espectacular y excesiva, *El asesino* es una película que, con el paso del tiempo, ha adquirido un regusto *kitsch*, aunque la fuerza de sus escenas de acción permanece intacta. Describe la relación entre Jeff, un asesino a sueldo que trabaja por encargo para las tríadas chinas eliminando a jefes de bandas rivales, y Li, un policía que le intenta dar caza mientras experimenta una progresiva fascinación por él. El impacto visual del cine de Woo se manifiesta tanto en las escenas melodramáticas, propensas a las ralentizaciones del videoclip y los montajes paralelos, como en las de acción, que es donde el realizador ostenta un estilo peculiar e intransferible. Acostumbrado a utilizar varias cámaras –hasta seis en los momentos culminantes–, recoge los mejores planos de la pelea –que suelen incluir unos rostros histriónicos de desesperación o rabia en una situación al límite– para luego alargarlos a placer, congelándolos o recurriendo a la cámara lenta, con el propósito de dotar a la violencia de una belleza empañada de dignidad. El resultado se enfatiza con los sonidos de los disparos; no obstante, el número de balas excede la cantidad de las armas, desorbita la intensidad de la explosión con su calibre. La verosimilitud brilla por su ausencia a favor de la magnífica secuencia acústica y visual que, por otro lado, suele aportar información significativa sobre la evolución psicológica de los protagonistas. Cuando Jeff y Li fingen un diálogo de amigos de infancia, para que Jennie, la joven invidente, no se asuste, es una complicidad generosa la establecida entre ellos. Cuando se encañonan, se sitúan al mismo nivel, en relación de dependencia e igualdad. Y cuando uno pasa un arma al otro, se trata de un rasgo de compañerismo, la muda y tácita alianza entre dos jugadores de diferente equipo, que se unirán en cuanto comparten un mismo código de honor, una idéntica noción de la justicia.

John Woo dota de profundidad a sus personajes, insta a sus tramas a sumergirse en lo sentimental y lo ético. Desde la epopeya de *El último caballero* (1978), enaltece la amistad entre los hombres, lo cual ha propiciado que sus películas sean calificadas de homoeróticas. Independientemente del lugar que les haya deparado el destino, el crimen organizado o el cuerpo policial, en Jeff y Li prima una conducta idealista, basada en la lealtad, que se remonta a los códigos chinos de honor medievales de los *wushus*, capaces de las mayores heroicidades, o de las relaciones paterno filiales entre el discípulo y el maestro en los films de artes marciales. La exploración de estos valores primordiales puede encontrarse en el interior de cualquier ser humano, y dota de un interés añadido a su obra, que se aparta del maniqueísmo típico de las películas de acción. En términos filosóficos chinos, podríamos decir que el *ying* y el *yang* en estado puro no existen sino como integrantes en mayor o menor medida de una entidad o, en palabras del director, "el tipo malo a veces tiene una buena cualidad, el tipo bueno a veces tiene una debilidad", lo que le ha costado críticas por parte de moralistas poco cinéfilos reticentes a la posibilidad de que anide alguna que otra virtud en un criminal. El cine de Woo es, pues, un cine de conceptos antitéticos, pero también el cine de la disolución de las diferencias insalvables entre dichos conceptos o de su intrínseca ambigüedad. Y quizá por eso sienta debilidad por los reflejos. De hecho, en la escena apocalíptica final de *El asesino*, los papeles de Li y Jeff se confunden, casi se intercambian: Li se define como homicida al liquidar al desaprensivo gánster Johnny, en vez de entregarlo a la justicia; Jeff se dignifica como defensor de los débiles desde el momento en que salva a la niña herida llevándola al hospital, a costa de ser arrestado, hasta su irrevocable propósito de devolver la vista a la cantante a quien ama: el plano en que Jennie y Jeff se buscan, ciegos, arrastrándose entre los cadáveres y la metralla, es de lo más trágico y efectista filmado por Woo. Atraído por la iconografía cristiana y el simbolismo visual de palomas, candelabros o estatuas, el director escogió una iglesia abandonada para ambientar el espectacular y sangriento tiroteo.

Fiel a sí mismo, John Woo continuó su personal trayectoria con *Una bala en la cabeza* (1990), una película dura, de crítica social y antibélica, ambientada en la guerra de Vietnam, y *Hard Boiled* (1992), homenaje a la policía de Hong Kong, donde se hallan algunas de sus mejores escenas de acción, antes de trasladarse a los Estados Unidos para salvar el cine de Hollywood del agotamiento y otorgar sus obsesiones temáticas y estilísticas a *Blanco humano* (1993), *Broken Arrow: alarma nuclear* (1996) o *Cara a cara* (1997).

LLUVIA NEGRA

Kuroi ame

FICHA TÉCNICA: 1989. Japón. 123 minutos. **B/N.**
DIRECCIÓN: Shoei Imamura.
PRODUCTOR: Hisa Iino.
PRODUCCIÓN: Hayashibara Group, Imamura Productions, Tohokashinsha Film Company Ltd..
GUIÓN: Shoei Imamura y Toshiro Ishido, según la novela homónima de Masuji Ibuse.
FOTOGRAFÍA: Takashi Kawamata.
MÚSICA: Toru Takemitsu.
MONTAJE: Hajime Okayasu.
REPARTO: Yoshiko Tanaka (Yasuko), Kazuo Kitamura (Shigematsu Shizuma), Shigeko Shizuma (Shoichi Ozawa), Shokichi (Norihei Miki), Kotaro (Keisuke Ishida), Yuichi (Hisako Hara).

CUANDO la bomba atómica cayó sobre Hiroshima y Nagasaki, Shohei Imamura tenía dieciocho años. Poco después escuchaba un comunicado del emperador por la radio en el cual notificaba que el enemigo había utilizado un arma especial y Japón había perdido la guerra. Lo primero que sintió un joven que iba a ser reclutado para el conflicto bélico al cabo de pocos meses fue liberación, del mismo modo que Shigematsu, el protagonista de esta historia, tras escuchar el mismo comunicado en la radio de su pueblo, se detiene aliviado a contemplar el agua cristalina a través de la cual unos pececillos suben la corriente. La guerra, una guerra que el pueblo japonés iba a vivir con cierta culpa y vergüenza, por fin había finalizado; sólo unos años después Japón sería consciente de la amenaza que representaba haber estado expuesto a la radiación atómica y de las terribles secuelas que amenazaban la salud de la población civil superviviente de la catástrofe.

Tuvieron que pasar cuarenta años para que Imamura contara con los medios suficientes para realizar *Lluvia negra*, basada en la novela que había publicado Masuji Ibuse en 1966. La producción, no obstante, fue cofinanciada gracias a la inversión de un grupo ajeno a las compañías de cine, y la distribución de la película, a cargo de Toiei, tuvo lugar en salas poco comerciales, ya que consideraron que la guerra de Hiroshima era un tema siniestro que la mayor parte del pueblo japonés tendía a rehuir. Es de hecho el canto rutinario del pueblo japonés, sencillo y sufriente, silencioso y silenciado, pagando en las marcas que afloran en su carne la crueldad de la guerra, el protagonista de esta historia, y no la ópera de su tragedia. A pesar de esto, las primeras imágenes del film nos muestran el estallido apocalíptico de la bomba, y en diversos *flashbacks* se evocan los terribles efectos devastadores de la explosión mientras una familia atraviesa una fantasmal ciudad de Hiroshima, arrasada por los incendios, plagada de cadáveres calcinados y de niños ahogados flotando en las cloacas, de hombres y mujeres desfigurados por las quemaduras, gritando enloquecidos o caminando como zombis: "¿Qué es la vida humana? Como todo lo demás, este mundo no es más que ilusión. Principio, mitad y final no son más que breves destellos. El hombre sólo vive un instante. La vida transcurre tan deprisa... Hoy ya es ayer. ¿Me iré yo primero o será mi prójimo? ¿Será hoy o bien mañana? Tarde o temprano todos moriremos, seremos incontables, como las gotas del rocío", dice el *sutra* zen que se lee en los funerales.

El 6 de agosto de 1945, Yasuko viaja en una barca hacia la casa de su tío, en el distrito Fukuyama de Hiroshima, y es testigo de la terrible explosión, mientras una lluvia negra se abate sobre el mar y los pasajeros. Sus tíos, que han sobrevivido a la tragedia, la crían como a una hija, y toda su ilusión es conseguirle un buen matrimonio. Están convencidos de que la enfermedad no la afectará, ya que, al contrario que ellos, no ha estado expuesta de manera directa a la radioactividad. Yasuko tiene un certificado de buena salud y, sin embargo, le cuesta encontrar un pretendiente. En soledad sufre la angustia de la llegada de los primeros síntomas. La novela de Ibuse describía el pueblo de Kobatake, poblado por mujeres y ancianos que sufrían las secuelas de la

radiación, ya que los hombres jóvenes habían muerto en combate. Imamura, que durante la década de los setenta había realizado una serie de documentales de la guerra para la televisión privada sobre los soldados abandonados en islas del Pacífico y las prostitutas enviadas al sur de Asia (difícilmente la televisión estatal habría financiado proyectos que ponían en entredicho la versión "oficial" del conflicto), optó por introducir el personaje de Yuichi, un joven traumatizado por la guerra, que se convertirá en el apoyo de la protagonista. Si en *Hiroshima, mon amour* (1959), Alain Resnais decía en boca de Marguerite Duras que "sólo era posible hablar de la imposibilidad de hablar de Hiroshima", en

Lluvia negra se reivindica la necesidad de hablar por parte del pueblo japonés para que éste pueda asumir el alcance y las consecuencias de la tragedia.

Cabe decir que el realismo de esta película sobrecoge, debido al contraste entre su plácido escenario, esa vida de campo serena y luminosa –un contexto familiar desarrollado en el interior de la casa nipona, y que debe algo, aunque sea algo inconfesable, a Ozu, con quien Imamaura se formó como ayudante de dirección–, con la aparición progresiva de los signos del cáncer o la demencia. Yuichi recordando cuando colocaba bombas en los carros de combate enemigos, la tía Shigeco viendo los espíritus de los amigos difuntos o Yasuko comprobando cómo empiezan a caer sus cabellos son escenas escalofriantes por su austeridad y dramatismo. Imamura nos tiene acostumbrados a colores llamativos y estridentes, pero en esta película la fotografía en blanco y negro resulta la opción más impactante. Entre la blancura del resplandor fatídico y el humo negro que expira la ciudad en llamas hay toda una gama de colores intermedios posibles, que son los que interesan al director: vidas anónimas que luchan de manera íntima y discreta contra la muerte, aceptando su destino con pudor y resignación, en medio de sus quehaceres cotidianos, sin lágrimas ni gritos, y con un atisbo de esperanza: "Si sale un arco iris ocurrirá un milagro, pero que no sea blanco, presagio funesto. Haría falta un arco iris de cinco colores deslumbrantes para que Yasuko se curara".

LOS SUEÑOS DE AKIRA KUROSAWA

Yume

FICHA TÉCNICA: 1990. Japón/USA. 119 minutos. **Color.**
DIRECCIÓN: Akira Kurosawa.
PRODUCTORES: Mike Y. Inoue e Hisao Kurosawa.
PRODUCCIÓN: Akira Kurosawa USA.
GUIÓN: Akira Kurosawa.
FOTOGRAFÍA: Takao Saito y Masaharu Ueda.
MÚSICA: Shinichiro Ikebe.
MONTAJE: Tome Minami.
REPARTO: Akira Terao (yo), Mitsuko Baisho (mi madre), Mitsunori Isaki (yo, de muchacho), Toshihiko Nakano (yo, de joven), Mieko Harada (el hada de las nieves), Hisashi Igawa (trabajador de la planta nuclear), Martin Scorsese (Vicent Van Gogh), Chishu Ryu (anciano).

EN el prólogo a su "Autobiografía", publicada en 1982 en su versión inglesa, "Something Like an Autobiography", pero que no se tradujo en España hasta 1990, Akira Kurosawa declaraba el temor a no contar nada sobre su persona y demasiado sobre sus películas, temor que había vencido tras leer otra vida sobre papel, la del director francés Jean Renoir, un hombre a quien admiraba como cineasta y como persona. Ese mismo año, cuando ya se daba por cerrada su filmografía, Kurosawa había sorprendido al público con una obra compuesta por ocho breves piezas que oscilan entre los nueve y los veinte minutos, realizadas gracias a la ayuda financiera de algunos fervientes admiradores americanos (Steven Spielberg, George Lucas y Martin Scorsese), y que le reportarían un Oscar honorífico de la Academia de Hollywood por el conjunto de su obra. El director japonés, cuyos films siempre habían destacado por su considerable metraje, supo aprovechar las condiciones del corto –igual que la literatura se beneficia de las posibilidades del *haiku*, el aforismo o el poema en prosa breve– para plasmar la intensidad, el misterio y el lirismo de las producciones de la conciencia dormida. Así pues, cada uno de estos sueños, que conforman una especie de autobiografía onírica, acaso la definitiva, se articula en forma de viaje iniciático para recorrer de manera sintética y metafórica los temas predilectos del universo ficcional del autor, sus deseos y fobias más personales.

Los sueños se inicia con dos poéticos episodios de gran belleza visual que recrean el mundo de la infancia: un niño desobedece a su madre y escapa al bosque para espiar el espectáculo prohibido del enlace de los zorros; otro persigue a una joven desconocida hasta un huerto, donde los espíritus de unos melocotoneros le reprochan haber sido arrancados por sus padres. El proceso que lleva desde la infracción cometida al consecuente castigo y hasta el posterior arrepentimiento se desarrollará desde diversas perspectivas, a lo largo de los sucesivos episodios, en relación al respeto por la naturaleza, tema que aparece asimismo esbozado en estas primeras historias. Como si para Kurosawa el camino de la vida fuera la larga expiación de una culpa que, por el hecho de ser hombres con capacidad de elección –sólo el hombre se equivoca porque se arrepiente–, debemos cargar sobre nuestros hombros, y el intento de acariciar la esencia de lo poético con las manos a través de la creación estética, la esforzada ruta escogida por el director para obtener la paz del perdón. En este sentido, el tercer sueño es una angustiosa metáfora del duro trayecto de la vida que destaca el valor de la perseverancia a la hora de conseguir un objetivo –el digno propósito de vencer todos los impedimentos burocráticos y políticos que se opongan a la buena acción del protagonista enfermo de cáncer en *Vivir* (1952)–, a través del duro ascenso de un alpinista que, junto a tres compañeros de expedición, lucha por sobrevivir en medio de una tormenta, debiendo enfrentarse a la tentación paralizante de una seductora hada de las nieves, cuya faz encubre la de la Muerte.

En el cuarto episodio, un capitán superviviente de una gran batalla es acosado por un perro; atraviesa un túnel y a su salida debe enfrentarse con los espectros de sus soldados, que se resisten a permanecer en el territorio de los muertos porque todavía se sienten vivos. Les confiesa: "Yo tuve la culpa de que os aniquilaran", y se lamenta: "Yo quería morir con vosotros". Profunda reflexión acerca de las consecuencias de la guerra, el director había tratado ya el tema ligado a legendarios mitos japoneses, desde *Los siete samuráis* (1954) hasta *Kagemusha, la sombra del guerrero* (1980) o *Ran* (1985). Tras este siniestro y tétrico sueño, el quinto, un viaje a través de la pintura, se desarrolla en una espectacular explosión de fantasía y color. El protagonista, un estudiante de arte (Kurosawa tenía vocación de pintor, y se pasó al cine, entre otras por razones económicas), irrumpe en los cuadros de Van Gogh y en el escenario de su obra le encuentra obsesionado por la perfección de su trabajo. Mas la insatisfacción, la eterna ansia de superación del artista, incluso la tentativa de suicidio que caracterizan a Van Gogh no son ajenas al propio Kurosawa. El encuentro entre ambos es quizá la de un respetuoso discípulo y maestro, pero esta vez el yo onírico del director japonés se desdobla como joven estudiante y artista consumado en los dos personajes de esta historia.

En el sexto sueño el protagonista es testigo de la explosión de una central nuclear, que sume al monte Fuji en llamas. Todo el mundo intenta huir desesperadamente; uno de los responsables de la central, antes de suicidarse, les informa que es imposible escapar a las nefastas consecuencias de la radiactividad. Éste será el tema del séptimo sueño, donde un superviviente de la hecatombe atómica llega a un paisaje desolador, poblado de plantas monstruosas y entes deformados y antropófagos. Antes de huir aterrorizado, el joven tiene una conversación con uno de ellos, quien le asegura que "vivir con un aspecto espeluznante... es más doloroso que morir". Ambos sueños (hablando en términos estéticos, los menos logrados) se hacen eco de uno de los grandes fantasmas del autor, el miedo a que sea la mano inteligente del hombre la que destruya la naturaleza, poniendo en peligro la continuidad de su propia existencia. De hecho, el miedo a la hecatombe nuclear ya fue tratado en *Crónica de un ser vivo* (1955), y será asimismo el de su última película, *Rapsodia en agosto* (1991), un postrer testimonio de cómo el pueblo japonés recuerda la tragedia que vivieron los habitantes de Hiroshima y Nagasaki en 1945.

Y así llegamos a la octava historia, culminación de un viaje onírico de aprendizaje. El yo que sueña, ese múltiple Kurosawa, es de nuevo un principiante que progresa hacia la madurez y la responsabilidad a través de las doctrinas de sus maestros. Quizá sea *Dersu Uzala* (*El cazador*, 1975), quien enseñó al capitán Arseniev a dialogar con la taiga al tiempo que a respetarla, el más claro precedente del anciano de 101 años del pueblo de los molinos de agua que aleccionará a un excursionista acerca de las virtudes de una vida idílica, sencilla, en armonía con el medio natural, donde hasta se celebra la muerte como un alegre acontecimiento –"Feliz el que muere diciendo gracias por todo"–, cuando bienaventurado se considera el tránsito vital que la precedió.

Uno de los méritos de esta obra –estas pequeñas obras, algunas regulares, otras notables, por lo menos tres maestras– reside en la recreación de cierta atmósfera de angustia, como la sensación de sosiego y placer que nos reservan el sueño o la pesadilla. La fuerza de las imágenes –a destacar la extraordinaria labor fotográfica, la escenografía, el cuidado vestuario– es inescindible de los efectos multiplicadores del sonido, sea a través de la música –lúgubre en la procesión de los zorros, alegre en el séquito del entierro– o de los ruidos naturales: el inquietante fondo que acompaña a la tormenta de nieve, los lloros desesperados de los seres monstruosos que pueblan la tierra tras la hecatombe atómica, el sereno fluir del agua sobre las lamas del río en el último episodio, sueño feliz en el que ha desaparecido todo atisbo de inquietud. Pero además de ser formas de decir, estas experiencias oníricas también "dicen" o al menos encierran el propósito de una verdad íntima que decir. Imagen y sonido están al servicio de unas ideas contundentes, de un guión –a veces demasiado explícito e ingenuo, pero no carente de fuerza sentimental de convicción– que expone de manera directa más que sugiere. Kurosawa, aprendiz en sus sueños, se convierte como director del film en la presencia invisible que hace de cada espectador un nuevo discípulo de sus terrores y esperanzas. Para que al fin todos podamos ser viajeros de la existencia: el alpinista que se empeña en alcanzar la cúspide, el joven ansioso por conocer al maestro a través de su obra, el capitán atormentado por las muertes que lleva sobre su conciencia o el propio director con el rostro de ese niño que en el primer sueño infringió las reglas para contemplar los esponsales secretos de los zorros.

LA LINTERNA ROJA

Da hong deng long gao gao gua

FICHA TÉCNICA: 1991. Hong Kong. 125 minutos. **Color.**
DIRECCIÓN: Zhang Yimou.
PRODUCTOR: Chiu Fusheng.
PRODUCCIÓN: Era International, Century Communications, China Film Co-Production Company y Salon Films.
GUIÓN: Zhen Ni, según la novela "Mujeres y concubinas", de Su Tong.
FOTOGRAFÍA: Yang Lu y Zhao Fei.
MÚSICA: Zhao Jiping y Naoki Tachikawa.
MONTAJE: Du Yuan.
REPARTO: Gong Li (Songlian), He Caifei (Meishan), Cao Cuifen (Zhuoyan), Ma Jingwu (maestro Chen Zhaochian), Kong Lin (Yaner), Shuyuan Jin (primera mujer), Cui Zhihgang (doctor Gao).

SIN duda, *La linterna roja* es la obra más trágica de Zhang Yimou. Quizá también la más profunda, en lo que a tratamiento psicológico de los personajes femeninos se refiere; de una sobriedad, de una penumbra con el mismo color que la tonalidad de las luces encendidas cada noche para deparar la suerte de cada mujer, para otorgarle el poder de la señora de la casa o la indiferencia de la favorita desdeñada, en el seno del monumental Palacio Chen.

Intrigante y estremecedora, con esta película el espectador inicia un viaje por un universo femenino sujeto a la voluntad de un patriarca a quien, filmado de espaldas o de perfil, apenas se puede entrever el rostro. Por el contrario, las diversas mujeres que desfilan ante nuestras ojos son faces bien visibles pero de una opacidad extraordinaria: se odian, se comprenden, se calumnian, se traicionan, se compadecen, o bien fingen hacerlo, porque un rostro de Buda puede esconder un corazón de escorpión. Sólo la progresiva evolución del argumento proporcionará certezas al respecto, hasta llegar a la conclusión de que entre ellas no hay verdugos, por mucho que se arroguen este papel, sino que todas son víctimas de la ley que las considera una propiedad de su Maestro y las condena al aislamiento y la sumisión. En la protagonista, Songlian, la cuarta concubina, interpretada magistralmente por Gong Li, existe desde el principio la convicción de que por su sexo no hay escapatoria. Cuando le dice a su madrastra que ha decidido casarse con un hombre rico, pese a reconocer que en este caso será una concubina, una más, le responde, con voz firme, pero con lágrimas en los ojos: "¿Acaso no es éste el destino de la mujer?". Nominada a los Oscar como mejor película extranjera en 1992 y merecedora del León de Plata en el Festival de Cine de Venecia, el público occidental percibió muy bien la carga crítica de una película que no se trata sólo de la mejor adaptación de una novela hecha por Yimou, en este caso de la escritura distante y descarnada de "Mujeres y concubinas", del joven escritor Su Tong, sino de su película con mayor belleza visual, capaz de representar de manera sutil y simbólica un país como China, donde a principios del siglo XIX la mujer vivía en un régimen de esclavitud.

Yimou, que suele rodar en localizaciones exteriores, encontró un lugar perfecto como escenario de la historia en la provincia de Shanxi: un palacio construido durante la dinastía Ching, en el siglo XVIII, todo un paradigma de la arquitectura china suntuosa del pasado, cuyo prototipo más célebre es la Ciudad Prohibida. La inmensidad que respira el entorno contrasta con los recintos claustrofóbicos a los que son confinadas las protagonistas, los *siheyuan*, habitáculos individuales comunicados por un pasillo interior, que, avistados a vuelo de pájaro, trazan la metáfora del sexo femenino. Entre los muros de piedra de esta arquitectura imponente, las esposas conspiran unas contra otras para que el amo decida pasar la noche con ellas, mientras sirvientas como Yaner, que han tenido algún que otro escarceo con su señor, sueñan en secreto con convertirse en esposas. Songlian, recién llegada, instruida e impetuosa, se convertirá en una competidora más, y, casi sin darse cuenta, sus arrebatos vengativos e inconscientes propiciarán un juego peligroso de rumores y calumnias de imprevisibles consecuencias. En un momento desesperado

dirá a Meishan, la tercera esposa: "Las personas respiran, los fantasmas no. Pero los fantasmas son personas y las personas fantasmas. Encended, apagad, cubrid las linternas. ¡Qué absurdo! ¿Qué hacemos en esta casa? ¿Quién somos aquí? Gatos, perros, ratas... no seres humanos". Cabe decir que al director le interesa poner de relieve tanto las infracciones en el terreno de las relaciones sexuales como las relativas a las clases sociales. La jerarquía feudal tendrá un castigo inexorable tanto para la sirvienta orgullosa como para la esposa adúltera. La tradición, despersonalizada, se cumple por sí sola, como si un mecanismo automático se pusiera en marcha cuando se comete una falta, de ahí que resulte tan espectacular, tan terrible. Su único referente es la Casa de la Muerte, un lugar herméticamente cerrado del cual está prohibido hablar.

La linterna roja fue producida con fondos de Taiwán y de Hong Kong, donde estaban muy expectantes por el cine de cali-

dad que se estaba urdiendo desde la década de los ochenta en la China continental. Como máximo exponente de la Quinta Generación de cineastas chinos, Yimou conseguiría con esta película un equilibrio que traspasaría fronteras al basar su idea de realismo en los recursos visuales y sonoros del lenguaje cinematográfico, un estilo que recibiría el nombre de *plastic expression*. El descubrimiento de la luz, de su capacidad para expresar los sentimientos y el estado de ánimo de los personajes, dota de una mayor carga filosófica a un film de base naturalista, donde la acción se ha reducido en beneficio de la introspección y en detrimento de un dramatismo excesivo, que acaso hubiera dado una obra más comercial. En este sentido, el motivo de la linterna roja, que da título a la traducción en español, y el rito de encenderla y apagarla es un elemento que no existía en la novela original, y que Yimou incluyó por su fuerza visual y función narrativa, convirtiéndolo en eje vertebrador de la película. Fuente de calor y de vida, la linterna ilumina a la esposa, marca el suceder de sus días y la satisfacción de sus deseos. Sentada frente a ella, la elegida es bañada, perfumada, masajeada en los pies, al ritmo de la música minimalista de Zhao Jiping, mientras espera que su amo la posea y le insufle vida. Fuera, en medio de la noche, duerme un gigantesco monstruo de piedra con mil ojos. El último plano secuencia del recinto, filmado desde lo alto y volteando sobre tejados de pizarra, nos muestra el Palacio Chen delimitado por hileras de linternas rojas encendidas, símbolo de unas leyes feudales inexorables.

EL CLUB DE LA BUENA ESTRELLA

The Joy Luck Club

FICHA TÉCNICA: 1993. Estados Unidos. 138 minutos. **Color.**
DIRECCIÓN: Wayne Wang.
PRODUCTORES: Ronald Bass, Patrick Markey y Amy Tan.
PRODUCCIÓN: Hollywood Pictures.
GUIÓN: Amy Tan y Ronald Bass.
FOTOGRAFÍA: Amir Mokri.
MÚSICA: Rachel Portman.
MONTAJE: Maysie Hoy.
REPARTO: Tsai Chin (Lindo Jong), Kieu Chinh (Syuan Woo), Lisa Lu (An Mei Hsu), France Nuyen (Ying Ying St. Clair), Ming Na (Jing Mei "June" Woo), Rosalind Chao (Rose Hsu Jordan), Lauren Tom (Lena St. Clair), Tamlyn Tomita (Waverly Jong), Chao Li Chi (Canning Woo).

WAYNE Wang, nacido en 1949 en Hong Kong, es un director establecido en Estados Unidos desde los dieciocho años y que ha desarrollado en este país una obra cinematográfica versátil, parte de la cual ha centrado su atención en la comunidad asiática asentada en las últimas décadas en Norteamérica. El Chinatown de San Francisco, donde Wang se instaló a su llegada al nuevo continente, es el protagonista de su segundo largometraje, el *thriller* inédito en España *Chan is Missing* (1981), así como de la comedia de costumbres ambientada en los años cuarenta *Cómete una taza de té* (1989), una desenfadada crítica a la racista ley que restringió la entrada de las mujeres chinas a los Estados Unidos en un intento de impedir la perpetuación de una minoría que cobraba cada vez mayor importancia. Si este curioso film independiente giraba en torno a las diferencias culturales entre el país de origen y el de adopción, la ambiciosa adaptación de "El club de la buena estrella", basada en el *bestseller* internacional de Amy Tam –que en España vendió más de cien mil ejemplares–, se sitúa en los años ochenta y explora las relaciones entre una primera generación de mujeres inmigrantes, que llega en 1949 al puerto de San Francisco en busca de una vida mejor, y sus hijas, educadas en la sociedad americana, pero con dificultades para asumir su identidad cultural. De ahí que, pese a incidir en un colectivo determinado, este elegante drama traspasara fronteras, pues el germen del conflicto familiar en que se basa es un fenómeno global. Resulta frecuente que los hijos de inmigrantes experimenten cierto recelo o menosprecio por las ideas de su padres, que no dominan la cultura –o la lengua– del país de adopción. Y que los padres proyecten en esos hijos sus propios deseos frustrados, provocándoles la sensación de que los defraudan por no cumplir sus expectativas. Éste es el caso de June o de Lena, que evocan por motivos opuestos dos episodios traumáticos de su infancia. La primera, un lastimoso recital de piano que abochorna a su madre y tras el cual se negará a seguir tocando el instrumento; la segunda, la actitud presuntuosa de la suya ante su habilidad con el ajedrez, que la avergüenza y la lleva a abandonar su afición. Estas madres que compiten entre ellas para que sus hijas sean las mejores son incapaces, no obstante, de comunicarles su cariño y ayudarles a superar sus complejos, propiciando en ellas carencias afectivas y temores que les impiden enfrentarse a sus problemas cotidianos.

Cuatro madres y cuatro hijas. Dieciséis historias engarzadas entre el presente y el pasado, entre dos continentes y dos generaciones, a través del hilo conductor de June, una joven chinoamericana que, al fallecer su madre, es invitada por sus tías Lindo, An Mei y Ying Ying a ocupar su puesto en el Club de la Buena Estrella. Los recuerdos de juventud de esas mujeres que se reúnen en torno a una mesa para jugar al *mahjong* permiten acercarse a la emigración desde una interesante perspectiva femenina, la gran olvidada de la historia, incluso de la cinematográfica. Fragmentos de vida trágicos, dolorosos, intensos, de sumisión e infanticidio, testimonios de una China ancestral donde la mujer es privada de sus derechos más elementales: la adolescente vendida a una familia adinerada para que se case con su desagradable primogénito; la que sufre el menosprecio y los maltratos de un marido infiel; la hija de una concubina que se sacrificará por conseguir su bienestar; la que, obligada por el hambre y la guerra, abandona a sus hijas... Estructurada a partir de *flashbacks*, la película tiene la apariencia de una superproducción americana, rodada en estudio y en localizaciones naturales de China. Pero aunque Oliver Stone y la Disney apadrinaron el proyecto, la creación del film estuvo en manos de Wayne Wang y su equipo, razón por la que encontramos recursos que el melodrama hollywoodiense suele rechazar de manera sistemática, como la voz en *off* o un montaje complejo, fiel al espíritu de la novela original. La perfecta delimitación de cada una de las historias y las protagonistas es, además, un logro estético oriental. Para evitar que el espectador pierda la pista de los diversos personajes o se extravíe en la bifurcación de las reminiscencias, apuesta por el tratamiento simbólico del color partiendo de las convenciones de la tradición filosófica china. Cada pareja de madre e hija comparte un elemento de la naturaleza y un color: el fuego y el rojo, el agua y el azul, la madera y el marrón, la tierra y el amarillo. El resultado: los planos resultan de una gran plasticidad y los argumentos hilvanados dotan al film de un equilibrio contundente. Los ejemplos de unas madres aguerridas, que lucharon para sobrevivir y ofrecer un futuro mejor a sus hijas, proporcionarán a éstas la fuerza necesaria para valorar la libertad en que han crecido y sujetar las riendas de su destino: la que se tortura porque su madre no aprueba su relación con un moderno joven norteamericano de raza blanca descubre que en el fondo se siente orgullosa de ella; la que está a punto de separarse de un esposo perteneciente a altas esferas sociales por su complejo de inferioridad, se enfrenta con valentía a la situación; la infeliz en su matrimonio con un hombre irascible y tacaño decide rehacer su vida; June, que siempre ha lamentado su falta de talento, cumple el sueño pendiente de su madre y viajará a China para abrazar a dos her-

manas desconocidas; en sus raíces se encontrará a sí misma, igual que Amy Tan tras el viaje en 1987 a la China de sus antepasados, que le inspiraría su novela. Coraje es el legado que, pese a sus distintas formas de pensar y entender el mundo, reciben las hijas de sus madres en esta conmovedora película. Y un amor que puede residir en un consejo o un abrazo, o, simbólicamente, en una pluma de ganso o un bol de lichis.

EL BANQUETE DE BODA

Hsi yen

FICHA TÉCNICA: 1993. Taiwán/USA. 106 minutos. **Color.**
DIRECCIÓN: Ang Lee.
PRODUCTORES: Ang Lee, Ted Hope y James Schamus.
PRODUCCIÓN: Central Motion Pictures Corporation y Good Machine.
GUIÓN: Ang Lee, Neil Peng y James Schamus.
FOTOGRAFÍA: Jong Lin.
MÚSICA: Mader y Daniel Brewbaker.
MONTAJE: Tim Squyres.
REPARTO: Winston Chao (Wai Tung Gao), Mitchell Lichtenstein (Simon), May Chin (Wei Wei), Sihung Lung (señor Gao), Ah Lei Gua (señora Gao).

UN taiwanés emigrado a los Estados Unidos en 1978, Ang Lee, revitalizó y otorgó una proyección internacional al cine de su país de origen, que en los años ochenta había invertido más en films de China o Hong Kong que en sus propias películas, abriendo sus puertas al mercado norteamericano. *El banquete de boda,* íntegramente rodada en América, gira en torno al proceso de disolución de los valores familiares de Oriente –la piedad filial o el respeto por los mayores, tan enraizados en China o en Japón– en contacto con los de la moderna sociedad occidental. Como en *El club de la buena estrella*, los conflictos entre generaciones articulan una obra que, pese a estar interpretada por rostros asiáticos, parte de algunos de los conflictos y enredos típicos de la comedia anglosajona. Un joven taiwanés, Wai Tung Gao, agente inmobiliario en Manhattan, modelo del inmigrante que en pocos años ha triunfado y se ha integrado en su cultura de adopción, es homosexual y mantiene una relación estable con otro joven, Simon. Incapaz de satisfacer las expectativas de sus padres, que desde Taiwán le envían candidatas a la novia perfec-

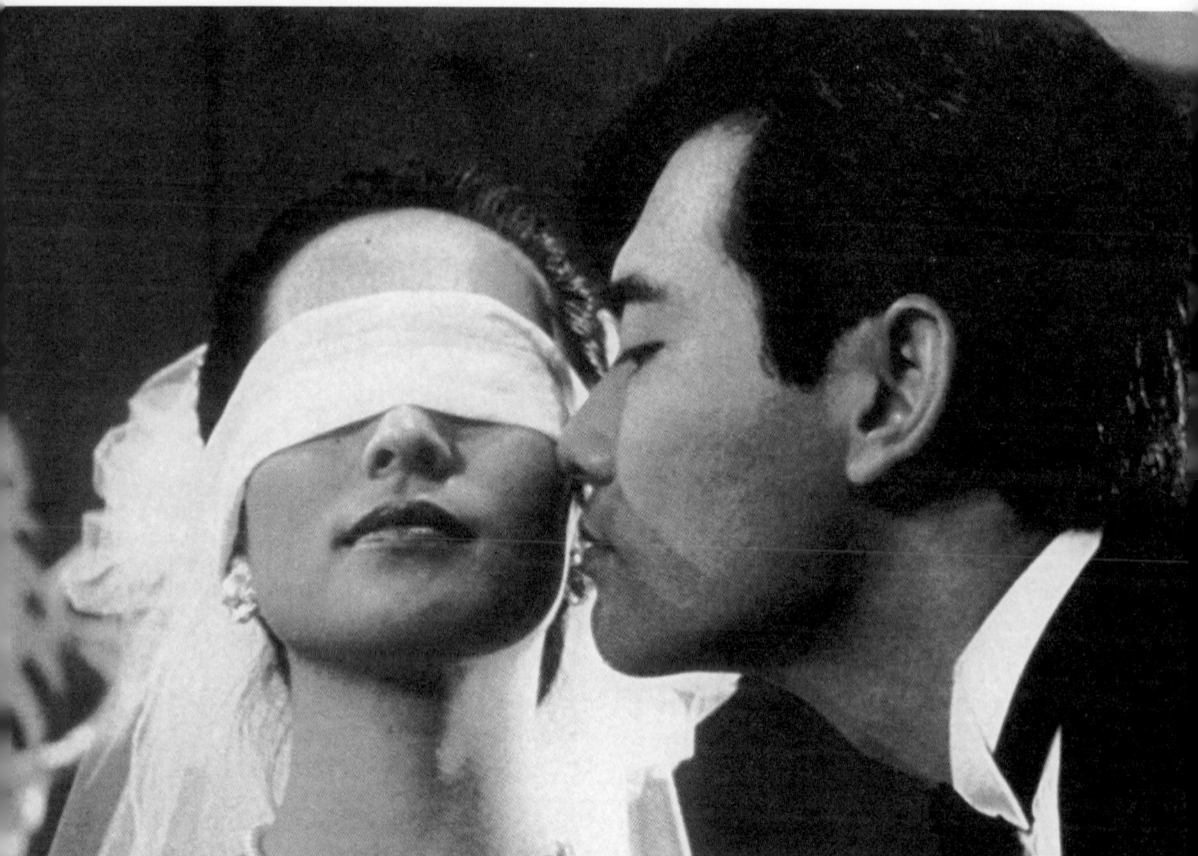

ta con la perspectiva de tener un nieto, e intentando ahorrarles la decepción y el disgusto, sigue el pragmático consejo de su novio y organiza una farsa para contentarlos: su matrimonio de conveniencia con Wei Wei, una joven china llegada del continente que sueña con ganarse la vida como pintora mientras malvive en uno de los destartalados apartamentos del Soho de Wai

Tung, desesperada por obtener la *green card*, su tarjeta de residencia. Una solución que conviene a los tres jóvenes, hasta que los padres de Wai Tung aterrizan en Nueva York deseosos de compartir la felicidad de su hijo y asistir a una boda memorable. Wai Tung y Wei Wei se ven obligados por las circunstancias a vivir como una pareja convencional en casa de Simon, quien opta por interpretar el papel del mejor amigo de los novios y padrino de la boda. Precisamente, fue la anécdota real de un amigo gay del director, que redecoraba el apartamento cada vez que sus padres acudían a visitarlo, el motivo que inspiró la película.

Uno de los momentos más sintomáticos y divertidos es el festín que los padres insisten en celebrar en un restaurante chino, cuyo propietario resulta ser un viejo amigo del señor Gao, el padre de Wai Tung. Bajo el efecto del alcohol, el comportamiento prudente y sobrio que suele caracterizar a los orientales se libera de un decoro con respecto al sexo y unos prejuicios que todavía son perceptibles en la sociedad taiwanesa actual, y que se manifiesta cuando invaden el dormitorio de los recién casados con todo tipo de bromas y juegos picantes. Esta escena central da título a la película y divide una primera parte, desenfadada y cómica, de una segunda dramática y agridulce, e ilustra la importancia en la filmografía de Ang Lee de la gastronomía. Prueba de ello es su cortometraje *I Love Chinese Food* (1981) y, sobre todo, su siguiente película, *Comer, beber, amar* (1994), protagonizada por el señor Chu, el mejor chef de Taipei, un viudo con tres bellas hijas –una profesora, una ejecutiva y una estudiante dependienta de una hamburguesería–, cuyas peripecias sentimentales se narran mientras su severo y respetuoso padre las obsequia con exquisitos manjares, es decir, les demuestra su afecto de la mejor o la única manera que sabe. Al igual que en este dulce y envolvente melodrama, cuyo título proviene de un proverbio de Confucio sobre las necesidades básicas del hombre, el alimento y el sexo, en *El banquete de boda* la hora de la comida se convierte en el lugar de las confesiones y revelaciones, y las habilidades culinarias del sexo masculino ponen en entredicho que la cocina sea el lugar por antonomasia de las mujeres.

El banquete de boda conforma asimismo, junto al primer largometraje del director, *Pushing Hands* (1991), y la citada *Comer, beber, amar*, la trilogía del padre. Una trilogía que sirvió a Ang Lee para reconciliarse y acercarse al suyo, con quien mantuvo tensas relaciones durante varios años. "Yo estoy atrapado entre dos generaciones, la de mis padres y la de mis hijos. Cuando me encuentro con mis padres, mi comportamiento es mucho más tradicionalista, por supuesto, que cuando estoy con mis hijos, con quien soy más occidental. Cuando nos reunimos todos me siento muy incómodo y no puedo estar a gusto". De hecho, el mayor interés de esta película, que derrocha humor, emotividad y ternura, reside en los tópicos que rompe, profundizando en el sustrato cultural que tanto Wai Tung como Wei Wei llevan dentro, y que cuestionará la identidad homosexual de uno y las ansias de libertad de chica moderna de la otra. Respecto a la familia del novio, si la señora Gao encarna el perfecto ejemplo de madre tradicional, que se plantea si su hijo es gay por "la mala experiencia con una mujer", la ambigüedad del padre, su afable y muda comprensión, permiten intuir que no es tan intransigente para ciertos temas como su esposa imagina. La señora Gao ni siquiera sabe que su marido habla inglés; probablemente desconoce otras de sus facetas. Mientras hace jurar a su hijo que su padre no se enterará jamás del montaje de su casamiento, el señor Gao, a la hora de las despedidas, entrega significativamente a Simon la bendición especial que se depara a la novia. Frente a este tenso y sutil entramado de secretos y silencios familiares, si entre los progenitores reina una tolerante resignación, entre los tres jóvenes prevalece el respeto y la cordura, y al final cada uno obtiene algo de lo que deseaba aunque a la mayoría le quede el regusto amargo de lo que debieron renunciar. *El banquete de boda*, que no en balde lleva a cabo un sutil análisis sociológico, tuvo alguna que otra pequeña repercusión social: tras su estreno en Taiwán se fundó la primera asociación de gays y lesbianas del país.

EL MAESTRO DE MARIONETAS

Hsimeng jensheng

FICHA TÉCNICA: 1993. Taiwán. 142 minutos. **Color.**
DIRECCIÓN: Hu Hsiao-hsien.
PRODUCTORES: Chiu Fu-sheng y Zhang Huakun.
PRODUCCIÓN: Era, Nian Dai International, Qiu Fusheng.
GUIÓN: Chu Tien-wen, basado en la vida de Li Tien-lu.
FOTOGRAFÍA: Pin Bing Lee.
MÚSICA: Chen Ming Chang y Zhang Hongda.
MONTAJE: Liao Ching-song.
REPARTO: Li Tien-lu (él mismo), Giong Lim (Li Tien-lu joven), Bai Ming Hwa (abuela Ong Hsiu), Liou Hung (abuelo Li Hei), Tsai Chen-nan (Komeng Dang).

HOU Hsiao-hsien se ha convertido en uno de los directores más originales y modernos de las dos Chinas y en un punto de referencia ineludible en los festivales de cine internacionales, donde ha otorgado categoría artística al Nuevo Cine de Taiwán. Sus historias bellas y profundas, y, lo más importante, la manera minimalista, delicada y rigurosa de relatar dichas historias han conquistado al público de su país, abriendo el camino a interesantes realizadores, como Edgard Yang o Tsai Ming-lian.

El maestro de marionetas, peculiar recreación de la vida del marionetista Li Tien-lu, considerado un talento nacional y un símbolo de la identidad taiwanesa, encierra la milenaria esencia del pueblo chino, arraigado a los valores del confucionismo, el taoísmo y el budismo, atento a los signos de la naturaleza que habitan en armonía y respeto con los augurios de los espíritus, a los cuales todavía hoy las marionetas honran en las fechas señaladas por la tradición. Cincuenta años de la vida de Taiwán, desde 1909 hasta 1945, fecha en que finalizó la ocupación japonesa del país, transcurren en la pantalla. Pero no es la historia de las enciclopedias la que interesa al director, sino la de la cotidianeidad de los hombres y las mujeres tejida de acuerdo con la fortuna que rige su destino. No son los conflictos políticos o militares sino la convivencia diaria entre taiwaneses y japoneses, las relaciones que se forjan entre invadidos e invasores, teñidas de melancolía, como en *La ciudad de la tristeza* (1989). Cine de la sensación, del recuerdo, de la humanidad, la película se detiene en escenas diseñadas como pequeños cuadros en movimiento o se fija en inmensos planos panorámicos con profundidad de campo, estableciendo correspondencias entre los diversos niveles del discurso audiovisual y las tres grandes manifestaciones artísticas chinas. En primer lugar, el teatro de títeres, que desde el siglo X se utiliza con fines religiosos y rituales, introducido en Taiwán hacia 1800 por inmigrantes provenientes de la China continental y que pronto adquiriría rasgos propios; en concreto, las marionetas de mano, que derivan de los títeres de Chuangchow y Chaochow, inspiradas en novelas históricas chinas. El director, que cuando era niño solía ver estos espectáculos en un templo taoísta, enfoca las representaciones desde diversos ángulos: el frontal, visible para los espectadores; el trasero, donde se comprueba la habilidad de los artistas, o el lateral, persiguiendo la verdad poliédrica del arte que da de comer a Li Tien-lu y que, sin embargo, debe abandonar tras la prohibición nipona. En segundo lugar, la ópera, el teatro de personas, a través de las actuaciones de Li Tien-lu en dramas de propaganda japoneses. En tercer lugar, el plano de la vida, con esos interiores en penumbra, iluminados por el tenue resplandor de las velas, una ventana o una claraboya, típicos de las casas viejas y sombrías del sur de China, donde los rostros y los cuerpos parecen surgir del teatro de sombras, otro de los espectáculos más amados por el público. Con una sutilidad extraordinaria, Hu Hsiao-hsien aproxima así el cine a la vida, la vida al teatro, y alterna la ficción biográfica de Li Tien-lu con los episodios documentales en los que el célebre marionetista octogenario habla con cierto sentido del humor y otro tanto de candor de sus recuerdos, ligados a la magia y la superstición: su madre, que implora morir en lugar de la abuela enferma, fallecerá de tuberculosis poco tiempo después de que ésta se restablezca; el temor posterior de la familia a acoger a una abuela que parece arrastrar a la muerte y a la desgracia a quienes le rodean, y que acabará viviendo con Li Tien-lu sin mayores consecuencias; la curación de la joven amada que regenta un prostíbulo, aplicándole ranas en una llaga que tiene sobre el labio... Este relato oral que hilvana la recreación de su infancia y juventud tiene su máxima importancia, ya que, en la línea de la poética del espacio y de la poeticidad de lo vacuo de Ozu, a quien Hu Hsiao-hsien rinde homenaje en *Café Lumière* (2003), dota de un sentido añadido a unos planos llenos de elipsis significativas, cuya función ha resumido en una entrevista con una convincente metáfora pictórica: "Cuando un pintor chino pinta una flor de ciruelo no necesita pintar todo el árbol. Una ramita será suficiente para causar una impresión, no solamente en cuanto a su fidelidad a la materia sino también a los sentimientos que expresa. Le pide al espectador que utilice sus propios recursos imaginativos para unirse con el artista en el placer de la observación y embarcarse más en el proceso de interpretación".

El cine de Hu Hsiao-hsien no se ha detenido en el pasado, el arte y las costumbres de un país reprimidos durante la invasión de los japoneses, que en la actualidad son la globalización y la influencia americana las que están barriendo sus huellas. Contemplativo y reflexivo, distante y refinado, ha seguido mirando hacia el presente y el futuro. Su reciente película *Three Times* (2006) representa una síntesis muda y preciosista de su filmografía, sostenida por la magia de la música y el poder fascinante de las imágenes, y protagonizada por dos de los rostros más célebres del cine taiwanés, Chang Chen y Xhu Qi, que ilustran tres formas de amar a lo largo de un siglo: 1966, Kaonsiung, o los inocentes encuentros entre una muchacha que trabaja en un club de billar y un joven que debe realizar el servicio militar, contemporánea a *Los chicos de Fengkuei* (1983); 1911, Dadaoheng, o la contradictoria lucha por la libertad a través de la relación entre un

revolucionario y una *geisha*, presente en *Flores de Shangai* (1998); 2005, Taipei, y el tiempo frenético de la juventud en una nueva era materialista y tecnológica, de discotecas y móviles, donde como en *Millenium Mambo* (2005) las dudas y deseos subyacen bajo la pátina gélida y artificial de las luces de neón.

EL OLOR DE LA PAPAYA VERDE

Mùi du du san

FICHA TÉCNICA: 1993. Vietnam/Francia. 104 minutos. **Color.**
DIRECCIÓN: Tran Anh Hung.
PRODUCTORES: Adeline Lecallier y Alain Rocca.
PRODUCCIÓN: Les Productions Lazennec.
GUIÓN: Tran Anh Hung.
FOTOGRAFÍA: Benolit Delhomme.
MÚSICA: Ton-That Tiet.
MONTAJE: Nicole Dedieu y Jean-Pierre Roques.
REPARTO: Tran Un Yen-Khe (Mui adulta) Man San Lu (Mui niña), Truong Thi Loc (La madre), Nguyen Anh Hoa (La vieja Ti), Vuong Hoa Hoi (Khuyen), Ngoc Trung Tran (el padre), Vantha Talismán (Thu), Keo Souvannavong (Trung).

El olor de la papaya verde, del director Tran Anh Hung, evoca la cultura tradicional y el ritmo vital del pueblo vietnamita bajo los preceptos de la armonía confuciana. Vietnam es un país misterioso para los occidentales. La visión que nuestro cine ha dado de él oscila entre los films norteamericanos sobre una guerra sin sentido y sus terribles secuelas para los combatientes, y las exóticas postales costumbristas del cine francés. Respecto a su propia cinematografía, carece de trayectoria y de medios técnicos, y produce pocas películas. No es de extrañar que fuera un joven que en 1975, con apenas doce años, tuvo que exiliarse junto a su familia del país por motivos políticos y que luego cursó estudios de cine en París, quien rodara simultáneamente en vietnamita y en francés una ópera prima que sería galardonada con la Cámara de Oro del Festival de Cannes y el primer film de Vietnam nominado a los Oscar como mejor película de habla no inglesa. El exotismo de *El olor de la papaya verde*, pues, se reduce al espacio íntimo, a la descripción de las labores cotidianas de la mujer en una casa vietnamita, su aceptación abnegada de las contrariedades, que la hacen valiente y tenaz frente al hombre, cuya ociosidad lo convierte a menudo en un ser débil y dependiente: "La mujer vietnamita no espera recompensas: hace y basta. Su condición es terrible, y también lo es su ancestral sumisión, que no ha cambiado ni siquiera con el régimen comunista ni con los intentos, que los hay, de reivindicación feminista. En la actualidad he visto allí las mismas actitudes que conocía de casa de mis padres; la mujer es obediente, no contradice nunca, raramente se expresa con violencia y, al mismo tiempo, sigue impidiendo al hombre entrar en su reino, en la cocina", afirma el director que se inspiró para Mui, la protagonista de la historia, en su propia madre, que de niña había servido realizando tareas domésticas y a la que homenajea otorgando carácter trascendente a rituales cotidianos como hervir el agua del té, sazonar la comida cruda o aspirar el perfume de las plantas. La papaya, que todavía verde se considera una verdura y cuando madura es una fruta sabrosa que se cultiva, recoge, lava, pela y finalmente se cocina, se erige en símbolo de la infancia, del hogar, del dulce y misterioso universo de la mujer vietnamita.

Un universo sensorial, sinestésico y fragante, donde afloran los olores y sabores del Vietnam de los años cincuenta encanta la mirada occidental, acostumbrada a los planos trepidantes y las escenas bulliciososas; un Vietnam imaginado y recreado en estudio que, sin embargo, reproduce la peculiar atmósfera y luz original del país, el ritmo parsimonioso de los gestos o la manera de sentarse en cuclillas de sus habitantes. La llegada de Mui, una niña campesina, a Saigón para servir en una casa burguesa coincide con la fuga del padre con todos los ahorros. La familia subsiste gracias a la fortaleza de la madre, aunque la venta de telas apenas les da para vivir. Con una mezcla de entereza y curiosidad, Mui se dedica a llevar a cabo todo tipo de labores domésticas, al tiempo que inicia un período de aprendizaje y aprehensión de lo que le rodea, que la cámara –posándose como su mirada limpia e ingenua de detalle en detalle, de color en color, de alimento en alimento, de insecto en insecto, de flor en flor– registra con virtuosismo. Diez años después, la pequeña Mui, ahora una joven de cautivadora inocencia y salvaje belleza –la actriz Tran Un Yen-Khe trabajó la expresividad en sus facciones a partir del visionado de documentales de animales, en especial unas ardillas selváticas–, debe abandonar por motivos económicos el lugar donde se ha criado y trabajar como sirvienta para Khuyen, el niño del que está enamorada en secreto desde la más tierna infancia. Él es ahora un pianista apuesto y sensible, con una novia de *look* moderno y occidentalizado, fría y artificiosa, en las antípodas de la naturalidad de Mui. Poco a poco, Khuyen se va prendando de su intuición y sensibilidad, según una delicada concepción de la seducción para los orientales, que no consiste en un proceso tan directo y dinámico como en Occidente, sino en un compartir roces, sonrisas, miradas y felices presentimientos. A Tran Anh Hung tampoco le interesa saber qué ocurre detrás de la puerta de la habitación de Mui, cuando Khuyen la cierra tras de sí. Prefiere ofrecer, alargando el plano secuencia, el verdor de las papayas florecientes y, seguidamente, mostrar de nuevo a Mui, radiante, limpiando la fruta, esta vez para el hombre al que ama y que la ama: el hombre que come los alimentos que ella prepara, pero que también le enseña a leer. ¿Puede el amor liberar a la servidumbre de su carácter peyorativo para elevar a la mujer a un estado de dicha y plenitud espiritual?

Si *El olor de la papaya verde* partía del recuerdo de la madre como prototipo de la mujer vietnamita y representaba una exploración del mundo de la infancia, la siguiente película de Tran Anh Hung, *Cyclo* (1995), rodada en Vietnam, se inspira en la figura paterna y describe el descenso a los infiernos de un adolescente de Ho Chi Minh a quien roban su medio de sustento, un ciclo-taxi a pedales, y que para subsistir acaba cooperando con el crimen organizado. El tercer largomentraje del director, *Pleno verano* (2000), es una sutil exploración de los efectos de la sociedad moderna en la vida de una familia asiática, centrada en las infidelidades y las pasiones inconfesadas de tres hermanas de

Hanoi, con una banda sonora donde la canción tradicional autóctona alterna con el rock de Velvet Underground, y que depara otro papel estelar para la actriz Tran Un Yen-Khe. Un Vietnam fresco y húmedo, sensual y luminoso, que empuja al espectador a su inminente descubrimiento.

ADIÓS A MI CONCUBINA

Ba wang bie ji

FICHA TÉCNICA: 1993. China/Hong Kong. 171 minutos. **Color.**
DIRECCIÓN: Chen Kaige.
PRODUCTOR: Feng Hsu.
PRODUCCIÓN: Beijing Film Studio, China Film Co-Production Corporation, Maverick Picture Company y Tomson Films.
GUIÓN: Lei Bik-Wa y Lu Wei, basado en la novela homónima de Lillian Lee.
FOTOGRAFÍA: Gu Changwei.
MÚSICA: Zhao Jiping. Actuaciones de la Orquesta Central de China y la Orquesta de la Academia de la Ópera de Beijing.
MONTAJE: Pei Xiaonan.
REPARTO: Leslie Cheung (Cheng Dieyi), Zhang Fengyi (Duan Xiaolou), Gong Li (Juxian), Lu Qi (maestro Guan), Ying Da (empresario teatral), Maestro Yuan (Ge You), Lei Han (Xiao Si).

DESDE los orígenes del cine chino, el melodrama ha sido uno de los géneros privilegiados para hablar de la historia de un país que a partir de su constitución en República Popular ha sufrido las consecuencias de la censura. Es el caso de *Adiós a mi concubina*, de Chen Kaige, miembro destacado junto a Zhang Yimou de la Quinta Generación de realizadores chinos, estrenada con éxito en Hong Kong y avalada con un galardón en el Festival de Cannes, pero censurada por el Gobierno de la China continental, tanto por las alusiones a la homosexualidad como por la recreación de actos atroces cometidos por los comunistas durante la Revolución Cultural, y retirada inmediatamente de las carteleras de Pekín. El motivo central del film, sin embargo, es una de las manifestaciones artísticas más arraigadas en la cultura de China: la ópera. Culminación de los grandes logros del teatro tradicional chino, la Ópera de Pekín se remonta a 1790, año en que el emperador Qianlong convocó en su palacio a compañías de artistas de todas las regiones para conmemorar su ochenta cumpleaños. Diversas formas folclóricas locales, como el estilo de Anhui, las leyendas de Anqing o las acrobacias de Hechun convergerían en un arte único, donde la mímica recitativa, el baile y el canto comparten protagonismo. Pero la popularidad de la Ópera de Pekín no se debe sólo al mecenazgo que ejerció sobre ella la emperatriz Cixi, quien la dignificó para la corte, sino a las representaciones durante el siglo XIX en los teatros y las casas de té, accesibles a todas las clases sociales. Una de las obras más admiradas estaba ambientada en el año 206 a.C., ese pasado remoto y legendario en que, tras la unificación de China con la dinastía Qing, se produjeron una serie de luchas por el poder entre reinos rivales: el rey Chu que, engañado por los cantos de los hombres de su enemigo Li Biung, cree que ha perdido su reino, se despide de su caballo y de su concubina Yu Ji. Ambos, leales, se niegan a abandonarlo y Yu Ji, mientras bebe y baila para el monarca, le arrebata la espada y se suicida. En 1921, el famoso actor en papeles femeninos Mei Laifang y su compañero de reparto Yan Xiaolou escribieron "Adiós mi concubina", una versión que alcanzaría celebridad en la década siguiente y viajaría con éxito a Europa. Chen Kaige le rinde homenaje en una película de atmósfera neblinosa, donde los rostros maquillados de los actores se reflejan en bruñidos espejos. Y la vida y la ópera, la realidad y el sueño, lo masculino y lo femenino borran sus contornos para confundirse en una estilizada fotografía.

A principios de los años veinte una prostituta lleva a su hijo a una academia donde chicos pobres y sin hogar son adiestrados en las destrezas y habilidades de la ópera. El instructor se niega a admitirle, al advertir que tiene seis dedos en la mano derecha. La madre, implacable, le corta el sexto. El contrato que ésta suscribe exime de toda responsabilidad a la escuela de los daños que el muchacho pueda sufrir, y es uno semejante al que firmó el padre de Jackie Chan cuando su retoño tenía apenas siete años para que ingresara en las filas de la Ópera de Pekín. Los métodos expeditivos y sangrientos que aplica el maestro no son tampoco un ápice exagerados. Resultan más bien suaves en comparación a los descritos por Samo Hung, otro compañero de suplicios de

Chang durante sus años de formación en la ópera, en su película *Painted Faces* (1989), título que alude a las técnicas de maquillaje, las máscaras inspiradas en los bailarines de las dinastías Tang, Song y Yuan que los actores debían dominar, así como la adecuación de la gestualidad, la modulación y timbre de la voz a un modelo de personaje capaz de contextualizar la acción mientras deambula por un decorado despojado hasta la vacuidad. Hay cuatro papeles fundamentales en la Ópera de Pekín tradicional: el *sheng* o masculino, el *dan* o femenino, el *jing* o "cara pintada" y el *chou* o bufón. Xiaolou, de físico robusto, se especializa en el *sheng* y Dieyi, delicado y grácil, en el *dan*. Para Dieyi, asumir la identidad de una mujer supone una negación de su sexo, una castración psicológica. En los entrenamientos y ensayos es castigado con dureza cuando se equivoca al hablar de sí mismo como de un varón o extravía el tono de *falsetto* en medio del canto. Siendo sólo un muchacho, es forzado a tener relaciones sexuales con un viejo eunuco imperial, fascinado por su belleza andrógina. Ya adulto, será amado por hombres como el maestro Yuan, rico y culto, aspirante a mecenas y amante. El corazón de Dieyi, no obstante, es para su "hermano", su amigo desde la infancia, su rey: Xiaolou. Ambos se han convertido en famosos actores de la Ópera de Pekín y son inseparables. Sin embargo, Xiaolou se enamora de Juxian, una prostituta del burdel La casa de las flores, y decide casarse con ella. Dieyi, al conocer la noticia, reacciona airado, y comienza para él un período de angustia y adicción al opio. A finales de la década de los treinta, con la invasión de los japoneses, Dieyi consigue, por intercesión de Juxian, la liberación de Xiaolou, prisionero por agredir a un insolente militar nipón, pero en vez de agradecido se muestra ofendido por lo que considera una muestra de servilismo ante los japoneses. Más tarde, es Dieyi el acusado de traidor por los comunistas, con la excusa de que en cierta ocasión cantó para el enemigo. Xiaolou, empeñado en salvarle, declara junto al coaccionado maestro Yuan que si Dieyi lo hizo fue intimidado por la tortura, pero éste los sorprende y se enfada, confirmando que obró por propia voluntad. Finalmente, se libra de la condena al actuar para un

alto cargo comunista. Cuando estalla la Revolución Cultural del proletariado y se desata una espiral de violencia contra los valores conservadores, burgueses y artísticos, la fanática Guardia Roja organiza humillantes juicios populares de los cuales Xiaolou, Dieyi y Juxian no pueden escapar... Y en esta escenificación del miedo que lleva a la traición, de los celos que conducen a la venganza, Chen Kaige exorciza los propios fantasmas de juventud, narrados en su autobiografía "Mi vida de Guardia Rojo": aquel día en que con apenas catorce años denunció a su padre, Chen Huaikai, director de cine, como "creador de arte subversivo". *Adiós a mi concubina* es también la película de la reconciliación entre ambos, ya que Kaige nombra a Huaikai director artístico y, en este sentido, su trabajo como diseñador de la escena operística es encomiable. En 1978 se levantó la prohibición que pesaba sobre la Ópera de Pekín, aunque en la actualidad su alto grado de abstracción y la falta de preparación de las audiencias jóvenes para entenderla y disfrutarla la han condenado a reliquia para minorías y nostálgicos, y rareza para la exportación. Ese mismo año, Dieyi y Xiaolou, el rey y la concubina, se reencuentran para llevar a cabo bajo la potente luz de los focos su última representación.

VIVIR

Huozhe

FICHA TÉCNICA: 1994. Hong Kong. 125 minutos. **Color.**
DIRECCIÓN: Zhang Yimou.
PRODUCTORES: Chiu Fu-Sheng, Kow Funhong y Christophe Tseng.
PRODUCCIÓN: Era Internacional (Hong Kong) y Estudios Cinematográficos de Shanghai.
GUIÓN: Lu Wei y Yu Huan, basado en la novela homónima de Yu Huan.
FOTOGRAFÍA: Lu Yue.
MÚSICA: Zhao Jiping.
MONTAJE: Du Yuan.
REPARTO: Ge You (Fugui Xu), Gong Li (Jiazhen Xu), Niu Ben (alcalde), Ni Dahong (Longer), Tianchi Liu (Fengxia Xu adulta), Jiang Wu (Erxi Wan).

Vivir representa el particular fresco de la China moderna de Zhang Yimou, que pasa revista a tres momentos claves para su sociedad entre 1945 y 1978. No obstante, su planteamiento es más didáctico que estético, su interés más humano que político: la guerra civil de 1949, cuando se enfrentan el Partido Nacionalista Chino y el Ejército Rojo; la política del Gran Salto, liderada por Mao, que insta al pueblo a la industrialización de un país cuya economía de subsistencia se había apoyado en la agricultura; y por último, la Revolución Cultural de 1966, donde bajo los ideales maoístas, todo lo tachado de antiguo, reaccionario o capitalista iba a ser masacrado, e intelectuales, profesores, médicos, o simplemente burgueses adinerados o con ideología de derechas, serían desterrados o condenados a muerte. Rica en matices psicológicos y dramáticos, puede resultar chocante para el espectador occidental el hecho de que, en ocasiones, la tragedia aparezca ligada a la comicidad, apoyada en el gag, o bien en la ironía y la paradoja. Pero es que en esta película, a diferencia de las estrenadas el año anterior, *La cometa azul* o *Adiós a mi concubina*, de sus compatriotas Tian Zhuangzhuang y Chen Kaige, lo épico y lo preciosista dejan paso al no menos fascinante mundo de lo cotidiano. Yimou dota de un margen de decisión, un resquicio de voluntad al individuo: la historia es ese fondo móvil sobre el que se suceden, cual espectáculo de sombras chinescas, las peripecias de una familia.

Antes de que se inventara el cine, desde la dinastía Han, hace dos mil años, el teatro de sombras ya se representaba en las aldeas de China, y se desarrolló en los últimos mil años de la mano de artistas folclóricos que durante generaciones perfeccionaron las características de este espectáculo integrador de las artes escénicas y la escultura, y que a partir de unas figurillas ágiles y expresivas recreaba temas de la literatura, la mitología o la historia china. Como estas pequeñas figuras sujetadas por varillas y proyectadas en un plano, se desplazan una serie de personajes por algunos de los escenarios más convulsos de la China del siglo XX: Fugui, un joven rico y despreocupado, dilapida toda su fortuna en el juego, incluso pierde su casa, que pasa a pertenecer a su colega Longer. Su mujer, Jiazhen, lo abandona, y huye embarazada, junto a su hija Fengxia. Para ganarse el pan a partir de este momento, Fugui monta un teatro de sombras y lleva una vida errante como titiritero, hasta que es reclutado a la fuerza por las tropas comunistas. Reencuentra a su esposa y a sus dos hijos, y la familia, otra vez unida, intenta sobrevivir en la República Popular China comunista: la hambruna que sucedió al Gran Salto, la entrega del hierro disponible con el objetivo de superar al Ejército americano y recuperar Taiwán –llamamiento patriótico del que a duras penas se libra el teatro de sombras–, las numerosas ejecuciones, condenas y destierros que conllevó la llamada Revolución Cultural, y que afectaría a todos los niveles a la población... No vamos a revelar las numerosas pruebas a las que deberán enfrentarse los protagonistas, sino a remarcar su evolución a lo largo del argumento: Fugui (Ge You) asumirá el paso de una etapa de ociosidad y riqueza, donde todavía rigen las leyes del siglo pasado, a un período de idealismo comunista ("Cuando los

pollos crecen y se hacen grandes, se convierten en gansos. Cuando los gansos crecen y se hacen grandes, se convierten en cabras; y cuando las cabras crecen y se hacen grandes, se convierten en bueyes... –¿Y qué pasará cuando los bueyes crezcan y se hagan grandes? –Que se convertirán en comunistas y nos darán una vida mejor"), para acabar entreviendo la realidad de la utópica revolución maoísta; Jiazhen (Gong Li), esposa y madre abnegada, se convertirá en una mujer de gran fortaleza al enfrentarse a todo tipo de contratiempos e infortunios; anodinos, simples, resignados, ellos remiten a cada uno de esos miles de ciudadanos chinos que lucharon por adaptarse a los sucesivos azotes de la historia, en un intento de sobrevivir, sin querer juzgar o comprender, aspirando a conseguir, sobre todo, "una vida tranquila".

Un cierto eco de esperanza se percibe cuando Fugui explica a su nieto el mismo cuento que solía relatar a su hijo, pero con una variación significativa respecto al destino de los bueyes: "Cuando Mantou se haga mayor, ya no será necesario montar en los bueyes porque se podrá coger el tren o el avión, porque la vida

será mucho mejor que ahora". Sin embargo, la airada reacción de las autoridades chinas con respecto a *Vivir* –en la línea de la que despertó *Adiós a mi concubina*– en plena década de los noventa –pese a haberse forjado una imagen de tolerante en lo económico, seguían oscurantistas y represoras en lo cultural–, permite desconfiar de tal optimismo basado en el progreso, así como cuestionar el futuro de la caja de sombras chinescas. Ya que Yimou presentó sin su permiso la película en el Festival de Cannes, donde fue galardonada, entre otros, con el premio al mejor actor para Ge Yu y el Premio Especial del Jurado, el Gobierno comunista prohibió su estreno en la República Popular y sancionó al director con dos años sin poder ejercer su profesión. Al igual que en otras ocasiones –la declaración jurada de que no mantenía contactos con la República de Taiwán y era fiel al régimen comunista en su primer año de estudiante de cine, o los retratos por encargo de Mao que, dado su talento como dibujante, debió realizar durante su juventud–, Yimou tuvo, como los protagonistas de su película, que cerrar los ojos y encogerse de hombros.

FUEGO

Fire

FICHA TÉCNICA: 1996. India/Canadá. 108 minutos. **Color.**
DIRECCIÓN: Deepa Mehta.
PRODUCTORES: Bobby Bedi y Deepa Mehta.
PRODUCCIÓN: Kaleidoscope India y Trial by Fire Films Inc.
GUIÓN: Deepa Mehta.
FOTOGRAFÍA: Giles Nuttgens.
MÚSICA: canciones de Merlyn D'Souza y A. R. Rahman.
MONTAJE: Barry Farrell.
REPARTO: Shabana Azmi (Radha), Nandita Das (Sita), Kulbhushan Kharbanda (Ashok), Javed Jaffrey (Jatin), Kushal Rekhi (Biji).

NACIDA en Amritsar en 1950, cuando Deepa Mehta acabó la carrera de Filosofía en la Universidad de Nueva Delhi y se instaló en Canadá para iniciar una fructífera carrera cinematográfica, fundando una productora, escribiendo guiones para películas infantiles, documentales para televisión y finalmente largometrajes con los que se labraría un prestigio internacional, no podía llegar a imaginarse que sería volviendo a sus raíces, a la vida en la India y en concreto a las relaciones y aspiraciones de las mujeres, como lograría sus obras de mayor talento. *Fuego* es la primera entrega de una trilogía que repasa la historia de la India contemporánea a través de una mirada femenina centrada en las grandes ausentes de una historia escrita tradicionalmente por los hombres. Ambientada en la Nueva Delhi de la década de los noventa, el objetivo de la directora era crear una metáfora de la India de hoy y al mismo tiempo desmitificar la imagen tópica o exótica que se tiene de la India en el exterior: "La India de los marajás y de las bellas princesas rodeados de una pobreza abyecta ya no existe. Quería hacer una película sobre la clase media india contemporánea, mostrar sus vulnerabilidades, sus debilidades y su lucha cotidiana entre el peso de las tradiciones ancestrales y el deseo de elegir su propia vida". Así, aunque *Fuego* tenga como escenario la sociedad india urbana de clase media, el argumento es extrapolable a otros países del mundo y culturas, porque la lucha entre lo viejo y lo nuevo –ya lo ponía de relieve con su gran sensibilidad Satyajit Ray en *El mundo de Bimala*–, entre la tradición y la libre expresión, en especial la reivindicación de los derechos de las mujeres, constituyen algunos de los temas más candentes en la actualidad.

Poco tiene que ver la mujer que ofrece el cine de *Bollywood*, objeto sensual libre y ardiente, con la impuesta por las escrituras religiosas, ser sumiso y sacrificado. La joven Sita, de viaje de novios con Jatin, con quien se acaba de casar en un matrimonio concertado por su familia, se detiene frente al Taj Mahal, símbolo del amor eterno, maravillada de la leyenda del emperador Shah Jahan, que hizo construir el templo tras la muerte de su amada esposa. Jatin, sin embargo, desprovisto de romanticismo, parece indiferente. Más tarde, en un suburbio de Nueva Delhi y en el pequeño apartamento donde deberá convivir con la madre, Biji, muda y paralítica, el hermano mayor de su marido, Ashok, y su cuñada Radha, Sita se encontrará con la mayor de las decepciones: su matrimonio es una falsedad, ya que su marido sigue enamorado de una moderna mujer china a quien visita cada noche y que nunca ha querido casarse con él porque sueña con triunfar haciendo películas en Hong Kong. No obstante, su obligación es ser una buena esposa, trabajar en el negocio familiar, no contrariar a su esposo y darle los hijos que en quince años de matrimonio Radha no ha podido proporcionarle a Ashok, razón por la cual éste la menosprecia y se pone en las manos de un gurú bajo cuyo mandato renuncia a todo deseo de la carne para alcanzar la iluminación espiritual. Sita y Radha acabarán compartiendo su soledad, y entre ellas se establecerá una complicidad muy especial que renovará sus ganas de vivir y les llevará a descubrir un amor tierno y sensual liberador de su frustrada existencia.

Si bien la literatura, la pintura y la escultura erótica india contemplan desde tiempos ancestrales las relaciones homosexuales, el término "lesbiana" ni siquiera existe en hindi, y el hecho de

mostrar a dos mujeres estableciendo una relación amorosa, aunque fuera con delicadeza y pudor, produjo una gran controversia tras el estreno de la película. Los numerosos actos vandálicos y amenazas de muerte por parte de grupos fundamentalistas obligaron al gobierno a retirar *Fuego* de las carteleras y hacerla pasar por una comisión de censura. Shabana Azmi (Rhada), una de las actrices más famosas de la India, embajadora de las Naciones Unidas y miembro del Parlamento indio, alabó la valentía de Mehta al ambientar en Nueva Delhi una película con un tema tabú para la sociedad del país e inexplorado hasta el momento por su cine. No obstante, para su directora la película no hace apología de la homosexualidad, o mejor dicho, de la bisexualidad, sino que se trata de una feroz denuncia de la desigualdad entre los sexos. Para Deepa Mehta, lo más irritante o desagradable para los hombres indios de mediana edad fue comprobar lo pobres e insignificantes que podían resultar sus relaciones maritales, mientras que las mujeres de esa misma generación agradecían que alguien mostrara de qué manera tan insensible sus deseos e inquietudes eran ignorados. El propio ejemplo de su madre, cuyo matrimonio concertado la condenó a una vida de soledad, resultó decisivo para la directora a la hora de definir el guión de la película: "Cada ser humano tiene el derecho a elegir y a asumir las consecuencias de su elección con dignidad. Todos somos responsables de nuestras elecciones y, si con ellas no hacemos daño a nadie, no deben ser nunca juzgadas moralmente. En *Fuego* el deseo es la expresión de la elección de Radha, la de vivir su vida con dignidad, la de expresarse y afirmar su personalidad".

Un fino humor se desprende del drama familiar, al ponerse de manifiesto el choque entre unos dogmas religiosos manipulados, que contribuyen a la cohesión de una sociedad falocrática, y las nuevas costumbres occidentalizantes que vienen dadas por la influencia de otras culturas a partir del cine o la televisión. El contraste entre dos maneras de vivir la espiritualidad es evidente: la de los hombres, anclada a una religión represora y una tradición inamovible de la que son dependientes; la de la mujer, en cambio, arraigada al ámbito doméstico, a sus pensamientos más profundos; y no hay mayor acicate para el espíritu que un amor verdadero. Una fotografía de gran belleza y sensualidad consigue reflejar lo sombrío de ciertas situaciones sin restarles un ápice de luminosidad, con una paleta de colores vivos, encabezados por el naranja, el color de la renuncia; el blanco, el de la pureza, y el verde, el del progreso: son los colores de la bandera India, un país que, al igual que sus mujeres, reivindica su autonomía y su identidad.

LA ANGUILA

Unagi

FICHA TÉCNICA: 1997. Japón. 117 minutos. **Color.**
DIRECCIÓN: Shohei Imamura.
PRODUCTOR: Hisa Iino.
PRODUCCIÓN: Eisei Gekijo, Groove Corporation, KSS Inc., Satellite Cinema y Shochiku Films Ltd.
GUIÓN: Shohei Imamura, Daisuke Tengan y Motofumi Tomikawa, basado en la novela "Yami ni hirameku" ("Brillo en las tinieblas"), de Akira Yoshimura.
FOTOGRAFÍA: Shigeru Komatsubara.
MÚSICA: Shinichiro Ikebe.
MONTAJE: Hajime Okayasu.
REPARTO: Koji Yakusho (Takuro Yamashita, ex presidiario), Misa Shimizu (Keiko Hattori), Mitsuko Baisho (Misako Nakajima), Akira Emoto (Tamotsu Takasaki), Fujio Tsuneta (Jiro Nakajima), Sho Aikawa (Yuji Nozawa), Etsuko Ichihara (Fumie Hattori, "la Carmen de Akita"), Ken Kobayashi (Masaki, el hombre de los marcianos).

TRAS unos años de parálisis creativa, debido más a la falta de financiación de sus proyectos que a su propia voluntad, Imamura regresó a las grandes pantallas con una película de factura desenfadada e impecable elegancia, que vapulea con dosis de humor el estatismo de la sociedad japonesa actual. Con 75 años, este director nipón se sitúa en la misma onda que la generación de los cineastas más jóvenes, que indudablemente han bebido del caudal de su obra, a los cuales interesa reflejar más el carácter amoral de sus personajes, sus comportamientos violentos, egoístas o instintivos, como Takeshi Kitano o Takashi Miike. De éstos le distancia, sin embargo, su interés en el realismo por encima de la estilización o la hipérbole de la realidad. Porque en la realidad, tal como se muestra en *La anguila*, lo dramático está impregnado siempre de un aura de superficialidad, de absurdo, de comicidad, y aun así hay momentos, en medio de una situación caótica o desopilante, en que los acontecimientos se conjuran para que se produzca un momento de revelación o trascendencia. Si Ozu fue el cronista de un mundo antiguo, bello e idílico en proceso de descomposición, Imamura se centró en el gris mundo actual, materialista e injusto, pero conforme avanzaba su obra inoculó en él una semilla de fantasía, una concesión a la sonrisa, que es también una puerta a la esperanza. Su interés por el pueblo japonés, le llevó a pasar de los temas históricos o de la tradición rural a las últimas metamorfosis de una sociedad industrializada y consumista.

Takuro, un hombre de vida acomodada y rutinaria, torturado por unas cartas que le revelan el adulterio de su esposa, la asesina en un arrebato de pasión al sorprenderla en la cama con otro hombre. Cuando sale de la prisión con libertad condicional, lo hace con la única compañía de una anguila, su única confidente, a la que ha adoptado como mascota. Un monje budista se ocupa de él, le ayuda a reintegrarse en la sociedad y a hacerse cargo de una barbería. El encuentro con Keiko, una muchacha con problemas a quien Takuro salva de un intento de suicidio, provocará en él una lucha con los fantasmas del pasado y dará un sentido inesperado a su vida. Adaptación libre de una novela de Akira Yoshimura, cuyos relatos se centran en la vida cotidiana de los japoneses, en esta película desfila una galería de tipos marginales o marginados, la mayoría con problemas para expresar sus sentimientos o comunicarse con los demás.

Es sabida la fascinación de Imamura por los personajes provenientes del mundo de la prostitución, la mafia o el crimen, desde que su familia se trasladó a Shinjuku, un barrio céntrico y popular –en la actualidad un lugar bohemio muy visitado por los turistas–, donde abundaban traficantes y prostitutas, para evitar los bombardeos que durante la Segunda Guerra Mundial caían sobre Tokio; más tarde, una de las películas que le hizo empezar a interesarse por el cine fue *El ángel ebrio* (1948), de Akira Kurosawa, ya que el personaje interpretado por Toshiro Mifune tenía para él un carácter tan familiar como documental. En *La anguila* aparecen representados estos tipos en el mafioso extorsionador y los *yakuzas* que le acompañan, o en Takasaki, el antiguo compa-

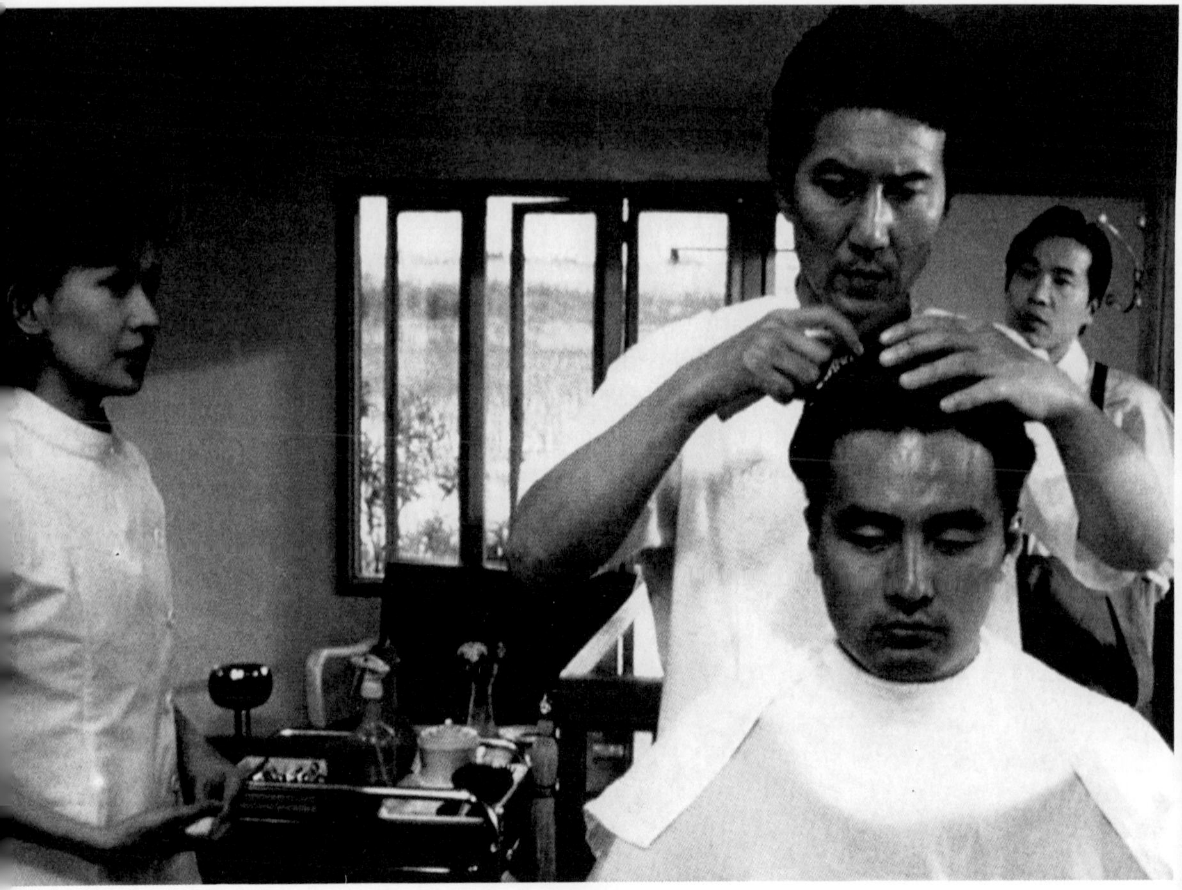

ñero de la cárcel y violador, aunque desprovistos de cualquier aureola mítica: ridículos y grotescos, sólo los actos que pueden llegar a cometer los convierten en odiosos. Sin embargo, el fresco humano que se desarrolla alrededor de los protagonistas, inspirado asimismo en personas que el director había conocido o de las cuales le habían hablado, es mucho más variopinto y extravagante, como la Carmen de Akita, bailadora de flamenco, o Masaki, el joven que espera la llegada de los marcianos. Matsuko Baisho, actriz de gran prestigio en Japón y habitual del cine de Imamura y de Kurosawa, comparó en cierta ocasión a los dos directores afirmando que "en Akira Kurosawa se pueden clasificar los personajes en buenos y malos mientras que en Shohei Imamura hay siempre un intento de describirlos en su complejidad y vitalidad". Uno de los mejores momentos de la película, de hecho, es la pelea que tiene lugar en la barbería, donde las mujeres intervienen activamente, y Takuro, pese a sus intentos por mantenerse al margen, pronunciará unas palabras decisivas. Respecto a la anguila, conforme avanza la acción adquiere una simbología más abierta, como la carpa que en *Lluvia negra* salta del estanque: "Tu madre puso los huevos cerca del Ecuador. Un padre anónimo dejó el esperma que los fertilizó y les dio vida. Nadie sabe quién es tu padre, pero eres una anguila maravillosa. Son estos mismos padres quienes, sacrificándose, acompañan a sus hijos hasta Japón. Los que nacen merecen ser cuidados".

HANA-BI. FLORES DE FUEGO

Hana-bi

FICHA TÉCNICA: 1997. Japón. 103 minutos. **Color.**
DIRECCIÓN: Takeshi Kitano.
PRODUCTOR: Masayuki Mori, Yasushi Tsuge y Takio Yoshida.
PRODUCCIÓN: Office Kitano, Bandai Visual Co. Ltd., Tv Tokyo y Tokyo FM Broadcasting Co. Ltd.
GUIÓN: Takeshi Kitano.
FOTOGRAFÍA: Hideo Yamamoto.
MÚSICA: Joe Hisaishi.
MONTAJE: Takeshi Kitano y Yoshinori Oota.
REPARTO: Beat Takeshi (Yoshitaka Nishi), Kayoko Kishimoto (Miyuki, mujer de Nishi), Ren Osugi (Horibe), Susumu Terajima (Nakamura), Makoto Ashikawa (Tanaka), Tetsu Watanabe (Tesuka), Hakuryu (*yakuza* asesino a sueldo), Kenichi Yajima (doctor).

EL género de *yakuzas*, o *yakuza eiga*, tiene su origen en el *jidaigeki* de los años veinte, y su protagonista, un antihéroe con ramalazos heroicos, oscila entre el *ronin*, el vagabundo y el tahúr. El *yakuza* cinematográfico se hizo popular en una serie de films de acción de los años sesenta con los cuales las compañías pretendían evitar el hundimiento de la industria, lo mismo que con el *roman-porno*, otro género muy comercial, aprovechando la fascinación que ejercía el cine negro y de gánsters norteamericano en el público japonés. Durante la década de los noventa, la crisis de los grandes estudios propició el auge de pequeñas compañías emergentes, al tiempo que aparecieron una serie directores nacidos después de la Segunda Guerra Mundial cuyas inquietudes se hallaban en sintonía con las de un nuevo público joven y cinéfilo. La competencia de la televisión incide en una menor afluencia a las salas de cine; no obstante, la edición en vídeo y los reconocimientos en festivales internacionales logran que un cierto tipo de cine independiente sea rentable. Con Takeshi Kitano, Takashi Ishii y Takashi Miike, el *yakuza eiga* se convierte en un género repensado, con inquietudes estéticas y una orientación postmoderna.

Takeshi Kitano (Adachi-ku, Tokio, 1947) era célebre en Japón gracias a sus programas humorísticos y sus *shows* televisivos, cuando empezó a interpretar diversos personajes para el cine. Se estrenaría como director con *Violent Cop* (1989), donde encarnaba a un policía frío, duro e iracundo, asignada en un principio a un experto en cine de acción japonés, Kinji Fukasaku, que se vio obligado a abandonar el proyecto. En sus siguientes películas, *Boiling Point* (1990) y *Sonatine* (1993), interpretaría un prototipo de *yakuza*, igual de violento e imprevisible, que iba a desplegar todo su carisma en su obra maestra *Hana-Bi,* merecedora del León de Oro del Festival de Venecia. Silencioso y circunspecto, vestido con traje negro, de hierático rostro parapetado detrás de unas gafas de sol, el protagonista de este film, Nishi, es un policía cuya mujer, Miyuki, se halla gravemente enferma. Su compañero Tanaka, recién casado, resulta asesinado mientras intenta detener a un peligroso criminal. En la misma reyerta, otro compañero, Horibe, recibe una bala en la pierna y queda paralítico de cintura para abajo. Nishi, que había abandonado la vigilancia para ir a visitar a su mujer al hospital, se siente culpable. El conflicto clásico entre el deber (*giri*) y el sentimiento (*ninjo*), articulador del drama japonés y presente en los films de *yakuzas*, se resuelve a favor de éste último. Nishi deja la policía, roba un banco y reparte el botín entre su amigo Horibe, a quien envía un equipo completo para pintar al óleo, y la viuda de Tanaka; acto seguido, inicia un viaje tranquilo con escalas en el monte Fuji y diversos templos de Japón. Lo típico se hace atípico, ya que no se trata de una pareja de luna de miel, sino de una mujer deshauciada acompañada de un marido que desea darle sus últimos días de felicidad. Perseguido por unos *yakuzas* que codician el dinero robado, Nishi se libra de ellos con su pistola de forma tan serena

como implacable. Etimológicamente, el término *yakuza* proviene de la combinación de tres números –8 (ya), 9 (ku), 3(za)– cuya suma es veinte, que termina en cero; en el contexto del popular juego de naipes nipón del *hanafunda*, la jugada acabada en cero es la de peor suerte, de ahí su sentido genérico de fracasado, inútil o perdedor, tal cual exponen Carlos y Daniel Aguilar en "Yakuza Cinema. Crisantemos y dragones" (2005). Romántico e idealista, el *yakuza* de Kitano es un perdedor con dignidad: no escapa de la muerte, se enfrenta a ella. Entronca con esa figura del folclore al margen de la ley –sobre la cual proyecta el valor de la fidelidad, arraigado al Código Bushido–, que poco tiene que ver con las bandas de delincuentes del Japón actual, involucrados en chantajes, tráfico de drogas y de armas.

Kitano sigue la estela de John Woo en la representación de la violencia, pero disloca el ritmo trepidante con momentos de calma y hasta de reflexión, que desembocan de súbito en un estallido de rabia o una ráfaga de balas. Sus escenas ofrecen el contraste entre largos planos secuencias y planos cortos, insólitos o poco predecibles, característica primordial de su estilo cinematográfico. La sobriedad y el vacío habitual de los planos encuentra, a medida que avanza este film, un contrapunto añadido en la densidad de los cuadros pintados por Horibe, que le alejan poco a poco de la idea del suicidio; cuadros que fueron creados por el propio Kitano en una situación similar a la de este personaje, tras un fatal accidente de coche que le apartaría un tiempo tanto de la televisión como del cine. Así, Horibe, que en un primer guión debía desaparecer en la primera parte del film, se convirtió en el guión definitivo en un alter-ego del director, que lo utilizó para mostrar su obra pictórica y colar guiños autobiográficos: como Kitano, se decide a pintar tras observar las flores y advertir la viveza y el brillo de sus colores (la selección de los lienzos mostrados en la película conformó una exposición que ha recorrido numerosas ciudades japonesas y extranjeras, y en España se pudo visitar durante la 43 Semana Internacional de Cine de Valladolid). Si Nishi, con su decisión autodestructiva, acompaña a su mujer hasta la muerte, conduce al mismo tiempo a Horibe hacia la vida: ambos trayectos, en dirección inversa, son mostrados en paralelo –Kitano se encargó en persona del montaje– hasta el punto de que, misteriosamente, las imágenes dictadas por la inspiración de Horibe –flores y animales multicolores, motivos híbridos de la fauna y la flora, cercanos al fauvismo– coinciden con algunos de los sucesos y momentos que jalonan el viaje de Miyuki y Nishi.

La hiperrealidad inexpresiva de los tiroteos en las películas de Kitano es un recurso para que el espectador se sienta golpeado y, acto seguido, pueda intuir los sentimientos que las presiden: el doble reto de alcanzar una muerte hermosa y de recuperar las ganas de vivir; el amor inconmensurable y, sin embargo, casi mudo, de un marido por su esposa: "Para mí, la relación entre la dulzura y la violencia se parece al movimiento de un péndulo. Cuanto más tierno es un hombre, más puede convertirse en cruel y brutal. En él es donde la desviación entre los dos estados del alma puede ser más extrema, porque tiene la capacidad para sentir las emociones más profundas. Quizá resulte una exageración, pero creo que el acto amoroso último puede ser el asesinato de aquel a quien se ama. Lo que digo puede tener un eco en el estereotipo de la filosofía japonesa que prevalecía antes de la Segunda Guerra Mundial. Antes del período contemporáneo que ha modernizado y americanizado a marchas forzadas la sociedad japonesa, la idea de encontrar el romanticismo y el lirismo en la muerte era dominante en Japón".

KEEP COOL / MANTÉN LA CALMA

You hua hao hao shuo

FICHA TÉCNICA: 1997. China. 90 minutos. **Color.**
DIRECCIÓN: Zhang Yimou.
PRODUCTOR: Qipeng Wang.
PRODUCCIÓN: Guangxi Film Studio.
GUIÓN: Shu Ping, basado en su novela "Evening News".
FOTOGRAFÍA: Lu Yue.
MÚSICA: Zang Tianshuo.
MONTAJE: Du Yuan.
REPARTO: Jiang Wen (Xiao Shuai), Li Baotian (Lao Zhang), Qu Ying (An Hong), Zhang Yimou (campesino recién llegado a la ciudad), Ge You (agente de policía).

KEEP Cool representa un punto de original inflexión en la obra de Zhang Yimou, que había forjado su prestigio como cineasta con películas de cariz dramático y ambientadas en períodos bien delimitados de la historia de China, se tratara de los años veinte en *La linterna roja* o de los cuarenta en *Vivir*, pero de ningún modo puede considerarse una ruptura en su versátil trayectoria, que aún tiene que depararnos más de una sorpresa.

Es la primera película que realiza en los estudios de Quangxi, donde se formó tras su graduación en la Academia Oficial de Cine de Pekín y donde realizó sus primeros trabajos como director de fotografía en *One and the Eight* (*Uno y ocho*), de Zhang Junche; *Yellow Earth* (*Tierra amarilla*) y *The Big Parade* (*Revista militar*), de Chen Kaige, y *Old Well* (*El viejo pozo*), de Wu Tianming. Yimou contaría, no obstante, con su equipo de trabajo básico, director de fotografía, montador habitual y algunos de sus actores de confianza, salvo la joven revelación Qu Ying sustituyendo

a una Gong Li que hacía fortuna en Occidente: la belleza turbadora de An Hong, con su pelo corto, su ceñido vestido amarillo y sus gafas de sol, conforma un nuevo modelo de mujer fatal moderna, independiente e inasequible. Además, el director se reservó un pequeño papel: el de un joven campesino que llega a la ciudad tirando de un carro repleto de enseres inútiles e inverosímiles, y al cual el obcecado Jiang Wen paga para que vocifere el nombre de su ex novia en un intento de vencer la fría indiferencia de ésta. Recordemos que Yimou había inaugurado su carrera de actor, sin ninguna experiencia anterior, interpretando al protagonista de *El viejo pozo*, de su colega Wu Tianming, papel para el cual se había preparado viviendo durante varios meses entre campesinos. He aquí un primer guiño, tanto a sus principios actorales como a su dura juventud en un campo de trabajo agrícola, en una película que refleja el caos del ritmo de vida actual en contraste con los valores propugnados por la sabiduría confuciana: "Aprende a escuchar sin descanso para disipar tus dudas; mide tus palabras, para que nada de lo que digas sea superfluo; sólo de este modo lograrás evitar todo error. Obsérvalo todo, para prevenir los daños que pudiera ocasionarte una insuficiente información. Controla tus acciones, y así no tendrás que arrepentirte con frecuencia de ellas" (libro "Lun-Yu" o "Comentarios filosóficos"). La cuestión es: "¿Cómo mantener la calma en este mundo de locos?".

Kung Fu Tse, o Confucio para los occidentales, está considerado el más grande filósofo chino y sus ideas impregnan el pensamiento asiático, igual que el tao su religión y el zen las manifestaciones de su arte. La influencia de sus enseñanzas –transcrita y conservada en libros gracias a la labor de sus discípulos– aporta unas reflexiones y normas de comportamiento para el buen gobierno y la armonía social, entre ellas el respeto por el otro y el dominio de uno mismo. El hecho de hallarse frente a una comedia contemporánea, que podría tener lugar hoy mismo en cualquier gran urbe de China, no debe despistar al espectador occidental: lo que se percibe como humor absurdo y disparatado es sobre todo ironía desopilante y cuestionamiento de los valo-

res contemporáneos. La estilización fotográfica es una característica del director, siempre adaptada al contenido de la obra; he aquí la razón de que los planos sosegados a los cuales nos tenía acostumbrados hayan sido sustituidos por un montaje frenético y nervioso –*travellings* laterales con movimientos de cámara, planos secuencias combinados con planos cortos– que parece tartamudear como Jiang Wen, el heroico antihéroe de la historia. Una manera más experimental y desenfadada de rodar contribuye a reforzar en la forma el mensaje subliminal de una película poblada de dobles sentidos, donde nada sirve para lo que parece, nadie acaba haciendo lo que quería hacer y los personajes se sorprenden a sí mismos comportándose como nunca habrían imaginado. Así, Lao Zhang, el intelectual portavoz de la razón, que cita a Confucio –"La virtud es conocimiento, pensamiento, educación y sentimiento"– y a Mencio –"La actitud del sabio es acercarse a la ceremonia haciendo un rodeo"–, en un intento desesperado por evitar que Jiang Wen, acostumbrado a vender libros pero no a leerlos, cometa un delito, llegará a convertirse en un ser irreconocible, perdiendo por completo los estribos.

Pero, como se dice también en el "Meng Tse" o "Libro de Mencio": "Cuando el Cielo quiere conferir a alguien una difícil misión, antes pone a prueba la fortaleza de su ánimo y el equilibrio de su mente con las dificultades de una vida dura; fatiga sus músculos y todo su cuerpo con rudos trabajos que ponen a prueba su resistencia; mortifica su carne y su piel con los rigores del hambre y del frío; les somete a las mayores privaciones de la miseria; determina que no tengan éxito en sus empresas para que se enfrenten con el fracaso. De este modo, el Cielo estimula sus virtudes, fortalece su cuerpo y les hace aptos para afrontar las dificultades con que tropezarán en el cumplimiento de su alta misión". Quizá tomar conciencia de las "difíciles misiones" que nos depara la vida sea el paso necesario para entrar en el camino del autoconocimiento, porque no hay hombres santos, apenas algunos más sabios que los otros, o más conscientes de sus debilidades. Inmersa en el vértigo de la ciudad moderna, bajo los auspicios de la filosofía práctica confuciana y con mucho sentido del humor, *Keep Cool* muestra la posibilidad de una singular amistad en una China globalizada y desquiciada.

THE RING: EL CÍRCULO

Ringu

FICHA TÉCNICA: 1998. Japón. 96 minutos. **Color.**
DIRECCIÓN: Hideo Nakata.
PRODUCTOR: Takashige Ichise, Shinya Kawai y Takenori Sento.
PRODUCCIÓN: Kadokawa Shoten Publishing Co. Ltd. y Omega Project.
GUIÓN: Hiroshi Takahashi, basado en la novela homónima de Koji Suzuki.
FOTOGRAFÍA: Junichiro Hayashi.
MÚSICA: Kenji Kawai.
REPARTO: Nanako Matsushima (Reigo Asakawa), Miki Nakatani (Mai Takano), Hiroyuki Sanada (Ryuji Takayama), Yuko Takeuchi (Tomoko Oishi), Hitomi Sato (Masami Kurahashi), Yoichi Numata (Takashi Yamamura), Yutaka Matsushige (Yoshino).

CUANDO *The Ring (El círculo)*, una modesta producción japonesa de fantasmas, arrasó en el Festival de Sitges de 1999 con el premio a la mejor película y a los mejores efectos visuales, hubo más de un sorprendido, pese a que el film ya había triunfado en las carteleras niponas, convirtiéndose en el más taquillero del país. La historia se centra en una periodista, escéptica acerca del rumor sobre una misteriosa cinta de vídeo que, al cabo de siete días de su visionado y tras una siniestra llamada de aviso, causa la muerte. Después del fallecimiento de una amiga que había tenido acceso a ella decide investigar el asunto. Al año siguiente, su director, Hideo Nakata, rodaría la segunda parte, *Ringu 2*, y muy pronto se realizarían dos versiones en Estados Unidos: *La señal*, a cargo de Gore Verbinski, y *La señal 2*, que en verdad es una película diferente, de nuevo a cargo de Hideo Nakata, al cual muchos de sus seguidores han recriminado a partir de entonces haber vendido su alma a una industria hollywoodense cuya imaginación parece tan agotada para entretener como para asustar. Uno se pregunta por qué en América en vez de importar las novedades extranjeras interesantes y rentables se dedican a recrearlas en su contexto cultural y personalizarlas con sus rasgos faciales, en concreto los de sus actores fetiches; con el agravante de que la obra original oriental queda en el olvido, salvo para cinéfilos irredentos, y el público masivo acaba teniendo sólo acceso al *remake*. Hay que decir que Nakata se ha desentendido del resto de continuaciones, precuelas, plagios y series de televisión que llegaron a convertir a *The Ring* en un fenómeno mediático: la poderosa imagen de una mujer con una larga cabellera negra tapándole el rostro, saliendo de un pozo que es también el televisor de nuestra casa, forma ya parte del imaginario colectivo del terror.

Bajo la influencia de películas de miedo occidentales de las últimas décadas, como *Poltergeist* (1982), de Tobe Hooper, o *Videodrome*, de David Cronenberg (1983), pero bien aposentada en una tradición oriental de fantasmas, de la cual dieron cuenta cineastas del calibre de Kenji Mizoguchi, Kaneto Shindo o Masaki Kobayashi, *The Ring* se caracteriza por huir de los efectos especiales y la estética *gore* para constituir una alianza entre la tensión psicológica y los elementos sobrenaturales, una combinación fructífera de la tenebrosidad de las nuevas tecnologías y el agua como elemento atávico. Para los japoneses, que viven en una isla y sufren los efectos devastadores de los tsunamis, el agua arrastra una simbología arraigada a la muerte: les inspira un respeto, un temor y una fascinación ancestrales que persisten sublimados en ciertas ceremonias sintoístas. El agua que fluye es fuente de vida, mientras que el agua estancada es la sustancia donde se conserva el espíritu maléfico de Samara, una niña ahogada en un pozo –también un pozo preservaba el cadáver del viejo conductor del carrito asesinado por la pareja de lúbricos amantes en *El imperio de la pasión*–, y que veinticinco años después se manifiesta telepáticamente en un registro videográfico como una figura de blanco empapada, con un charco a sus pies, que causa la muerte inmediata de quien se enfrenta a su rostro, más horrible en tanto que es un enigma, porque ninguna imagen cinematográfica alcanzaría los límites de nuestra imaginación

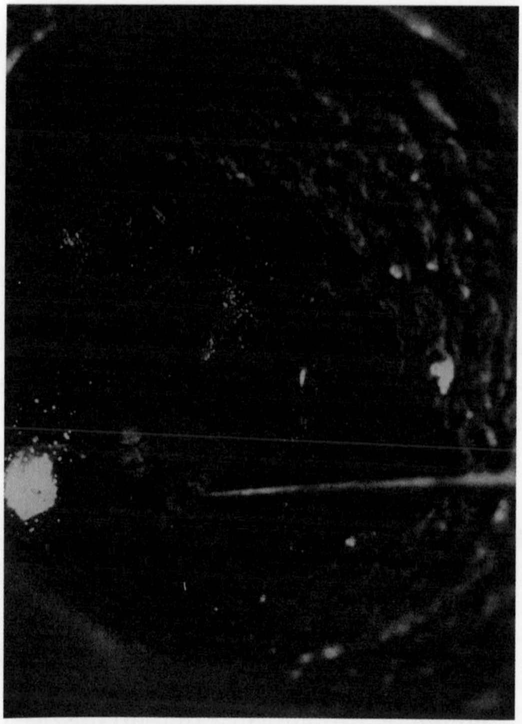

sugestionada. La importancia del agua ligada al mundo de la ultratumba se pone de relieve en otra película de Nakata, *Dark Water* (2002) –y su inevitable *remake* americano a cargo de Walter Salles–, donde el tándem Koji Suzuki y Hideo Nakata vuelve a evitar trucos gratuitos y efectistas, para lograr con unos mínimos efectos transmitir el desasosiego y la angustia en un edificio decrépito y claustrofóbico. También aquí la protagonista es mujer y madre, el espectro es una niña maltratada en vida, y la humedad, las goteras, el agua turbia que surge de los grifos dotan al film de una atmósfera enrarecida, correlato del estado anímico de unos personajes vulnerables. Nakata declaró en una entrevista: "Yo fui educado en el budismo, donde los conceptos del bien y el mal son muy diferentes a los del cristianismo. No tenemos demonio, así que lo que asusta es el difunto que ha sido mala persona y cuyo espíritu actúa cometiendo actos horribles".

The Ring produce una extraña sensación en el espectador, que se identifica fácilmente con los protagonistas, ya que comparte con ellos un vídeo de imágenes deterioradas en blanco y negro, que pese a lo rudimentarias, causan escalofríos, y son de las que perduran en la memoria y reaparecen en pesadillas nocturnas. ¿Será porque su director cree en los visitantes del más allá y ha sentido como tantos de nosotros una presencia a su lado antes de irse a dormir, una voz invisible que le susurra en el oído, una sombra acechándole en la oscuridad? No es casual que la cinta de vídeo adquiera dimensión diabólica y la pantalla de televisión se erija en puerta de entrada del espíritu maléfico, vaso comunicante entre el mundo de los vivos y los muertos. La relación entre lo tecnológico, en concreto lo tecnológico doméstico, y lo esotérico, a través de diversos objetos que representan la modernidad, será explorada por magníficas y terroríficas películas posteriores: internet en *Kairo* (*El circuito*, 2001), de Kiyoshi Kurosawa; el móvil en *Llamada perdida* (2003), de Takashi Miike, o la cámara fotográfica en la tailandesa *Shutter* (2004), de Banjong Pisanthanakun y Parkpoom Wongpoom, donde el obturador captará la presencia de un fantasma que no puede descansar en paz y que llevamos a la espalda, como el peso oneroso e invisible de nuestra conciencia.

AUDITION

Odishon

FICHA TÉCNICA: 1999. Japón. 115 minutos. **Color.**
DIRECCIÓN: Takashi Miike.
PRODUCTORES: Satoshi Fukushima y Akemi Suyama.
PRODUCCIÓN: AFDF y Omega Project.
GUIÓN: Daisuke Tengan, basado en la novela homónima de Ryu Murakami.
FOTOGRAFÍA: Hideo Yamamoto.
MÚSICA: Koji Endo.
MONTAJE: Yasushi Shimamura.
REPARTO: Ryo Ishibashi (Shigeharu Aoyama), Eihi Shiina (Asami Yamazaki), Tetsu Sawaki (Shigeiko Aoyama), Jun Kunimura (Yasuhisa Yoshikawa), Renji Ishibashi (anciano en silla de ruedas).

EL cine de terror psicológico japonés depara un refinamiento sangriento y una crueldad exquisita en la obra de Takashi Miike, uno de los directores más transgresores y heterodoxos del cine nipón. Nacido en Osaka en 1960, tras formarse como ayudante de dirección y realizador de vídeos, y alcanzar celebridad entre los jóvenes en los noventa por sus violentos films de *yakuzas*, Miike no dejará de explorar nuevos caminos cinematográficos. En 1999 sus películas fueron presentadas en numerosos festivales europeos, donde su nombre empezó a despertar expectación y reconocimiento entre la crítica degustadora de rarezas y el público amante de emociones fuertes. Para Miike, el concepto de género es un invento de función didáctica y orientadora, y sus obras se peculiarizan por alternar lo melodramático y lo terrorífico, fusionar lo trascendental y lo cómico, diluir lo fantástico en lo realista. *Audition,* su primera película estrenada en España, se presenta durante la primera hora como un drama con toques de comedia, para evolucionar progresivamente hacia un terror que, además de provocar repugnancia y escalofríos, pone en entredicho las actitudes sexuales de los hombres japoneses hacia la mujer. El ser delicado y abnegado de las películas de Mizoguchi o Naruse, sediento de placer y atormentado en Oshima o Imamura, aparece aquí como un demonio mutilador de amantes imperfectos. Asumi no es un fantasma o un espíritu intangible, sino una persona de carne y hueso: la amenaza de la mujer reaccionando contra la sociedad patriarcal que ha hecho de ella un monstruo vengador.

La trama de *Audition* se inicia como una visión costumbrista de la sociedad japonesa actual, alrededor del personaje de Shigeharu Aoyama, un viudo que, por sugerencia de un amigo suyo empleado en una compañía cinematográfica, decide convocar un *casting* público para el personaje femenino de una película imaginaria con el propósito de encontrar a la esposa ideal; pronto queda cautivado por la foto y el texto de presentación de una joven llamada Asumi, una ex bailarina de apariencia frágil y sumisa. A partir de este momento, el argumento se decanta hacia un mundo oscuro, grotesco, horrible, donde los sueños se confunden con la realidad.

En una de las escenas más tensas e inquietantes, Aoyama se despierta sobresaltado por una pesadilla en la cama junto a Asumi, quien le agracece no haber conseguido el papel de la película, ya que a ella no le interesa ser heroína en la pantalla, sino su esposa en la vida real. La situación es tan idílica para el protagonista que hasta recela de ella. La realidad se impone de súbito, y vuelve a despertar para encontrarse inmovilizado, con la lengua dormida, el torso y los ojos repletos de agujas y el pie izquierdo despedazado. En ese estado onírico, provocado por la mezcla del alcohol y las drogas, se evidencia el comportamiento frívolo y cosificador que Aoyama siempre ha tenido con las mujeres, sea con su difunta esposa Riako, que se le manifiesta en una visión previniéndolo asustada de que Asami no será buena para él, o esa secretaria poco agraciada, que se intuye enamorada de él y a quien ignora con desprecio cuando ella le anuncia su boda. No hay sueño del cual despertar –el sueño, para el taoísmo, es tan real como la vigilia–, la realidad es la peor de las pesadillas. Una

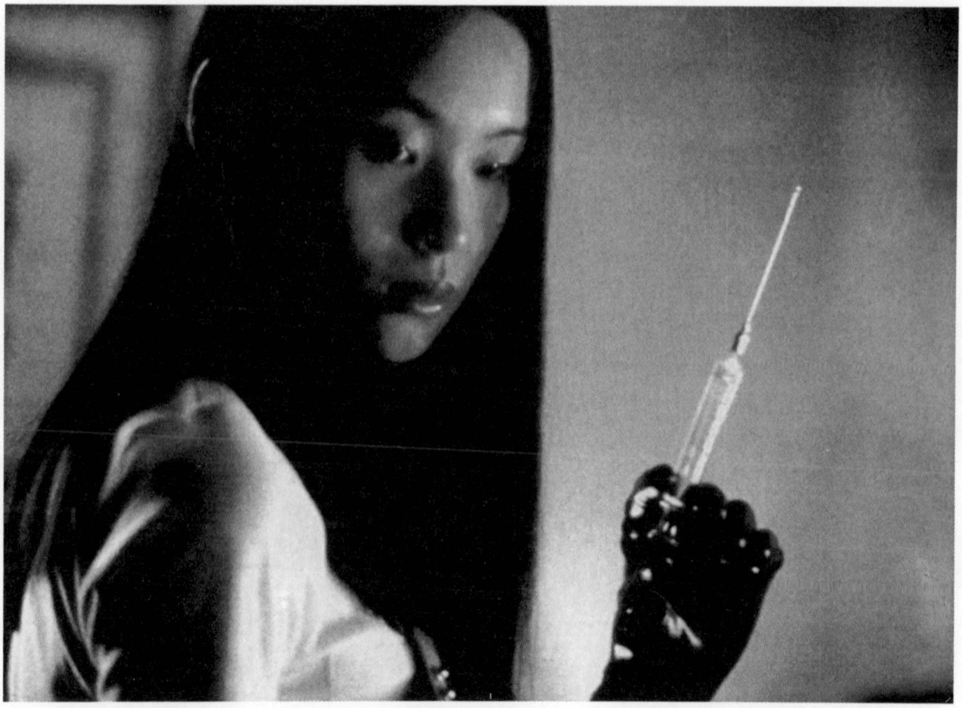

pesadilla en la cual la víctima sólo tiene derecho a sufrir lo indecible, sin posibilidad de expresar este sufrimiento porque, como sentencia Asumi durante su ceremonia de bisturís y agujas hipodérmicas, hay que desconfiar de la palabra: las palabras se fingen, la verdad sólo reside en el dolor.

Las víctimas de Asumi son hombres, y con sus torturas desvela la hipocresía y el egoísmo que guían sus conductas. Cuando recrimina a Aoyama en plena sesión sádica, con traje y guantes de cuero negro, ser un mentiroso, como todos los hombres, ya que engaña a las chicas convocándolas a audiciones cuando lo que busca es sexo, está en lo cierto, pese a la locura que preside sus atroces actos. Aoyama se autoangaña diciéndose que busca una buena mujer para casarse, sin embargo se decanta por Asami a causa de su misterio, su juventud, su belleza, ese aire melancólico e inescrutable de la mujer fatídica: la atracción que despiertan su aspecto angelical y su indefensión en su ego hinchado. En

Audition, la violencia ejercida por la mujer no está, como en *El imperio de los sentidos*, al servicio de la entrega voluntaria del hombre al goce absoluto. Asami desea que sus hombres le pertenezcan por entero, y el único medio por el que lo experimenta es la sumisión incondicional y la lenta aniquilación del macho. Así, tiene un profesor de música encerrado en un ominoso saco, a quien va mutilando poco a poco y da de comer sus propios vómitos. Miike demuestra su capacidad para imaginar y recrear tormentos sanguinarios, que lleva al máximo paroxismo en *Ichi de Killer* (2001), una sorprendente historia de amor entre dos psicópatas, un *yakuza* sadomasoquista, lleno de *piercings* y con las comisuras de los labios cortadas, que sólo conoce el placer a través del dolor, y un joven traumatizado que bajo estado de hipnosis se convierte en un sádico asesino con las cuchillas que ocultan sus botas: el desenlace nos deparará, a modo de salvaje coito, el enfrentamiento entre ambos.

Audition puede hacerse insoportable para algunos espectadores por su inesperada truculencia y una crudeza en estado puro, enajenada e inocente, desprovista de maldad. Porque resulta imposible dejar de ver al verdugo como la víctima que ha sido y será, una niña girando con su tutú de bailarina bajo la mirada vigilante de un hombre siniestro. El horror del dolor físico supera, hasta herir los ojos, cuando Asami clava agujas en el cuerpo narcotizado de Aoyama, mientras canta dulcemente *Kiri, kiri, kiri, kiri*: más profundo, más profundo, más profundo...

LA DUCHA

Xizao

FICHA TÉCNICA: 1999. China. 92 minutos. **Color.**
DIRECCIÓN: Zhang Yang.
PRODUCTOR: Peter Loehr.
PRODUCCIÓN: Imar Film y Xian Film Studio.
GUIÓN: Cai Shangjun, Diao Yinan, Huo Xin, Liu Fendou y Zhang Yang.
FOTOGRAFÍA: Zhang Jian.
MÚSICA: Ye Xiaogang.
MONTAJE: Yang Hongyu.
REPARTO: Jiang Wu (Er Ming), Pu Quanxin (Da Ming), Zhu Xu (maestro Liu), Zong He (He Bing), Zhang Jin Hao (Hu Bei Bei).

A la llamada Quinta Generación de cineastas chinos, encabezada por Zhang Yimou y Chen Kaige, cuya filmografía empezó a verse en Occidente a finales de los años ochenta, se sumó una nómina de cineastas nacidos en la década de los sesenta y los setenta cuya obra iba a ser menos esteticista y reflejaría la vida y las problemáticas de la China del nuevo siglo. Zhang Yang, junto a Wang Xiaoshuai, Ma Liwen, Lu Chuan o Zhang Ke Jian, se sitúa en esta corriente de nuevos directores con la comedia agridulce *La ducha*. Aunque, según Yang, se trata de una película hecha en China para ciudadanos chinos y no un producto destinado a triunfar en los festivales internacionales, este modesto largometraje, sin artificios fotográficos o narrativos, supo conectar con el público occidental y allá donde fue proyectada obtuvo su favor, al poner de relieve el proceso de deshumanización que lleva consigo el progreso y la pérdida de los valores de convivencia, solidaridad o altruismo. *La ducha* recrea con nostalgia el ambiente de un baño público, testimonio de una de las más antiguas tradiciones chinas, lugar de encuentro vecinal donde el cliente era sobre todo un amigo, y hombres de diferentes condiciones y edades, con la excusa del baño o de un buen masaje, acudían en busca de compañía para jugar a las cartas, tomar un té o simplemente charlar; pero también es un cuento universal sobre la dificultad de comunicación, de expresión de los sentimientos, síntoma de la progresiva frialdad que adquieren nuestras relaciones sociales. Según el propio director, "se trata de una película que habla de la emoción, de emociones compartidas entre una familia, entre la gente común. Pero una película también debe ser capaz de trasmitir las ideas del cineasta, como su visión de la sociedad o su concepción de la vida".

El Estanque de Agua Clara es un baño público situado en un viejo barrio de Pekín. Regentado por el viejo Liu y su hijo Er, deficiente mental, sigue funcionando, pese a los inminentes avisos de próximo derribo en la zona, donde está previsto levantar un gran centro comercial. Posee una clientela fiel y variopinta, entre la cual destacan dos vecinos malos perdedores que se retan a peleas de grillos, acusándose mutuamente de drogarlos con huevos de hormiga; un marido que conseguirá solventar las diferencias conyugales con su mujer gracias a un baño compartido muy especial; un joven inseguro amante de la ópera que sólo es capaz de cantar "Oh, Sole mio" debajo de un chorro de agua... Un convincente Jiang Wu, hermano de Jiang Wen, el actor más popular en China (el director deseaba contar para el papel con un verdadero retrasado mental, pero la insistencia y el realismo de la interpretación de Wu le convencieron), encarna al joven Er, cuya vida transcurre, junto a su hermano y los clientes del local, rutinaria y feliz, en ese paraíso donde todavía no ha roto el cordón umbilical con el padre (magnífico Zhu Xu) ni con el mundo de la infancia. Sin embargo, una serie de sucesos le harán despertar de su estado idílico, aunque también madurar, a través del conocimiento del dolor y el consuelo del recuerdo.

La presencia del agua en las costumbres chinas es homenajeada en el pasado del maestro Liu en dos ocasiones: la primera evoca una aldea de la zona central de China, que recuerda el paisaje de *Tierra amarilla* (1984), de Chen Kaige, donde el agua es el

bien más preciado, dada su escasez, imágenes rodadas en los áridos paisajes de Shaanxi. El pozo del pueblo se ha secado por completo, y el padre de la novia realiza diversos intercambios de un cuenco de su cosecha de mijo por otro de agua con el objetivo de conseguir la cantidad suficiente para que su hija se pueda dar el tradicional baño nupcial. Esa muchacha de mirada ausente y melancólica que se destrenza el cabello y se lo alisa con un peine humedecido será la madre de Er. La escena ayuda a imaginar la satisfacción del maestro Liu, en cuyos baños fluye el agua sin retención y sin descanso. Es un hombre que ha conseguido cumplir su máxima ambición y que se siente dolido por la indiferencia de su hijo mayor, Da Ming, que prefirió alejarse de un negocio que menosprecia y dedicarse a asuntos industriales en el sur, en Shenzen. Un segundo *flashback* rodado en las montañas del Tíbet remite a partir de una fotografía a otra vieja costumbre ancestral china relacionada con el agua: una niña acompaña a su abuela hacia un lago en lo alto de unas montañas donde es costumbre peregrinar cada doce años; será, probablemente, el último viaje de la anciana antes de su muerte.

El director, que de joven vivió en un suburbio de Pekín y fue testigo del desmantelamiento de los símbolos de la vieja ciudad, intuye los efectos de un proceso de globalización que será expuesto con todo detalle en la posterior *The World* (2004), de Zhang Ke Jian. El nuevo Pekín, donde la utopía comunista ha dado paso a un feroz capitalismo bajo el auspicio de los rascacielos, se construye a partir de la deconstrucción de un viejo Pekín que muere bajo los escombros. En *La ducha*, Zhang Yang sólo pone la primera piedra. Y no la lanza contra nadie, porque ésta no es una película militante en absoluto, aunque incite a la reflexión. Sólo al final el espectador puede dar sentido a las imágenes con las cuales comienza el film: una ducha individual situada en una cabina de vidrio, bajo unas inmensas oficinas, donde un ejecutivo introduce una moneda y todo funciona de manera automática –el agua que cae, el jabón que se esparce, las esponjas que frotan, el aire que seca–, siguiendo el principio de las máquinas de lavado de automóviles. Pero, ¿acaso somos nosotros automóviles?, ¿qué ha sido de nuestra humanidad? Se trata del sueño de un joven chapuzas que imagina negocios lucrativos. Y de inmediato intuimos, sea lo sofisticada que sea la ducha del futuro –ahora lo sabemos–, que jamás llegará a proporcionar el calor y el candor de los baños del maestro Lui.

EL VERANO DE KIKUJIRO

Kikujiro no natsu

FICHA TÉCNICA: 1999. Japón. 121 minutos. **Color.**
DIRECCIÓN: Takeshi Kitano.
PRODUCTORES: Masayuki Mori y Takio Yoshida.
PRODUCCIÓN: Office Kitano, Bandai Visual Co. Ltd., Nippon Herald Films y Tokyo FM Broadcasting Co. Ltd.
GUIÓN: Takeshi Kitano.
FOTOGRAFÍA: Katsumi Yanagishima.
MÚSICA: Joe Hisaishi.
MONTAJE: Takeshi Kitano y Yoshinori Oota.
REPARTO: Beat Takeshi (Kikujiro), Yusuke Sekiguchi (Masao), Kayoko Kishimoto (mujer de Kikujiro), Yuuko Daike (madre de Masao), Kazuko Yoshiyuki (abuela de Masao), Beat Kiyoshi (hombre en la parada de autobús), Great Gidayu ("el gordo", motero), Rakkyo Ide ("el calvo", motero).

¿CUÁLES han sido los mejores momentos de nuestra infancia, los que recordamos con mayor satisfacción e intensidad cuando cerramos los ojos? *El verano de Kikujiro* describe las vacaciones del niño de un popular barrio de Tokio, que vive con su abuela y nunca ha conocido a su madre. Llega el verano, cierran la escuela y el campo de deportes, y todos sus amigos abandonan la ciudad junto a sus respectivas familias. Todos menos él. Triste y aburrido, encuentra en un cajón un sobre con una fotografía y la dirección actual de su madre y decide ir en su busca; una amiga de su abuela le impide que vaya solo, conminando a su marido, un *yakuza* un tanto corto de luces, camorrista y gruñón, a acompañarle. Durante las improvisadas vacaciones por los poco turísticos parajes de Shizouka y otras provincias del interior del Japón, el hombre y el niño –largos planos fijos o frontales los muestran caminando por una carretera, por la orilla del mar o un sendero polvoriento con dos grandes hojas verdes sobre sus cabezas para protegerse del sol– se toparán con una serie de personajes desagradables, divertidos, poéticos, insólitos: un pedófilo, una simpática pareja de jóvenes, el paciente recepcionista de un hotel de lujo, unos matones de pueblo, un par de moteros, un escritor nómada... El espectador se adentra en el relato del viaje pasando las páginas de un emocionante álbum de fotos.

Aunque el argumento gire alrededor de un niño, *El verano de Kikujiro* no es una película infantil. Su mayor originalidad reside en romper el tópico del adulto como guía de un menor al cual transmite una serie de modelos de conducta o valores morales. ¿Puede enseñar algo bueno o provechoso al niño que custodia el personaje encarnado por Kitano, ese rufián cincuentón, tahúr empedernido, bravucón trasnochado, con su andar encorvado y nervioso, su rictus contraído y su deplorable lenguaje plagado de insultos? ¿Un hombre que lo primero que hace es gastarse el dinero del que disponen apostando en las carreras de bicicletas, convencido de que el niño tiene facultades para acertar el número de los ganadores, lo que les obliga a continuar el viaje haciendo autostop? ¿Un mentiroso, un egoísta, un ladrón, que siempre increpa o amenaza a sus interlocutores? ¿Alguien que no ha recibido educación, ni cultura, ni cariño? La paradójica respuesta se manifiesta durante un trayecto donde sus andanzas son inseparables de una misma melodía con variaciones, la empática música de Joe Hisaishi. El hombre, para quien al principio el niño resulta una molestia, no tarda en identificarse con él, al descubrir que tampoco conoció a su madre. A su manera tosca y burda intenta protegerlo, consolarlo y hacerlo feliz al robar una campanita a unos moteros para entregársela como si fuera un regalo de su madre –aquel día, el niño le coge por primera vez de la mano–; o al hacer trampas en las casetas de una feria para que éste reciba juguetes, con lo cual se gana una paliza por parte de unos *yakuzas* de la zona. Aquella noche regresa junto al niño lleno de heridas y magulladoras, y le dice que se ha caído por las escaleras. Sin decir nada, y por primera vez durante el viaje tomando una iniciativa, éste se dirige a una farmacia y vuelve con alcohol y vendas para curarle las heridas.

Conmovido por la historia del niño abandonado por su madre, un escritor soñador que les lleva en su furgoneta propone

que acampen junto a un río y pasen unos días inolvidables. Se les unen los moteros, dos trozos de pan bajo sus chaquetas negras de cuero. Al igual que *Sonatine* (1993), donde Kitano mostraba a un grupo de hombres peligrosos disfrutar de sus vacaciones en una casa de playa junto a la isla de Okinawa, en una especie de regreso lúdico a la infancia, *El verano de Kikujiro* representa una apología del juego: disfrazarse, contar historias, hacer trucos de magia, esconderse; ser un pez, un extraterrestre, un indio; bailar al son de tambores, construir un arco con flechas, golpear una sandía con los ojos cerrados. En plena naturaleza, transgresores y divertidos, los juegos se sofistican para hacerse más picantes y escatológicos: "Si te veo pagas prenda" se convierte en "Si te veo pagas prenda desnudo"; colgarse de una cuerda implica oscilar sobre un charco de agua sucia en el que cae de manera estrepitosa el motero gordo. Es evidente que Kitano saca provecho de la experiencia adquirida en el programa televisivo *Humor amarillo*. Pero es, sobre todo, su trabajo de cómico, con el cual se dio a conocer en el mundo del espectáculo, el que inspira una sucesión de *gags* integrados sabiamente en el drama, a partir de la picaresca que despliega el bribón protagonista para que los coches se detengan y los recojan: desde tiznar el rostro del niño a hacerse pasar por ciego, dando golpes a diestro y siniestro con un bastón, o colocar un clavo en medio de la carretera, causando un accidente que los hace salir por piernas del lugar. Si Kitano ha tenido en cuenta algún referente del cine occidental para esta película es *El chico* (1920), de Charles Chaplin: la pareja formada por el vagabundo y el huérfano, a quien el primero recoge de la calle y se encarga de criar, de una manera tan tierna como poco convencional, haciéndole cómplice de sus tretas de buscavidas. Las coincidencias no son sólo temáticas, sino estilísticas: en *El chico*, Charlot tiene un sueño, que desemboca en pesadilla, cuando cree que ha perdido al niño; en *El viaje de Kikujiro*, el niño tiene varias pesadillas, escenas oníricas rodadas en estudio con personajes del folclore japonés, indicios de su agitado estado anímico, de sus dudas y miedos. El último día imagina sobre la noche estrellada a todos esos fantasmas de apariencias grotescas y terribles con el amable rostro de sus amigos. Y cuando el hombre con quien ha compartido tantas cosas le deja en Tokio al día siguiente, prometiéndole que si se porta bien le llevará de nuevo a buscar a su madre, Masao, antes de salir corriendo con su mochila alada como un pequeño ángel, recibe un último regalo, el nombre del padre, que fue también el del padre de Kitano: Kikujiro.

GOHATTO

Gohatto

FICHA TÉCNICA: 1999. Japón/Francia/Reino Unido. 100 minutos. **Color.**
DIRECCIÓN: Nagisa Oshima.
PRODUCTOR: Masayuki Motomochi.
PRODUCCIÓN: BS Asahi, Bac Films, Canal+, Eisei Gekijo, Imagica Corp., Kadokawa Shoten Publishing Co. Ltd., Oshima Productions, Recorded Picture Company (RPC) y Shochiku Films Ltd.
GUIÓN: Nagisa Oshima, basado en los relatos "Maegami no Sozaburo" y "Sanjogawara ranjin", en "Shinsengumi keppuroku", de Ryotaro Shiba.
FOTOGRAFÍA: Toyomichi Kurita.
MÚSICA: Ryuichi Sakamoto.
MONTAJE: Tomoyo Oshima.
REPARTO: Beat Takeshi (capitán Toshizo Hijikata), Ryuhei Matsuda (samurái Sozaburo Kano), Shinji Takeda (teniente Soji Okita), Tadanobu Asano (samurái Hyozo Tashiro), Yoichi Sai (comandante Isami Kondo), Jiro Sakagami (teniente Genzaburo Inoue), Masa Tommies (inspector Jo Yamazaki), Uno Kanda (la *geisha* Nishikigi Dayu).

El director Nagisa Oshima quiso que su nueva película fuera una nueva incursión en el binomio eros-tánatos, esta vez a partir de una reflexión sobre la imposibilidad de mantener el sexo al margen de las intrigas militares y la lucha por el poder. *Gohatto* explora la práctica de relaciones homosexuales entre los samuráis, y cómo este hecho pone en peligro el equilibrio y la supervivencia de una milicia, los Shinsengumi, clan que en el Kioto de 1865 se opone a la restauración del poder imperial de los Meiji y se encarga de apagar los brotes de sublevación populares en la capital contra el feudalismo de los sogunes. De hecho, la homosexualidad no era propiamente un tabú según el Código Samurái, ya que se contempla en el Bushido, redactado en su versión definitiva en la época Kamamura (1192-1333) y en otros breviarios inspirados en él, como el "Hagakure o libro secreto del samurái", donde se puede leer, parafraseando las palabras de Ihara Saikaku: "Un adolescente sin un amante adulto es como una mujer sin marido". En estos tratados, la homosexualidad se entendía como un sentimiento sublime, una relación discípulo-maestro que podía dignificar al samurái hasta la entrega de su vida por el amado. La promiscuidad era tachada, sin embargo, de actitud frívola. Partiendo del hecho de que entre un grupo de hombres que conviven resulta casi inevitable que surjan sentimientos de atracción sexual, sean latentes o evidentes, Oshima se planteó en *Gohatto* el reto de situar tales "inclinaciones" en una institución como la de los samuráis, donde reinaba un feroz machismo y la alusión al amor entre hombres era motivo de burla o de vergüenza para la mayoría: "Es cierto que en la actualidad el tema ya no es tabú en Japón –declararía Oshima–, pero creo que ningún otro director se hubiera atrevido a realizar esta película".

Formalmente, la obra testamento de Oshima, rodada básicamente en estudio y según algunos de los parámetros del teatro tradicional –con bellos decorados y vestuario de Emi Wada diseñado para la ocasión–, nos remite al simetrismo de Ozu, al estilismo de Mizoguchi, a la sobriedad de Kobayashi. No en vano, el diseño de producción se debe a Yoshinobu Nishioka, responsable de obras del período clásico como *La puerta del infierno* (1953). Sin embargo, desde el punto de vista del contenido, la anima el mismo espíritu subversivo que a su obra de los últimos años. El director, que siempre ha huido de interpretaciones profesionales en exceso, opta aquí por la espontaneidad y consigue unos samuráis perfectos en su diversidad, que irradian sus personalidades desde el primer momento. Se diría que es capaz de captar con la cámara lo indecible, lo tabú, a partir de simples gestos, sonrisas, miradas y pensamientos del capitán Hijikata –inspirado Beat Takeshi–, que se erige en testigo e hilo conductor de la acción. El objeto de deseo es Susamuro, un joven de clase alta y apenas dieciocho años, de reciente incorporación en la milicia, que todavía conserva su flequillo largo. De aspecto andrógino, este joven pone en tela de juicio las tendencias sexuales de algunos hombres y provoca celos entre otros, que compiten por tenerlo

como amante. No obstante, su interior es un misterio para todos. Su belleza es gélida, espiritual, y a los placeres de la carne reacciona con la mirada fija, resignada, estoica; de hecho, parece más interesado por los hombres que muestran indiferencia hacia él. Ejecuta las órdenes de asesinar a un hombre sin un solo temblor en la mano, impasible. Susamuro es algo más siniestro que el samurái perfecto, que siempre debe estar preparado para morir y para matar: él desea matar y no conoce la piedad, que es una de las cualidades intrínsecas del verdadero samurái.

En *Gohatto* existen dos planos, el real y el metafórico, que se desarrollan al mismo tiempo. La época en que tiene lugar la acción coincide con la llegada de las nuevas técnicas militares provenientes de Occidente, que relegan a la katana como un arma obsoleta, a la vez que refuerzan su valor simbólico de poder, de vida y de muerte. A éste se debe añadir el símbolismo fálico que, obviado en la mayor parte de películas del género, adquiere en esta película, al sustituir Oshima el sexo explícito por los combates de kendo, el valor añadido de metáfora del coito. Así, Tashiro le pregunta a Susamuro cuando le conoce: "¿Has matado alguna vez? ¿Has hecho el amor alguna vez?". El capitán Hijikata tiene la certeza de que Susamuro y Tashiro son amantes al verlos luchar juntos, y cuando corta un cerezo en flor no sólo está arremetiendo contra su deseo, reprimido o sublimado ("Soji, no es Susamuro a ti, sino tú a Susamuro"), sino contra él mismo y el destino de los samuráis: un *seppuku* simbólico, ya que la flor del Bushido es el cerezo, que representa también al Imperio del Sol Naciente.

Pocos minutos antes del desenlace, de la revelación que supone para el espectador el enfrentamiento entre Sozaburo Kano y Hyozo Tashiro, el teniente Soji Okita, que siente escalofríos ante "la inclinación" de estos dos samuráis, relata al capitán Toshizo Hijikata un hermoso cuento titulado "Un voto entre dos hombres": "Un pobre joven, en el pueblo de Harima, le salvó la vida a un soldado que enfermó en el viaje. Le llevó a su casa y le cuidó hasta curarle. Poco a poco se disipó la distancia que había entre los dos y surgió un sentimiento especial. Y no querían separarse. Se juraron amistad eterna, pero el soldado era de Ishimu y tenía que volver a su ciudad, así que fijaron una fecha en otoño, el nueve de septiembre, para volver a encontrarse. Pasó el tiempo y llegó la fecha en que se habían comprometido. Ese día, desde las nueve de la mañana, el campesino y su madre prepararon flores, sake y pescado, y esperaron a que llegara el soldado.

Pero aquel soldado no apareció nunca. La madre intentó consolarle diciéndole que siempre hay flores bonitas. El joven salió de la casa, pero estaba oscuro. Y, al volver a entrar, le pareció ver una sombra. ¡Era él, había vuelto! ¡Era el soldado que esperaba! Le hizo entrar en la casa con gran ilusión. El soldado estaba callado y deprimido. No pronunció palabra. No quiso ni sake ni pescado. De repente, dijo: "Lamentablemente, ya no soy de este mundo". El soldado tuvo que volver a su país. En vez de vengarse y matar a sus enemigos, resulta que lo condenaron dentro del castillo. No tenía escapatoria. Así que se suicidó con su propia espada para poder cumplir la promesa del reencuentro y estar en casa del joven el día nueve de septiembre. Aquel día, el alma salió de su cuerpo y llegó hasta su casa". Para Soji no hay dudas de que no se trata del simple relato de amistad entre hombres, sino de una historia de amor. El capitán Hijikata es capaz de entrever entonces una dimensión onírica donde múltiples posibilidades convergen y se confunden. Mientras dos hombres se baten en duelo bajo la luna, otras historias abortadas, o que no llegaron a florecer, vagan como fantasmas entre la niebla, mientras suena la inquietante música de Ryuichi Sakamoto.

LA ISLA

Seom

FICHA TÉCNICA: 2000. Corea del Sur. 89 minutos. **Color.**
DIRECCIÓN: Kim Ki-duk.
PRODUCTOR: Lee Eun.
PRODUCCIÓN: Myung Film Company Ltd.
GUIÓN: Kim Ki-duk.
FOTOGRAFÍA: Hwang Seo-shik.
MÚSICA: Jeon Sang-yoon.
MONTAJE: Kyeong Min-ho.
REPARTO: Jung Suh (Hee-Jin), Kim Yoo-suk (Hyun-Shik), Park Sung-hee (Eun-a), Jo Jae-hyeon (Mang-Chee), Jang Hang-Seon (hombre).

EL impacto de *La isla* en la Muestra de Venecia propició que la obra del coreano Kim Ki-duk penetrara con ímpetu en Europa y se revelara como uno de los directores de la nueva generación más osados, capaz de escarbar en los intersticios de la psique del espectador y provocar multitud de pequeños pero profundos cortes en su epidermis. Nacido en 1960 en Bonghwa, al norte de la provincia de Kyungsang, Kim no finalizó sus estudios primarios, para entrar en una escuela de agricultura, trabajar luego en una fábrica y más tarde alistarse en la Marina. Con poco más de veinte años viajó a París, donde malvivió como un emigrante más, vendiendo sus pinturas mientras se formaba de manera autodidacta. A su vuelta a Corea escribió varios guiones que fueron premiados, gracias a lo cual pudo dirigir su primera película, *Ag-o* (*Cocodrilo*, 1996), sin experiencia previa en el mundo del cine. Le seguirían *Wild Animals* (1996) y *Paran daemun* (*La puerta azul*, 1998), donde la violencia y la pulsión sexual alimentan el comportamiento de unos personajes en los límites de la marginalidad. *La isla*, su primera película estrenada en España, representa la culminación de las obsesiones de esta primera parte de

Fall into her isle...
Her ground, a beautiful yet dangerous place.
the isle
JUNG SUH, YOO-SEOK KIM, SUNG-HEE PARK, HAHNG-SUN JANG, JAE-HYUN CHO
Presented by CJ Entertainment | A Myung Film Production
www.theisle.co.kr

su obra, poco conocida en Occidente, al tiempo que incorpora elementos fundamentales de sus films posteriores: por un lado, unas imágenes cruentas, casi insoportables; por el otro, un ecosistema acuático, regido por una misteriosa mujer de belleza tan salvaje como de furia inescrutable. En palabras del director, "*La isla* es quizá de un mal gusto destructor, pero yo he deseado hacer algo intenso y bello. Aunque el amor dramático se transforma rápido en obsesión, convirtiéndose en una cólera que ahoga y enloquece, a menudo esconde una energía bastante fuerte para mantenernos con vida. Aunque las personas puedan tocar las emociones más extremas, difícilmente las expresarán en el marco de la sociedad. La isla es el lugar al que todos aspiramos. Para un hombre la isla es una mujer, y para una mujer, la isla es un hombre".

El escenario en que se desarrolla *La isla* existe en Corea, pero el argumento de la historia es original, así como inquietante el tratamiento iconográfico. A Kim Ki-duk sólo le interesa la realidad en cuanto metáfora de la fantasía, la belleza en cuanto reverso de la atrocidad. Escoge un lago de serena belleza, donde hombres, solos o en grupo, alquilan pequeñas barracas flotantes de diversos colores en las cuales se dedican a pescar, beber, distraerse con prostitutas, para desencadenar en él, como tormentas esporádicas, violentas pasiones visuales. La guardiana del lugar, y único contacto que tienen los hombres para regresar a tierra, es Hee-Jin, una mujer silenciosa y circunspecta, al borde del autismo, que se desplaza con su barca hasta las casas flotantes para traer refrigerio y ofrecer su cuerpo a cambio de dinero. A los desprecios y burlas de algunos de sus clientes, responde con feroces venganzas, cual sirena sedienta de sangre. Hasta que experimenta un especial interés por uno de sus huéspedes, Hyun-shik, recluido en la barraca amarilla e impermeable a sus encantos. El joven, un ex policía, asesinó a su novia y al amante de ésta obnubilado por los celos, y ha elegido ese lugar aislado para ocultarse de las autoridades surcoreanas. Intuyendo que algo grave le ocurre, Hee-Jin evita que se suicide al emerger de las profundidades del lago y clavarle un cuchillo en la pierna. A partir de este momento comienza entre ellos una relación sorda y muda, de falsos rechazos y malentendidos eróticos, que se cobrará sus víctimas. Un juego demencial de celos asesinos y frustración sexual donde, al contrario que en *El imperio de los sentidos*, el deseo de muerte no va unido al placer sino al dolor, pues será a través de las mutilaciones –un anzuelo clavado en una vagina o en una garganta– como estos dos seres torturados se demostrarán, de manera traumática, su afecto. En un microcosmos hermético, que es también un universo sadomasoquista, lo sórdido posee un tono poético y abrupto a la vez, en un director que ha despreciado a la crítica de su país por su costumbre de encasillar las películas por sus valores morales: "Creo que el primer paso para la curación es revelar nuestra enfermedad tal y como es". El sueño de la isla, paraíso compartido al margen de la vida en sociedad, cristaliza en una imagen de singular belleza que se remonta al sexo de la mujer, al origen del mundo. Un cuadro cinematográfico que evoca una delicada estampa prerrafaelita, pese al contexto exótico, y desvela la formación pictórica de Kim Ki-duk, ya visible en la rigurosa composición de las cabañas de colores dispuestas en el lago, las geometrías de puertas y ventanas, marcos de miradas perdidas o escrutadoras, o la captura de los reflejos del sol sobre la superficie del agua.

Sobre el agua se desarrollará asimismo *El arco* (2005), que transcurre en su totalidad en una barcaza. En esta película, no sólo el arco es un instrumento que explota sus connotaciones eróticas, sino que el anzuelo se erige de nuevo en símbolo del sufrimiento y del desgarro amoroso. Como Hee-Jin, la bella y celosa ninfa, el amo de la barcaza con una imagen de Buda pintada con vivos colores parece un dios pagano, y así lo acaba demostrando el fantástico coito aéreo, a través del cual culmina la boda entre el viejo y la niña, la alianza entre el cielo y la tierra, con independencia de que sus caminos se separen para siempre. Y como en *La isla*, el sentido literal se funde con el metafórico; el plano de lo real se bifurca de la dimensión mítica, de la embarcación adentrándose en las aguas del lago o perdiéndose en las profundidades del océano, ataúdes de una deidad gloriosa.

DESEANDO AMAR

Fa yeung nin wa

FICHA TÉCNICA: 2000. Hong Kong/Francia. 98 minutos. **Color.**
DIRECCIÓN: Wong Kar-wai.
PRODUCTOR: Wong Kar-wai.
PRODUCCIÓN: Block 2 Pictures Inc., Jet Tone Production y Paradis Films.
GUIÓN: Wong Kar-wai.
FOTOGRAFÍA: Christopher Doyle y Mark Lee Ping-bin.
MÚSICA: Michael Galasso y Shigeru Umebayashi.
MONTAJE: William Chang.
REPARTO: Maggie Cheung (Su Lizhen Chan), Tony Leung Chiu-wai (señor Chow Mo-wan), Rebecca Pan (señora Suen), Kelly Lai Chen (señor Ho), Siu Ping-lam (Ah-Ping).

UN cineasta de Hong Kong ha conquistado a la crítica y al público occidental con sus dramas de amor –o desamor– y su estética experimental y deslumbrante: Wong Kar-wai. Para entender este fenómeno de la posmodernidad hay que contextualizarlo en la generación de realizadores formados en el ámbito de la televisión –Alex Cheung, Patrick Tam, Ann Hui, Tsui Hark–, que tocaron nuevos temas como el paso del tiempo, la abulia de la juventud, la esquizofrenia cultural, el cromatismo y el uso expresionista del lenguaje visual, inaugurando nuevos caminos para el cine de este país, hasta la década de los ochenta limitado a abastecer a la mayor floreciente industria asiática de cine comercial y de entretenimiento con sus característicos films de artes marciales. Wong Kar-wai, desde su ópera prima *As Tears Go by* (1988), una película de gánsters realizada oportunamente tras el éxito de *Un mañana mejor*, de John Woo, pasando por *Days of Being Wild* (1991) y *Ashes of Time* (1994), hasta la trilogía del presente urbano conformada por *Chunking Express* (1994), *Fallen Angels* (1995) y *Happy Together* (1997), se define por otorgar autonomía significativa a la imagen. Su hiperbólico estilo en *Fallen Angels*, frenético y visceral, cercano al pop y al videoclip, es sólo un punto de inflexión a partir del cual evolucionará hacia una estética más depurada, elegante y *glamourosa*: la del Hong Kong de los años sesenta.

Deseando amar, una historia sencilla y artificiosa a la vez, desdibujada pero exquisita, posee las virtudes de un clásico, y como tal ha sido considerada tras su éxito en Europa. Chow y Su Lizhen son un escritor y una oficinista, ambos casados, que ocupan apartamentos contiguos en un edificio de Hong Kong. Al principio se ignoran y se saludan con una fría cordialidad. Pero cuando descubren que sus respectivos cónyuges les son infieles, se inicia entre ellos una tímida complicidad, que desemboca en deseo. Deseo que no se traduce en palabras, sino en gestos que la cámara subraya con canciones de Nat King Cole, como "Quizás, quizás" o "Aquellos ojos verdes", boleros latinoamericanos que se habían importado a través de Filipinas, melodías especulares de los sentimientos, disimulados o reprimidos, de los protagonistas: de la incapacidad de afrontar una mirada, del estremecedor roce de unas manos. Deseo melancólico que se mantendrá en estado puro a través del tiempo, porque ceder a su impulso es más que confirmar los ominosos rumores de los vecinos: supone "ser como ellos", como los otros, los adúlteros. Nos hallamos, pues, en el contexto del melodrama amoroso clásico, donde la omnipresencia de directores occidentales como Lean, Sirk, Hitchcok o Truffaut es palpable. Con la diferencia de que a Wong Kar-wai el adulterio le importa poco, pues ni siquiera muestra al marido y a la mujer de Chow y Su Lizhen, que permanecen fuera de campo. La perspectiva de los engañados, sus angustias y vacilaciones le permiten, no obstante, la reconstrucción de una atmósfera a partir de la estilización de los objetos, el mobiliario y los trajes, la recreación del espíritu de una época de arraigados tabús, de una felicidad efímera sin motivos para florecer.

Deseando amar aparece ante nuestros ojos como un puzzle en el que faltan piezas, donde precisamente han sido seleccionadas las que menos nos interesan como *voyeurs* curiosos o morbosos. Este menosprecio del hilo narrativo reinventa el lenguaje cinematográfico y corrobora el talento del director, el director de fotografía y el montador, ya que la puesta en escena encierra en sí misma la historia. Los encuadres y reencuadres confinan a los protagonistas en su espacio vital, entre marcos de puertas y ventanas, cortinas vaporosas y espejos que los reflejan, multiplicadores, o borran sus contornos. La ralentización de la imagen revela su estado de ánimo, con el memorable vals de Seijun Suzuki, incidiendo en una dimensión espacial rutinaria y repetitiva –la oficina, las escaleras, el pasillo, el callejón oscuro– de la que es imposible escapar: "El privilegio del cineasta es el dominio del tiempo, lo que resulta imposible en la vida real. No se puede parar el tiempo, ni tampoco acelerarlo, mientras que en una película se puede jugar con él, transformar un segundo en una hora o reducir un período de diez años a algunos segundos", declaró el director en una entrevista. El paso del tiempo se muestra a través de la variedad de los ceñidos vestidos de Su Lizhen o los platos cocinados por la dueña de la pensión, diferentes según las estaciones. El manierismo de Wong Kar-wai es valioso porque es introspectivo, lleno de significado, cuando la cámara entra lateralmente, por la izquierda o por la derecha; o bien se aproxima tanto a un detalle que ofrece una visión parcial, imprecisa o distorsionada de su entorno. El objetivo fotográfico se filtra con colores cálidos y suaves, como el rojizo o el amarillo, para recrear un ambiente lujoso y luminoso, cálido y confortable, evanescente. Sería un error pensar que el director no filma por pudor la relación sexual entre los protagonistas, ya que en su anterior película, *Happy Together*, había demostrado lo explícito que podía ser plasmando las intimidades entre dos homosexuales. De hecho, la escena en que Chow y Su Lizhen hacían el amor se rodó, pero tanto el director como el montador, que es también el diseñador de producción, William Chang, estuvieron de acuerdo en eliminarla. Mantenerla hubiera convertido el film en el drama habitual cuyo objetivo es satisfacer la culminación de una pasión. Con la elegancia de la elipsis, la brillantez de los indicios y el juego temporal de la aparición y desaparición de unas zapatillas –en el recuerdo no prima el orden cronológico–,

la escena ausente pasa a formar parte de nuestro imaginario. Y el arte de Wong Kar-wai revela que no se halla sólo en lo que exhibe de manera ostentosa, sino en la sutilidad de lo que elude al espectador.

TIGRE Y DRAGÓN

Wo hu cang long

FICHA TÉCNICA: 2000. Taiwán/Hong Kong/USA/China. 120 minutos. **Color.**
DIRECCIÓN: Ang Lee.
PRODUCTORES: Ang Lee, Hsu Li Kong y Bill Kong.
PRODUCCIÓN: Asia Union Film & Entertainment Ltd., China Film Co-Production Corporation, Columbia Pictures Film Production Asia, EDKO Film Ltd., Good Machine, Sony Pictures Classics, United China Vision y Zoom Hunt International Productions Company Ltd.
GUIÓN: Wang Hui-ling, Tsai Kuo Jung y James Schamus, basado en la novela homónima de Wang Du Lu.
FOTOGRAFÍA: Peter Pau.
MÚSICA: Tan Dun.
MONTAJE: Tim Squyres.
REPARTO: Chow Yun-fat (maestro Li Mu Bai), Michelle Yeoh (Shui Lien), Zhang Ziyi (Jen Yu), Chang Chen (Luo Xiao Hu), Lung Sihung (Sir Te), Cheng Pei-pei (Bi Yen Ju Li), Li Fa Zeng (gobernador Yu), Gao Xian (Bo), Hai Yan (Madame Yu), Wang De Ming (inspector Tsai), Li Li (May).

EXISTE la convicción o superstición entre los cineastas chinos de que para convertirse en un director de verdad es preciso realizar una buena película de artes marciales. Con *Tigre y dragón* Ang Lee hizo de un sueño de infancia una realidad filmada, que mereció tanto los elogios de la crítica como el aplauso del público. Esta película representa el debut en Hollywood y la irrupción en Europa del *wuxia*, relatos fantásticos sobre guerreros errantes durante la época de Confucio, libres y rebeldes, cuya exitosa adaptación al cine fue simultánea a la explosión de la industria cinematográfica en China: entre 1927 y 1930 más de la mitad de la producción del país correspondía a este tipo de films. Unos años después fueron prohibidos por el Gobierno, bajo la sospecha de fomentar el espíritu subversivo de los ciudadanos; sin embargo, entre la década de los cincuenta y los setenta el género experimentó un auge inusitado en Hong Kong y Taiwán de la mano de dos directores, Chan Cheh y King Hu, que lo enriquecieron con técnicas importadas de Occidente, como la cámara en mano o la cámara lenta, sin traicionar la espectacularidad visual y la complejidad de las luchas, que había marcado su impronta en sus orígenes, ligados a la Ópera de Pekín. Para entender *Tigre y dragón*, basada en el cuarto tomo de la novela *wuxia* que escribió Wang Du Lu antes de la Segunda Guerra Mundial, es preciso considerarla en este contexto, la lograda innovación de un género destinado al público del siglo XXI, no sólo oriental, sino occidental. *Tigre y dragón* hace del cineasta de China el cineasta del mundo, cautivando a la imaginación occidental en su recreación de una nación mitificada que comparte motivos y personajes con las novelas de caballería o las epopeyas clásicas: espadas mágicas y guerreros prodigiosos, hechiceras traidoras y aguerridas princesas, enfrentamientos por el poder y la libertad, historias de amor inconfesables e imposibles.

Pese a ofrecer aventuras trepidantes y romances en escenarios exóticos, el film no supone temáticamente una ruptura con el resto de su obra, desde *El banquete de boda* (1993) a *Brokeback Mountain* (2005), pasando por *Sentido y sensibilidad* (1995), ya que gira alrededor de la sugestiva oposición entre deber y deseo, naturaleza y cultura, individuo y comunidad: "En todas mis películas siempre hay un conflicto entre la parte del ser humano que busca la libertad y la sometida a las obligaciones sociales. El equilibrio entre estos dos mundos, entre el *ying* y el *yang*, está en el fondo de lo que quiero explicar en el cine, que es el enigma de este conflicto". *Tigre y dragón*, empapada de filosofía taoísta y por encima de sus espectaculares luchas basadas en la gimnasia de vuelo, sigue un proceso de aprendizaje y de redención. A la lucha entre el bien y el mal propio del *wuxia* proyecta la necesidad de encontrar la armonía vital, el tao, ese "recipiente vacío que no se puede llenar". Li Mu Bai lo busca a través de la reclusión y la meditación –"si cierras la mano siempre estará vacía, pero si la abres lo conseguirás todo"-, pero el ansia de vengar la muerte de su maestro le hace apartarse de este ideal. Su amiga

Shui Lien, guerrera que en valentía no le anda a la zaga, se halla más cerca de la sabiduría taoísta por su prudencia y su piedad; no obstante, en ella prevalece la confianza en el mundo de los sentidos: "No todo es ilusorio en este mundo. Cuando has tocado mi mano... ¿no has sentido que es real?". Además de diálogos profundos, hay mucha poesía impregnando las peleas, terrestres o aéreas -metáforas del sexo-, como las escaramuzas entre el bandido Luo Xiao Hu y la temperamental Jen Yu grabadas en el desierto de Gobi, o las persecuciones de Shui Lien y Jen Yu sobre los terrados o de Jen Yu y Li Mu Bai sobre las copas de los árboles, ceremonias corporales más cercanas al baile que al combate, situadas en algunos de los parajes más bellos de China: el palacio de verano al noroeste de Pekín, el Tíbet, el bosque de bambú de Anji... *Tigre y dragón* no sería la misma sin las espléndidas coreografías dirigidas por el gran Yuen Wo-ping –más conocido en Occidente, lamentablemente, por su labor como coreógrafo y asesor en artes marciales en *Matrix* (1999) o *Kill Bill I y II* (2003-2004), que por una larga trayectoria como director inaugurada en 1978 con las magníficas *La serpiente en la sombra del águila* y *El mono borracho en el ojo del tigre*, protagonizadas por el impagable Jackie Chan. En el reparto, aparte de Chow Yun-fat, que inició su andadura con John Woo, Ang Lee rinde homenaje a la trayectoria del género a través de una celebridad de la década de los ochenta, Cheng Pei-pei, que encarna a la mujer del pasado, la villana Bi Yen Ju Li, una luchadora de escaso talento que utiliza la magia más sucia para vencer a los hombres que la humillan, personaje que evoca uno de los papeles estelares de la actriz en su juventud en uno de los films que inició la renovación del *wuxia pian*: *Da zui xia* (*Big Drunk Hero,* 1966), de King Hu. Michelle Yeoh y Zhang Ziyi personifican, respectivamente, la generación del presente y la del futuro: si la mujer del presente se halla en un plano de igualdad al hombre y aspira a su amor para sentirse completa y alcanzar la felicidad, la del futuro ya no necesita al hombre, liberando sus instintos destructivos para anular su deseo. La inmensidad de la naturaleza apunta a la premisa taoísta de que el ser humano conforma un todo con el uni-

verso y que únicamente en él encontrará la paz su corazón. Igual que existe un antídoto para el veneno de la sangre púrpura, ya que "todo tiene su contrario", si "el tigre y el dragón se encierran no habrá lugar para el mal. Si se encierra la violencia no habrá lugar para la lucha". En cualquier caso, de las luchas de esta película emana una poderosa fuerza interior, una abstracta serenidad. El camino que recorre la pareja madura y la joven es inverso, pero la enseñanza hermética que palpita en la obra es idéntica: quienes nunca culminaron su pasión se lamentan de su error demasiado tarde; quienes se consumieron en ella descubren que "lo tangible no es permanente" y que sólo un milagro, un acto de fe, un salto al vacío, podría resucitar su amor. El tao es misterioso y rotundo cuando afirma: "¿Qué mal es mayor, la pérdida o la posesión?".

SAMSARA

Samsara

FICHA TÉCNICA: 2001. India/Italia/Francia/Alemania. 138 minutos. **Color.**
DIRECCIÓN: Pan Nalin.
PRODUCTORES: Karl Baumgartner y Christoph Friedel.
PRODUCCIÓN: Fandango, Monsoon Films Private Limited, Pandora Filmproduktion y Paradis Films.
GUIÓN: Pan Nalin y Tim Baker, basado en una historia de Pan Nalin.
FOTOGRAFÍA: Christo Bakalov y Rali Raltschev.
MÚSICA: Cyril Morin.
MONTAJE: Isabel Meier.
REPARTO: Shawn Ku (Tashi), Christy Chung (Pema), Neelesha BaVora (Sujata), Lhakpa Tsering (Dawa), Tenzin Tashi (Karma), Jamayang Jinpa (Sonam), Sherab Sangey (Apo).

SAMSARA, vocablo aceptado desde tiempos recientes en nuestro diccionario, alude al concepto de la reencarnación en el budismo, el hinduismo o el jainismo, pero, de hecho, es una palabra de origen sánscrito que significa literalmente "fluir". Y es este sentido, el más general y común, el que articula el primer largometraje del director Pan Nalin, que bebe de su experiencia como documentalista en el Himalaya y de su interés por la cultura y la espiritualidad ancestrales de la India, visibles en *Ayurveda. El arte de vivir* (2001), donde descubre a Occidente un tipo de medicina de carácter naturista de más de cinco mil años de antigüedad, fomentada y difundida por Buda. Nalin nació en la aldea de Adalata, y antes de trasladarse a Bombay para estudiar cine y trabajar activamente realizando cortos, publicidad y vídeos, recibió una educación budista a la que homenajea, a la vez que cuestiona, a través de este film, que abre un debate sobre la tradición del celibato de los monjes budistas. El director comentó haberse inspirado en los casos de tres amigos que dejaron el monasterio para casarse; sin embargo, hay otra fuente de inspiración más transparente, la propia leyenda de Buda, a partir de la cual Herman Hesse escribió su "Siddharta" (1922), y en la que, como en esta película, el motivo del río, sus aguas siempre en movimiento, siempre purificadoras, poseen un gran valor simbólico. Rodada en Ladakh, una región del Himalaya conocida como la Tierra de la Luna, a más de 15.000 metros de altitud y con la presión de una inminente guerra en la cercana frontera ente India y Pakistán, *Samsara* sólo contó con tres actores profesionales para los papeles de Tashi, Pema y Sujata. El resto, monjes y agricultores, son habitantes de la zona, lo que otorga a la película una gran frescura. Vistosas máscaras y llamativos trajes tradicionales derrochan colorido en un paisaje bañado por una limpia y grandiosa claridad: un lugar de inmensas llanuras desérticas coronadas por cumbres nevadas, donde el azul brillante del cielo estalla contra el ocre mate de la tierra.

Tashi es un *samsari*, un hombre que desea probarlo todo, y en su búsqueda insaciable del sentido de la vida y la paz interior pasa por diversas posibilidades espirituales del ser humano; un monje budista que, admirado por sus compañeros porque ha conseguido permanecer tres años, tres semanas y tres horas como un eremita, aislado por completo del mundo exterior, decide romper con su vida monacal para descubrir el amor y la sexualidad, casarse y tener una familia. Tras su reclusión voluntaria, Tashi renace a los sentidos: como si al rasurarle los largos cabellos que le han crecido, cortarle las uñas y lavarle el rostro, sus ojos se abrieran de una manera diferente a la realidad. Y su cuerpo empieza a percibir cambios significativos: poluciones nocturnas, fantasías eróticas, la obnubilación al avistar a una mujer amamantando a su hijo en el transcurso de una fiesta presidida por el Gran Lama. Poco después conoce a una muchacha, Pema, de quien se enamora, y toma la determinación de dejar los hábitos, pese a la contrariedad de su maestro: "Incluso Buda tuvo una existencia mundana hasta los veintinueve años, mientras que yo, desde los cinco años, he sido condenado a vivir como Buda desde la reclusión. ¿Por qué? ¿Cómo sabemos que su iluminación no fue también una consecuencia directa de su existencia mundana? ¿Dónde está la ansiada libertad? ¿Y la satisfacción que tú me prometiste por el voto de castidad? Una vez me dijiste: no deberías aceptar mis enseñanzas si no las entiendes. O hasta que las entiendas desde tu propio punto de vista. Hay cosas que debemos entenderlas de otra manera para poder aprender. Y hay cosas que primero debemos conquistar, para después renunciar a ellas". La voz de Tashi se eleva, poderosa, mientras a la derecha, en primer plano, destaca el inmenso rostro dorado de la escultura del Buda que preside el templo.

Durante años el protagonista disfruta de una existencia plenamente mundana. Experimenta las delicias del amor por su mujer y su hijo, la responsabilidad del trabajo de agricultor y su decisión de vender a mejor precio las cosechas en la ciudad. Sin embargo, se deja arrastrar por la ira con un cínico comerciante y sucumbe al deseo sexual, al tener una relación con una jornalera de turbadora belleza, Sajata, que le llena de culpa y angustia (cual acólita del budismo esotérico Vajrayana o adepta al hinduismo tántrico, Sajata busca la iluminación a partir de una sofisticada conjunción del coito y las técnicas del yoga). Avergonzado, Tashi decide vestirse de nuevo con el hábito de lama y reemprender el camino hacia el monasterio. Pero ella, a quien había abandonado sigilosamente durante la noche, le espera en medio del camino para recordarle al personaje olvidado de la historia de Buda, su mujer Yashodara: "¿Acaso alguien ha pensado en ella? ¿Qué debió decirle a su hijo cuando le hizo la eterna pregunta: dónde está mi padre? ¿Cómo abandonaría una madre a su hijo durante la noche? Sólo un hombre sería capaz de hacerlo".

El ideal budista de trascender el mundo para entrar en el vacío, en la paz del no ser, el desapego de lo terrenal, es inhumano, según el discurso de Pema; una manera de huir egoísta y cobarde. La vida es más que el ciclo interminable de nacimiento y muerte en la naturaleza, del cual el hombre debe escapar a través del nirvana. Es también ese río que fluye sin descanso, que conduce a una insignificante ramita, entre bandazos y remolinos, hasta el mar. No sabemos –y se agradece– qué camino escogerá Tashi, qué resonancia profunda tendrá para él la frase grabada en una piedra de que la única forma de impedir que una gota de agua se seque es arrojándola al mar. Pero sí podemos observar cómo, lejos de la serena iluminación, se le revela una verdad a través del sufrimiento cuando escucha las palabras de su mujer: "Si sintieras hacia el *dharma* la misma intensidad y fuerza que en el amor que me has demostrado, te convertirías en Buda en este mismo cuerpo, en esta misma vida".

AGUA TIBIA BAJO UN PUENTE ROJO

Akai hashi no shita no nurui mizu

FICHA TÉCNICA: 2001. Japón/Francia. 119 minutos. **Color.**
DIRECCIÓN: Shohei Imamura.
PRODUCTOR: Hisa Iino.
PRODUCCIÓN: Imamura Productions, BAP Inc., Catherine Dussart Productions (CDP), Comme des Cinémas, Eisei Gekijo, Maru Limited y Nikkatsu Corporation.
GUIÓN: Shohei Imamura, Daisuke Tengan y Motofumi Tomikawa, basado en la novela homónima de Yo Henmi.
FOTOGRAFÍA: Shigeru Komatsubara.
MÚSICA: Shinichiro Ikebe.
MONTAJE: Hajime Okayasu.
REPARTO: Koji Yakusho (Yosuke Sasano), Misa Shimizu (Saeko Aizawa), Mitsuko Baisho (Mitsu Aizawa), Mansaku Fuwa (Gen), Kazuo Kitamura (Taro, el vagabundo), Yukiya Kitamura (Shintaro Uomi), Isao Natsuyagi (Masayuki Uomi), Taka Gadarukanaru (Taizo Tachibana).

SHOHEI Imamura se despediría del cine con esta comedia sentimental inteligente y divertida, en la que se libera de las premisas realistas básicas para, al igual que sus personajes, participar de la vitalidad o la efectividad, de lo instintivo y lo irracional en nuestro mundo contemporáneo. Una mezcla sorprendente de personajes fantásticos, situaciones surrealistas, filosofía japonesa y poesía visual se dan cita en *Agua tibia bajo un puente rojo,* cuyo título enigmático parece remitir al primer verso de un *haiku*, de tono amable y más ligero que algunas de las obras que le han dado celebridad internacional, pero no exenta de carga alegórica y crítica social.

Reseco el río,
cruza el puente la gente
y siente frío.

escribió Shiki Masasoka (1867-1902). La vida es dura para Yosuke, cuarentón en paro, con dificultades para pagar la pensión a su ex mujer y su hijo, hasta que cierto día decide cumplir la promesa que le hizo al vagabundo Taro e ir en busca de un tesoro, la estatua de un Buda de oro macizo escondida por su amigo en el interior de un jarrón y que años atrás olvidara en una casa junto a un puente rojo con vistas al mar de Japón. Localizar dicha estatua podría solventar sus problemas económicos y ayudarle a reintegrarse en un sistema que le desprecia e ignora en cuanto ha pasado a engrosar las filas de los parásitos sociales. Así, el protagonista inicia un viaje desde un Tokio superpoblado y deshumanizado, donde los inmensos rascacielos contrastan con los habitáculos que los sin techo se construyen a las orillas del río, hasta el distrito de Toyama, en la península de Noto, pintoresco pueblo de pescadores habitado por una serie de personajes atípicos y extravagantes, siempre rozando lo cómico: Saeko, una mujer que se llena por dentro de un líquido misterioso que sólo puede expulsar de manera natural durante el coito; Mitso, una anciana que prepara oráculos y cada tarde sale a esperar a alguien bajo su paraguas, mientras la contemplan tres viejos pescadores, comentaristas de todo lo que sucede a su alrededor; un hambriento universitario de color que entrena incesantemente para poder correr la maratón, perseguido por su implacable entrenador; un joven pescador, nervioso e irritable, que recorre el pueblo motorizado y ofrece trabajo en su barca a Yosuke...

Atravesar un puente rojo puede entenderse metafóricamente como pasar de un mundo a otro o virar el rumbo de la existencia. Así, al llegar a la casa de Saeko, el protagonista pronto olvidará sus ansias de bienes materiales y se centrará en apagar los ardores de la mujer amada e insaciable. Para Saeko, hacer el amor con Yosuke representa poder expulsar los litros de agua que se acumulan en su interior y tiene un valor medicinal. Yosuke, que parece renacer

SELECCIÓN OFICIAL
CANNES 2001
agua tibia
bajo
un puente rojo
UN FILM DE SHOHEI IMAMURA
con KOJI YAKUSHO Y MISA SHIMIZU
MITSUKO BAISHO - MANSAKU FUWA - KAZUO KITAMURA - ISAO NATSUYAGI - YUKIYA KITAMURA - HIJIRI KOJIMA - YOSHIE NEGISHI - SUMIKO SAKAMOTO - MICKEY CURTIS
KAZUO NAKAMURA guión MOTOFUMI TOMIKAWA, DAISUKE TENGAN, SHOHEI IMAMURA, YO HENMI fotografía SHIGERU KOMATSUBARA iluminación HIDEAKI YAMAKAWA sonido KENICHI BENITANI
decorados HISAO INAGAKI montaje HAJIME OKAYASU música SHINICHIRO IKEBE productor delegado - MASAYA NAKAMURA productor ejecutivo NAOTO SARUKAWA productora HISA INO producida por NIKKATSU CORPORATION,
IMAMURA PRODUCTION, VAP inc., EISEI GEKIJO, MARU LIMITED productores asociados COMME DES CINEMAS, CATHERINE DUSSART PRODUCTION
fpi
vía
vértigo

tras la primera experiencia sexual con esta mujer –tiene un sueño donde se ve como un feto flotando en la inmensidad del espacio–, irá desarrollando progresivamente vigor y confianza en sí mismo. El simbolismo del agua, ligado a la sexualidad y la fecundidad, remite a un sintoísmo religioso que bebe de tradiciones budistas y animistas. El agua que expulsa Saeko a chorros en el clímax del placer carnal es una sustancia mitad dulce, mitad salada, que desciende a través de escaleras de piedra y grietas hasta el río y atrae a los peces de la zona. O en palabras de Kawai Chigetsu (1634-1718):

> En el estanque
> nuevos renacuajos
> en agua tibia.

Por lo tanto, es un agua milagrosa, fundamental para la continuidad de la vida y la pervivencia de un ecosistema natural amenazado por la contaminación. En Saeko, heroína inocente y moderna, convergen el universo mítico del dios Konsei, que fue testigo de la muerte de su madre ahogada, y el científico de un reactor que funciona con una bomba de agua de neutrinos. En una entrevista realizada en Cannes en 2001, coincidiendo con el estreno de la película en España, Imamura declaraba: "Se dice que estamos viviendo un fin de siglo, pero yo no estoy de acuerdo. No es más que el tránsito de un día a otro. Y será el siglo de lo irracional, lo sobrenatural, lo fantástico. Mi intención es examinar a fondo, a través de esta mujer, el hecho de que el siglo XXI es al mismo tiempo el "siglo tecnológico" y el "siglo fantástico".

Fábula filosófica donde es posible entrever las presiones y convenciones que oprimen el espíritu del Japón actual, no es difícil identificar la voz de Taro, ese vagabundo culto y hedonista interpretado por Kazuo Kitamura, uno de los grandes amigos de infancia del director, con la del propio Imamura. El vagabundo conduce subrepticiamente a Yosuke hasta el bien que él considera más preciado, y que reside en esa casa junto al río y el puente rojo: es su legado para las nuevas generaciones, a las cuales la vida moderna ha desorientado, y aun estupidizado, convir-

tiendo en máquinas de trabajo. Taro defiende la libertad ideológica –"El hombre que no piensa, no es libre. Por eso las empresas quieren gente que no piense"– como camino hacia la felicidad. Pero por encima del pensamiento hay un bien más preciado, y como buen filósofo se apoya en dos libros, el "Kamasutra", de la tradición oriental, y "El arte de amar", de Ovidio, de la tradición occidental, para expresarlo con sus propias palabras: "Todo el mundo está enfermo. La gente está tan obcecada que no conoce el deseo que lleva dentro... Lo mejor de la vida es tener la polla dura". El deseo es, pues, esa fuerza regeneradora que se focaliza en los genitales –el equivalente a las "bajas clases sociales" en el microcosmos corporal– y en un chorro de agua vivificadora. En una sociedad alineante, lo vulgar responde también a lo trascendente: un arco iris no es más que un espejismo fruto de la superposición del vapor de agua con un rayo de sol. La vida es corta, acaso única. Y como decía Yosa Buson (1716-1783):

Es un placer,
atravesar el río en verano
con las sandalias en la mano.

EL VIAJE DE CHIHIRO

Sen to Chihiro no kamikakushi

FICHA TÉCNICA: 2001. Japón. 125 minutos. **Color/Animación.**
DIRECCIÓN: Hayao Miyazaki.
PRODUCTOR: Toshio Suzuki.
PRODUCCIÓN: Studio Ghibli, NTV, DENTSU Music And Entertainment Inc., Tokuma Shoten, Buena Vista Japan, Tohokushinsha Film Corp. y Mitsubishi Commercial Affairs.
GUIÓN: Hayao Miyazaki.
FOTOGRAFÍA: Atsushi Okui.
MÚSICA: Joe Hisaishi y Youmi Kimura (canción créditos finales, "Itsumo nando-demo").
MONTAJE: Takeshi Seyama.
REPARTO (voces): Rumi Hiragi (Chihiro/Sen), Miyu Irino (Haku), Mari Natsuki (Yubaba/Zeniba), Takashi Naito (padre de Chihiro), Yasuko Sawaguchi (madre de Chihiro).

EN Japón, la concepción del cine de animación, o *anime*, dista mucho de ser la misma que en los países occidentales, donde suele restringirse al público infantil. La televisión, por ejemplo, ofrece un amplio abanico de series y programas realizados con dibujos animados dedicados a todo tipo de espectadores. Paralelamente al éxito de los *mangas* de las últimas décadas, aparecieron los primeros dibujos animados para televisión o cine de mano del padre del cómic japonés, Osamu Tezuka (Toyonaka, 1928), caracterizados por detener la imagen y aprovechar las escenas al máximo, bajo la inspiración de las técnicas de escena kabuki y las exigencias de producir rápido y barato. Este tipo de dibujo, que empezó a recaudar cifras millonarias, se fue estilizando y perfeccionando de la mano de un talento como Hayao Miyazaki (Tokio, 1941). Creador de *Heidi* y *Marco* para la Toei Animation, esas series con las que muchos de los lectores de este libro habrán crecido, Miyazaki inició una ambiciosa y fructífera carrera como

productor y director de cine al amparo de los estudios Ghibli, productora fundada en 1965 por él mismo y otra gran figura de la animación japonesa, Isao Takahata (Mie, 1935). Series como *Sherlock Holmes* o *Conan, el niño del futuro* y los largometrajes *El castillo de Cagliostro* (1979), *Nausicaa del valle del viento*, 1984), *Mi vecino Totoro* (1988), *Porco Rosso* (1992) o *La princesa Mononoke* (1997), estos dos últimos estrenados en España, representaron una cadena de éxitos en su país de origen; sin embargo sería *El viaje de Chihiro*, ganadora del Oso de Oro de Berlín a la mejor película y de un Oscar de Hollywood, la película que daría al veterano director japonés celebridad internacional. Miyazaki, cuya obra, al contrario que las superproducciones de Disney, siempre es fruto de ideas originales e intuiciones personales y se suele inspirar en la mitología japonesa, sorprende y fascina con la historia de Chihiro, una niña de diez años que, como "Alicia en el país de las maravillas", traspasa sin darse cuenta el umbral de un mundo fantástico, regido por dioses antiguos y tenebrosos.

Sin menoscabo de la preponderancia de las doctrinas budista o sintoísta, en Japón la religión es sobre todo una cuestión cultural omnipresente, que se traduce en una espiritualidad muy vinculada con los fenómenos y fuerzas de la naturaleza. "Desde hace miles de años en Japón creemos que los *kami* (dioses) y los *rei* (espíritus) están por todas partes: en los ríos, en los árboles, en las casas y hasta en las cocinas. Cuando se me ocurrió *El viaje de Chihiro* tuve que visualizar a los *kami* –declaró el director en una entrevista–. La mayoría son fruto de mi imaginación. Otros se inspiraron en el folclore japonés, como la máscara de papel usada en las ceremonias del templo Kashuga Taisha". De hecho, las apariciones corporales de las divinidades son a cada cual más pintoresca y sorprendente, como la de Okusare-Sama, o dios pútrido, clara alusión a los ríos contaminados y a cierta inquietud ecológica muy palpable también en *La princesa Mononoke*, que destaca como valor fundamental el respeto por el mundo animal y vegetal.

Uno de los grandes méritos de los dibujos de Miyazaki reside en que son realizados y pintados a mano con el apoyo de su equipo de animadores, lo que les da un valor y una originalidad sin parangón. *El viaje de Chihiro* fue la primera película en que se usó la última tecnología digital del mercado para perfeccionar el acabado, los efectos especiales y la verificación de las tonalidades cromáticas de un producto que destaca por su espectacularidad visual y su calidad acústica. La fértil imaginación de Miyazaki y la genialidad de su trazo sitúan el escenario de la acción en una casa de baños, o *yuya*, lugar tradicional de relajación y purificación para los japoneses, inspirada en sus propios recuerdos de infancia: derroche de color y luminosidad, se trata de una construcción flotante, junto a la cual pasan los raíles de un misterioso tren que sólo efectúa viajes de ida, sin retorno. A través de un puente rojo acceden los distinguidos clientes que acuden a relajarse tras un trabajo que se supone arduo y penoso en estos tiempos. El palacio de los baños encierra otra clave de interpretación

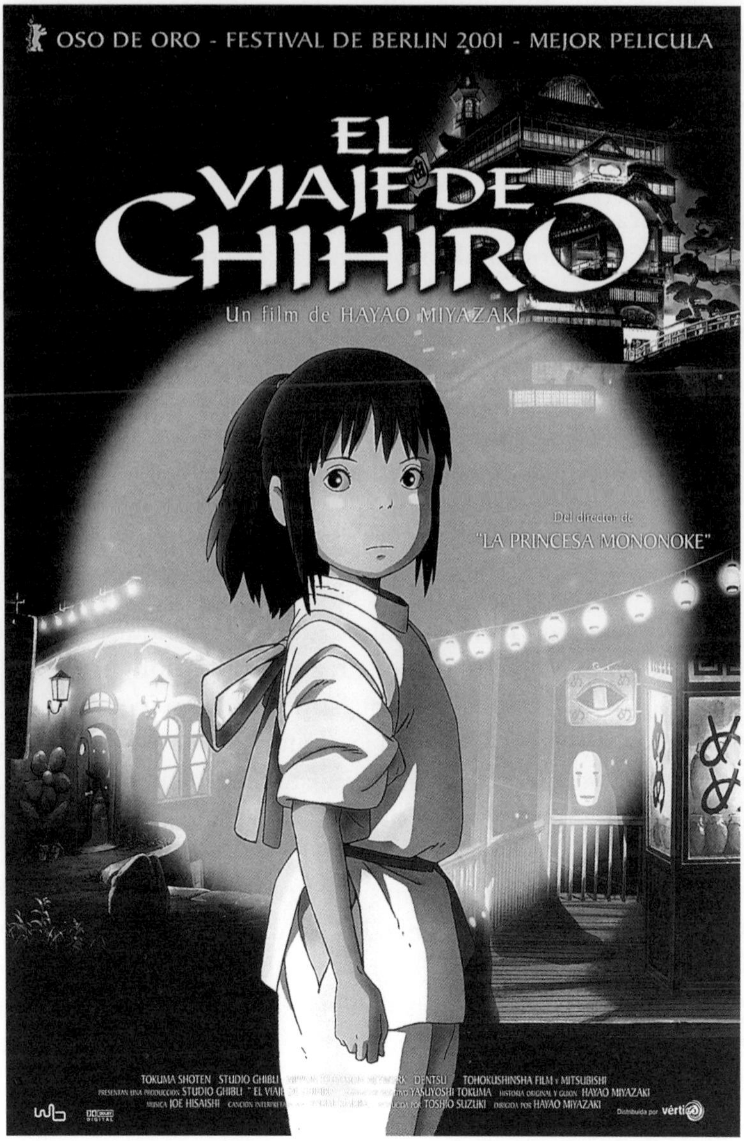
OSO DE ORO - FESTIVAL DE BERLIN 2001 - MEJOR PELICULA
EL VIAJE DE CHIHIRO
Un film de HAYAO MIYAZAKI
Del director de
"LA PRINCESA MONONOKE"
TOKUMA SHOTEN STUDIO GHIBLI DENTSU TOHOKUSHINSHA FILM y MITSUBISHI
PRESENTAN UNA PRODUCCION STUDIO GHIBLI YASUYOSHI TOKUMA HISTORIA ORIGINAL Y GUION HAYAO MIYAZAKI
MUSICA JOE HISAISHI TOSHIO SUZUKI DIRIGIDA POR HAYAO MIYAZAKI
Distribuida por vértigo

más cercana a la vida diaria del director: los propios estudios Ghibli, donde el productor, el Sr. Suzuki, controla el ritmo de trabajo del equipo de animación con la misma férrea disciplina y aire amenazante con que la bruja Yubaba supervisa la eficencia de los servicios y el personal del establecimiento. En este contexto, no es difícil identificar al propio Miyazaki con el personaje de Kamaji, un anciano poseedor de seis brazos, encargado de la sala de preparación de las aguas medicinales de los baños, gracias al esfuerzo de un equipo de esclavos de bolitas de *suie* que se encargan de transportar el carbón hasta la caldera.

Chihiro, una niña inconformista y perezosa, deberá aprender a hacerse útil y, al igual que el resto de personal del palacio de los baños, hombres anfibio y mujeres babosas, cumplir las tareas ingratas y desagradables que le encomienden si quiere sobrevivir en ese lugar sagrado, ajeno a la civilización de los hombres, donde ha quedado atrapada, y salvar a sus padres de servir de festín a los dioses. Contará con la ayuda de su amigo Haku, pero en última instancia serán su voluntad, valentía y generosidad las que le ayudarán a conseguir su propósito. Si el rito del alimento puede hechizar tanto como romper maleficios, comer adquirirá la relevancia de un acto mágico, igual que recordar el propio nombre, ya que él es portavoz y sustento de nuestra verdadera identidad.

Al margen de las referencias a la arquitectura oriental, el baño como purificación o la religión politeísta, que recuerda al espectador y lo familiariza con algunas tradiciones ancestrales, el éxito de esta película más allá de sus fronteras es indicio de que algunos de sus misteriosos personajes encierran problemáticas o sinsentidos que también impregnan la cultura y la sensibilidad occidental. Sin Cara, por ejemplo, dios errante que no figura en el folclore nipón, representa no sólo al Japón actual, azotado por el materialismo, sino al mundo contemporáneo, obsesionado por el dinero pero incapaz de conseguir con él la felicidad. Significativamente, Sin Cara no puede hablar, pero es capaz de imitar la voz de las criaturas que devora: su naturaleza oscila entre un ser pacífico y un ente agresivo, en dependencia de lo que los demás esperen de él.

LAGAAN: ÉRASE UNA VEZ EN LA INDIA

Lagaan: Once Upon a Time in India

FICHA TÉCNICA: 2001. India. 224 minutos. **Color.**
DIRECCIÓN: Ashutosh Gowariker.
PRODUCTOR: Aamir Khan.
PRODUCCIÓN: Aamir Khan Productions Ltd. y Ashutosh Gowariker Productions Pvt. Ltd.
GUIÓN: Ashutosh Gowariker, Kumar Dave y Sanjay Dayma, basado en una historia de Ashutosh Gowariker, con diálogos de K.P. Saxena.
FOTOGRAFÍA: Anil Mehta.
MÚSICA: A. R. Rahman.
MONTAJE: Ballu Saluja.
REPARTO: Aamir Khan (Bhuvan), Gracy Singh (Gauri), Rachel Shelley (Elizabeth Russell), Paul Blackthorne (capitán Andrew Russell), Suhasini Mulay (Yashodamai), Kulbhushan Kharbanda (rajá Puran Singh), Raghuvir Yadav (Bhura), Rajendra Gupta (Mukhiya), Rajesh Vivek (Guran), Shri Vallabh Vyas (Ishwar).

La India no es sólo el primer país del mundo en cuanto a producciones cinematográficas se refiere, alrededor de mil por año, sino el único donde las películas de Estados Unidos, que dominan el mercado mundial, apenas tienen presencia. El cine popular autóctono, con unos temas peculiares y un estilo orginal en una fórmula que se repite una y otra vez, es una empresa floreciente que mueve grandes presupuestos y cuenta con el apoyo del vídeo y de la televisión, donde un 70% de la programación versa sobre el cine y su *star system*. Desde sus inicios, se exportó con éxito a las naciones vecinas, como Bangladesh, Nepal, Pakistán, Sri Lanka, Rusia y Japón, y a los países del Golfo, Kenia,

Sudáfrica y Tanzania; con el siglo XXI, su influencia empieza a incidir en el mercado americano y a penetrar con timidez en Europa. El hecho de que *Lagaan: Érase una vez en la India*, una de las más importantes superproducciones indias, dirigida por Ashutosh Gowariker, célebre actor en su país antes de convertirse en director de éxito, fuera nominada al Oscar a la mejor película de habla no inglesa y a los premios del cine europeo es un dato significativo. Sin embargo, en España el fenómeno *Lagaan* es un caso aislado y es de prever que los grandes éxitos de las carteleras indias, como *Dilwale dulhania le jayenge* (*El corazón valiente conseguirá a la novia*, 1995), de Aditya Chopra, o *Gadar: ek prem jatha* (*Motín: una historia de amor*, 2001), de Anil Sharma, ambas con Amrish Puri, uno de los villanos más carismáticos del cine indio, tarden en llegar a nuestras pantallas. El Festival de Cine Asiático de Barcelona (BAFF), que contó con la India como país invitado en su edición de 2006, ofreció una muestra significativa de estas producciones, junto a ficción de autor y documental reciente, haciéndose eco del progresivo interés de Occidente por *Bollywood* y revelando la prosperidad de una fértil industria cinematográfica con sede en Mumbay, que bajo un término híbrido paródico, sinónimo de exotismo, vitalidad y fantásticos números musicales, no tiene nada que envidiar a Hollywood en medios económicos y tecnología.

La trama de *Lagaan* recuerda a los films de aventuras medievales hollywoodenses: un héroe del pueblo rebelándose en nombre de los intereses de un colectivo contra un tirano. El resto es cien por cien indio. A partir de un argumento universal, el director edifica una obra espectacular, referente de las señas de identidad de su pueblo: en el año 1893, cuando la reina Victoria de Inglaterra tenía potestad sobre la India, un destacamento de militares ingleses, liderados por el estirado y poco escrupuloso capitán Russell, exige a través del rajá de la provincia el pago de un impuesto en especie, el *lagaan,* a los campesinos de una aldea. Tras un período de sequía y hambre, éstos se ven incapaces de entregar el tributo de trigo, arroz y maíz, y acuden a visitar al rajá, que se halla con el capitán. Al advertir que los indios consideran el críquet un juego de niños y se ríen al ver correr tras la pelota a un grupo de soldados británicos, Russell propone que el tema del impuesto se resuelva a través de un partido de críquet que durará tres días (y más de una hora de metraje). Si gana el equipo indio, la provincia estará tres años exenta del pago; en caso de que pierda, el *lagaan* se multiplicará por tres. Bhuvan, un valeroso joven del lugar, acepta pese a las protestas de los campesinos de la zona, que temen las consecuencias de una competición suicida. Poco saben de críquet los lugareños, pero con el apoyo de Elizabeth, la encantadora hermana del propio capitán Russell, aprenden el reglamento, así como las principales estrategias y ardides de un deporte que, tras ser importado por Inglaterra, ha sido adoptado en el subcontinente indio, donde levanta verdadera pasión. Por supuesto, la presencia del críquet no quita protagonismo al triángulo amoroso entre el intrépido Bhuvan y las dos mujeres que le aman, la india y la británica: la campesina Gauri y la aristócrata Elizabeth.

Resulta curioso cómo un cine popular que gira alrededor de los sueños de un país transmite su ardua reconquista nacionalista en clave de epopeya romántica y deportiva. Intentando llegar a una gran audiencia –y en este caso no sólo india, sino mundial– parte de un contexto histórico y geográfico determinado, que se diluye en una leyenda de mensaje atemporal. La infinita variedad del país se recoge en una sola India representativa y tópica, que coincide con la del imaginario occidental, y cuyo espíritu se alimenta del lenguaje compartido de la música y de la danza. Éste es el secreto del éxito de *Lagaan*, aunque por momentos su exuberancia pueda resultar agotadora: cuatro horas de peripecias y hazañas, de amor ingenuo y humor socarrón, de gestualidad cursi y decorados *kistch* y, sobre todo, de bailes embelesadores y trepidantes, con toda la magia de *Bollywood.*

LA BODA DEL MONZÓN

Monsoon Weeding

FICHA TÉCNICA: 2001. India/Estados Unidos/Francia/Italia/Alemania. 114 minutos. **Color.**
DIRECCIÓN: Mira Nair.
PRODUCTORES: Mira Nair y Caroline Baron.
PRODUCCIÓN: IFC Productions, Mirabai Films, Keyfilms Roma, Pandora Filmproduktion, Paradis Films, Baron Pictures (II) y Delhi Dot Com.
GUIÓN: Sabrina Dhawan.
FOTOGRAFÍA: Declan Quinn.
MÚSICA: Mychael Danna.
MONTAJE: Allyson C. Johnson.
REPARTO: Naseeruddin Shah (Lalit Verma), Lillete Dubey (Pimmi Verma), Shefali Shetty (Ria Verma), Vijay Raaz (Parabatlal Kanhaiyalal 'P.K.' Dubey), Tilotama Shome (Alice), Vasundhara Das (Aditi Verma), Parvin Dabas (Hemant Rai), Kulbhushan Kharbanda (C.L. Chadha), Kamini Khanna (Shashi Chadha), Randeep Hooda (Rahul Chadha).

MIRA Nair es una de las directoras indias de mayor proyección internacional. En el año 2006, la V edición del Festival Image India de Madrid le dedicó, dentro de su muestra de los realizadores más innovadores al margen de *Bollywood*, una retrospectiva. De hecho, *La boda del monzón*, aunque respete las convenciones del drama popular indio e incluya algunos números musicales, se trata de una obra "realista", dentro de las peculiaridades de la cinematografía india. Comedia dramática coral, la protagonista es una familia acomodada, los Verma, que vive en una Nueva Delhi efervescente y cosmopolita, entre la tradición y la modernidad. Y en este punto reside su mayor interés: en la crónica de una India capaz de integrar los efectos de la globalización y el consumismo, y la influencia de los modelos de relaciones sentimentales importadas de Occidente, con sus ritos y raíces: una India mestiza y plurilingüe, orgullosa de su idiosincrasia, que alterna en sus conversaciones el hindi, el inglés y el punjabi.

Se advierte, además, un explícito homenaje por parte de la directora a su región de origen, el Punjab, ubicada en el noroeste del país, y a su familia, su mayor fuente de inspiración, que aportó telas y trajes, cuadros, muebles y platos cocinados, además de hacer esporádicas apariciones en el film.

La naturalidad con que se plantea el matrimonio concertado en la India puede sorprender al espectador occidental por su conservadurismo. Sin embargo, para la mayor parte de hindúes, la meta del amor es el matrimonio, institución que no sólo une la libre voluntad de dos individualidades sino que fortalece los lazos entre dos familias: "En la India, los matrimonios de conveniencia pactados funcionan mejor que los enlaces amorosos, porque tienen debajo un fuerte sustrato familiar... Actualmente, se ha iniciado una verdadera revolución social y sexual por parte de las jóvenes y las adolescentes, pero muchas otras chicas igualmente "modernas" aceptan de buen grado la asignación de un buen marido", declaró la directora en el Festival de Venecia, donde la película obtuvo el León de Oro. En cualquier caso, Mira Nair no toma partido. Se limita a reflejar lo que sucede en un contexto determinado, que ya no son los arrabales de Bombay, sino la clase media alta de Nueva Delhi. Y con este propósito se centra en uno de los acontecimientos más importantes para una familia: una boda. El conflicto planteado no es la habitual imposición de un marido por parte de los progenitores y la negativa de la hija a aceptarlo, sino la dificultad de ésta última, que ha mantenido una relación sentimental clandestina con su jefe, un hombre casado, para elegir su destino. Sus dudas llegan hasta casi la víspera de la boda, cuando se sincera con su futuro marido, un ingeniero indio que ha estudiado en Houston, que al principio reacciona airado para luego mostrarse comprensivo. En *El banquete de bodas*, de Ang Lee, la boda era una farsa para contentar a los padres; en *La boda del monzón* representa para la joven protagonista la posibilidad de romper con su pasado, de enamorarse de nuevo y encontrar la felicidad. Por eso, durante la ceremonia, cuyas imágenes se simultanean con los títulos de crédito, el semblante de la novia es de esperanza, pero también de incertidumbre.

La convergencia de distintos personajes en el marco de la celebración resalta los polos generacionales. Así, el sufrido padre de la novia, que debe pedir dinero prestado para sufragar los gastos de la boda, quiere enviar a su hijo pequeño a un internado, avergonzado a causa del interés exclusivo del muchacho por el baile y la cocina, frente a la madre que, protectora y cariñosa, intercede por su retoño. Se agradece que ni los hombres sean tan débiles y pusilánimes, ni las mujeres respondan a los prototipos de la madre abnegada o la vampiresa seductora típicos del cine popular. La sociedad presente es mucho más rica en matices: las mujeres, tolerantes y modernas, desbordantes de sensualidad; los hombres, aunque más arraigados a las tradiciones, deben ser capaces de enfrentarse a éstas si es necesario, como ejemplifica la dolorosa decisión del patriarca de prohibir a un familiar por quien sentía un gran afecto la asistencia a la ceremonia, para hacer justicia a los abusos que su sobrina ha sufrido en silencio: porque *La boda del monzón*, bajo su apariencia de comedia ligera acerca de la caótica organización de un casamiento, sus complejidades e intríngulis, es la primera película rodada en la India que lleva a cabo una firme denuncia de la pederastia. Paralelamente a la trama principal, se desarrolla otra historia de gran encanto, como contrapunto cómico: el romance entre el instalador de carpas (que recuerda al impagable vendedor ambulante de lociones capilares en *Pyaasa*, de Guru Dutt) y la tímida sirvienta de la casa, representantes de una clase social inferior y de una cultura más tradicional.

Y con la boda llega el derroche de espectáculo y el barroquismo visual. Por unos momentos, la realidad es *Bollywood.* A ritmo de música disco india, todos bailan: la mejor manera de expresar el *masti*, esa alegría propia del pueblo punjabi, un aliento sensual y erótico que impregna el ambiente, cuya fragancia se puede aspirar en las flores y en una lluvia que, como en *Lagaan*, es motivo de purificación y alegría; una lluvia que barre penas, miedos y rencores, para sumergirnos, junto a los invitados de la fiesta, en la vorágine de la existencia y la necesidad de seguir adelante. Acaso en esta extraordinaria vitalidad resida la razón de la super-

LEON DE ORO
MEJOR PELÍCULA
FESTIVAL DE VENECIA 2001
Una obra de formidable alegría. Gozosa, vibrante...Mira Nair (Kamasutra) hace su más hermoso trabajo.
– Angel Fernandez Santos. EL PAIS.
Una pura delicia...como en las mejores fiestas no quieres que acabe nunca.
La boda del
Monzón
IFC PRODUCTIONS PRESENTA UNA PRODUCCION DE MIRABAI FILMS EN ASOCIACION CON KEY FILMS, PANDORA FILMS Y PARADIS FILMS UN FILM DE MIRA NAIR "LA BODA DEL MONZÓN"
NASEERUDDIN SHAH LILLETE DUBEY SHEFALI SHETTY VIJAY RAAZ TILOTAMA SHOME VASUNDHARA DAS ARJUN BHASIN MYCHAEL DANNA
ALLYSON C. JOHNSON DECLAN QUINN STEPHANIE CARROLL SABRINA DHAWAN JONATHAN SEHRING Y CAROLINE KAPLAN
CAROLINE BARON Y MIRA NAIR MIRA NAIR
vértigo

vivencia y fortaleza de una nación que ha sido capaz de asimilar las influencias del exterior (primero de los británicos, luego de los americanos) y de integrarlas en la riqueza de una cultura milenaria que, a principios del siglo XXI, despliega su poderosa fascinación sobre Occidente.

EL TREN DE ZHOU YU

Zhou Yu de huo che

FICHA TÉCNICA: 2002. China/Hong Kong. 92 minutos. **Color.**
DIRECCIÓN: Sun Zhou.
PRODUCTOR: Huang Jianxin, William Kong y Sun Zhou.
PRODUCCIÓN: China Film Co-Production Corporation, China Film Group Corporation, Glory Top Properties, Media Asia Films Ltd. y Senjiu Film.
GUIÓN: Bei Cun, Sun Zhou y Zhang Mei.
FOTOGRAFÍA: Wang Yu.
MÚSICA: Shigeru Umebayashi.
MONTAJE: William Chang.
REPARTO: Gong Li (Zhou Yu/Xiu), Tony Leung Ka-fai (Chen Qing), Sun Honglei (Zhang Qiang).

¿CUÁNTOS hombres y mujeres han cogido alguna vez, o cogen periódicamente, un tren para cruzar una ciudad, una provincia o un país, con el fin de encontrarse, de reencontrarse, con la persona amada? En *El tren de Zhou Yu* el director chino Sun Zhou (Shandong, 1954) aborda la fructífera metáfora literaria y cinematográfica del trayecto ferroviario como búsqueda del amor y la libertad. Hijo de una familia intelectual, Zhou estudió fotografía y empezó a trabajar como cámara para la televisión estatal. No obstante, su pasión por el cine le llevó a formarse en la década de los ochenta en la Academia de Cine de Pekín y a realizar tres films que tuvieron un considerable éxito de público y crítica en su país, inéditos en España: *Put Some Sugar in the Coffee* (1987), *Blood at Disk* (1989) y *Heartstrings* (1992). En 1998 interpretó al príncipe Yan en *El emperador y el asesino*, de Chen Kaige, compartiendo protagonismo con una buena amiga desde que coincidieron en la Universidad: Gong Li. Ella, la gran dama de la escena china, le sugirió trabajar en su próxima película, *Breaking the Silence* (1999), un drama social sobre una madre soltera que lucha por sacar adelante a su hijo sordo. El siguiente film donde el director y la actriz colaborarían, *El tren de Zhou Yu*, también es una historia contemporánea que se aleja de las últimas apariciones de Li en fabulosas aventuras épicas o de época. De hecho, según la propia actriz, interpretar a Zhou Yu representó un gran reto, ya que una personalidad tan compleja la obligó a apartarse del guión, a improvisar reacciones y sentimientos. Es el papel más romántico, apasionado e introspectivo de su carrera, y un papel doble, ya que también encarna a Xiu, una mujer más madura e independiente, que se convertirá en el nuevo amor de Chen. En el tren se desarrolla una parte importante de la acción: el tren que Zhou Yu coge dos veces por semana para viajar de Sanming a Changyang, donde vive su novio, Chen Qing, un tímido bibliotecario que le escribe bellos poemas; el tren donde Zhou conoce a otro hombre, Zhang Qiang, un veterinario cínico, despreocupado y bromista, que se enamora de ella; el tren en el que viaja la melancólica Xiu, hilo conductor de la historia, pues todo lo revelado pertenece a sus pensamientos, sus recuerdos, sus obsesiones, mientras lee el poemario en el cual ha introducido un trozo de cerámica roto encontrado en un vagón... Y es que en los viajes en tren no sólo suceden historias extraordinarias, también se imaginan.

Inspirada en la palabra poética, en el poder sugestivo de una imagen un tanto sofisticada y manierista, *El tren de Zhou You* es una de esas obras ambiguas, difuminadoras de los límites entre la realidad y la ficción. Ires y venires de trenes en dirección opuesta, de encuentros y desencuentros entre los personajes, superposiciones de distintos planos temporales, escenas de sexo que levantaron polémica en China y a los occidentales nos resultan más bien recatadas, aunque la de Zhou Yu y Zhang irradia un candente erotismo... Son dos mujeres y dos hombres los involucrados en una trama que no se libra de los defectos de los ejercicios de estilo, puesto que el virtuosismo formal –abundantes ralentizaciones, montaje sofisticado– actúa en ocasiones en detrimento de la verosimilitud, la naturalidad y la fuerza del contenido de un melodrama clásico. Cuando se estrenó en el Festi-

GONG LI
TONY LEUNG
SELECCIÓN OFICIAL
FESTIVAL DE BERLÍN
DOS AMORES MÁS ALLÁ
DEL TIEMPO Y LA DISTANCIA
El tren de
Zhou Yu
CHINA FILM GROUP CORPORATION SANJIU FILM GLORY TOP PROPERTIES LIMITED EN COOPERACIÓN CON CHINA FILM CO-PRODUCTION CORPORATION
PRESENTAN UNA PELÍCULA DE SUN ZHOU "ZHOU YU'S TRAIN" CON GONG LI TONY LEUNG KA-FAI SUN HONGLEI HISTORIA ORIGINAL DE BEI CUN
GUIÓN SUN ZHOU BEI CUN ZHANG MEI DIRECTOR DE FOTOGRAFÍA WANG YU DISEÑO DE PRODUCCIÓN SUN LI SONIDO WANG XUEYI MONTAJE WILLIAM CHANG
MÚSICA ORIGINAL SHIGERU UMEBAYASHI PRODUCCIÓN EJECUTIVA YANG BUTING ZHAO XINXIAN SUPERVISIÓN EJECUTIVA TONG GANG TANG YATMING JOHN CHONG
PLANIFICACIÓN EJECUTIVA HAN SANPING SUN MIAN PRODUCCIÓN HUANG JIANXIN SUN ZHOU BILL KONG DIRECTOR SUN ZHOU
FOCUS FEATURES
vértigo

val de Cine de Berlín fue equiparada con *Deseando amar*, la obra maestra de Wong Kar-wai, puesto que ambas tienen en común las relaciones imposibles y el compositor de la partitura. Sin embargo, *El tren de Zhou Yu*, más allá de su faceta de juego metatextual y sus deudas fotográficas con la publicidad, posee personalidad propia y supone una interesante profundización acerca de la esencia del amor y las paradojas del deseo. Zhou Yu se siente cautiva de la poesía de Chen, pero es la joven pintora de porcelana –moldeando y decorando cerámica con diferentes formas y motivos, desde filigranas florales a dibujos de animales– la verdadera artista, apasionada amante que exprime el jugo a la vida, sincera consigo misma y con sus sentimientos: "Los poemas de Chen Qing están escritos para una mujer, sin embargo parecen escritos por una mujer hablando de ella, aunque la voz de la mujer se ahoga en la dulce tristeza de los poemas de Chen Qing", reflexiona Xiu. Y concluye: "Por fin entiendo que un amante es un espejo donde puedes verte con mayor claridad". Zhou Yu ilumina las palabras de Chen Qing, los actos de Zhang Qiang, las ensoñaciones de Xiu, quien, como gran amor de Chen, la mitifica. Zhang y Xiu, los amores destinados a florecer en la vida, envidian a Chen y Zhou, respectivamente, cuyo amor pertenece a una dimensión que trasciende el espacio y el tiempo: la inmortalidad de la palabra. Así, no importa tanto en esta película la coherencia del argumento como las especulaciones que de éste se desprenden. La confusión de los sentimientos de la protagonista cristaliza en la metáfora del lago Xen Hu: el lago que le ofrece el poeta es dos a la vez, el lago ideal de su palabra y el lago real, desolado y seco; el que le ofrece el veterinario es un lago artificial, pero tangible, con agua. ¿Cómo competir lo que existe con lo inexistente, que siempre flota más alto? El arte da eternidad al amor, cuando no lo conjura. Sin embargo, el arte no es el amor, sólo vela su memoria, condensa su esencia. El amor pertenece a aquellos rostros que, como algunos amaneceres, como los paraísos perdidos, nos parecen únicos.

HERO

Ying Xiong

FICHA TÉCNICA: 2002. China/Hong Kong. 99 minutos. **Color.**
DIRECCIÓN: Zhang Yimou.
PRODUCTORES: Bill Kong y Zhang Yimou.
PRODUCCIÓN: Beijing New Picture Film Co. y Elite Group Enterprises.
GUIÓN: Zhang Yimou, Li Feng y Wang Bin.
FOTOGRAFÍA: Christopher Doyle.
MÚSICA: Tan Dun.
MONTAJE: Zhai Ru y Angie Lam.
REPARTO: Jet Li (Sin Nombre), Tony Leung (Espada Rota), Maggie Cheung (Nieve Voladora), Chen Daoming (Rey Qin), Donnie Yen (Cielo), Zhang Ziyi (Luna).

EL *wuxia* está de moda y ha puesto de moda a China en Occidente, como *Los siete samuráis* de Kurosawa colocaron a Japón en el centro de su mirada a mediados de los años cincuenta. Zhang Yimou se había centrado en momentos significativos de la historia china moderna en películas como *Sorgo rojo*, *La linterna roja* o *Vivir*, desde el punto de vista del melodrama realista, aunque no había dudado en sacrificar el rigor histórico por el detalle estético o el motivo exótico. En la primera improvisó una costumbre sínica donde no la había, el ultraje de la novia que viajaba en el interior de un palanquín a cargo de sus porteadores, con el objetivo de emocionar al espectador; en la segunda, se inventó el ritual de encender o apagar más de cincuenta linternas rojas, brillante recurso visual, y en la tercera otorgaría a su protagonista un oficio pintoresco, el de artista de sombras chinescas, para mostrar las características de este espectáculo tradicional en la China del norte. No se podía esperar menos de la recreación del rey Qin y su tiempo, etapa legendaria que data de dos siglos

JET LI
TONY LEUNG CHIU-WAI
MAGGIE CHEUNG MAN-YUK
ZHANG ZIYI
CHEN DAO MING
DONNIE YEN
英雄
HERO
COLUMBIA TRISTAR FILMS DE ESPAÑA, S.A.
www.herothemovie.com
SOUNDTRACK AVAILABLE ON SONY CLASSICAL

antes de nuestra era. En palabras del director, "todo realizador chino se debe al menos un film de kung fu. Creo que los films de artes marciales permiten combinar los combates y las historias de amor mejor que cualquier otro género. Es un desafío obligado". Que un esteticista como Yimou, formado en el drama y con gusto por el intimismo, incursione en este género, ofrece logros insospechados a una alegoría épica que deslumbra tanto por su logrado montaje como por su belleza formal, hasta el punto de que en *Hero* violencia y poesía se funden y confunden en la misma hoja iluminada de una katana.

La acción se sitúa en una China ancestral dividida en siete reinos enzarzados en luchas intestinas. El rey Qin Shi Huang Di, soberano de uno de dichos reinos, se ha propuesto vencer al resto y anexarlos al suyo. La guerra de unificación provoca odio y sed de venganza, y tres legendarios asesinos, Cielo, Espada Rota y Nieve Voladora son enviados para acabar con su vida. En una ocasión es escoltado ante el rey un joven llamado Sin Nombre, que ha conseguido la proeza de derrotar a sus tres temibles enemigos. Por cada una de sus victorias es recompensado con oro y tierras, así como con el privilegio de acercarse a diez pasos del rey. Sucesivamente, Sin Nombre le relatará cómo consiguió deshacerse de los traidores, pero Qin también tiene su propia versión de los hechos acaecidos, y en su conversación se decidirá el futuro de la historia de China. Este argumento podía haber dado de sí un *wuxia* más sofisticado que la media, un relato lineal y espectacular, pero he aquí que el talento del director se pone de relieve en la estructura cinematográfica de la historia, que entrelaza con maestría dos dimensiones: el hilo conductor del diálogo entre el rey y Sin Nombre, con las escenas de enfrentamientos entre los guerreros. La primera es el presente, el mundo real, un largo plano fijo en la sobriedad sobrecogedora del palacio del monarca; la segunda remite a mundo onírico, de breves planos encadenados, de un lirismo sugerido por la simbología cromática.

Yimou, que siempre había cuidado al máximo la estética de sus películas, culmina la sofisticación de su paleta de colores con

un propósito añadido a estimular la vista: guiar a través de un hilo argumental, que traza meandros, replegándose sobre sí mismo para resurgir con otra posibilidad del recuerdo, de la imaginación o del destino. El rojo, el verde y el blanco son las tonalidades que se van sucediendo y que alternan su simbolismo universal con el particular significado que encierran para la tradición cultural china: el rojo es la suerte y la pasión; el verde la esperanza y la verdad; el blanco la muerte, pero también la pureza y el sacrificio.

La coreografía de los combates es espléndida y, aunque utiliza la espada, conserva el sabor inconfundible del kung fu. Hay que destacar el excelente trabajo de unas caras ya conocidas y veneradas por el público occidental: Jet Li, estrella internacional, que ya demostró su valía como luchador y su talento interpretativo encarnando a otra figura de la mitología popular china, el doctor Wong Fei-hung, en la exitosa *Érase una vez en China*, de Tsui Hark, encierra en su mirada penetrante la sombra de una duda. Maggie Cheung y Tony Leung repiten como pareja de amantes malditos después de *Deseando amar*, y Chen Daoming es un rey ambicioso y aguerrido, con cierto toque de resignación. Zhang Zi Yi y Donnie Yen se deben conformar con un segundo plano, pero hacen notar su presencia y su ausencia, respectivamente. Los enfrentamientos entre los personajes son concisos, filigranas aéreas a las que pone punto final una estocada definitiva, exacta: Sin Nombre y Cielo, bajo la lluvia, tanteando sus fuerzas, en un combate frío y mudo como una partida de ajedrez; Sin Nombre y Nieve Voladora desviando miles de flechas con un golpe de kimono; Luna y Nieve Voladora batiéndose entre las hojas doradas; Sin Nombre y Espada Rota en una danza aérea sobre el agua, retándose a que ni una gota salpique el cuerpo yacente de Nieve Voladora. Los recursos digitales se adecúan armoniosamente a los espacios arquitectónicos y naturales, cuadros preciosistas en los que levitan estos héroes legendarios de poderes sobrenaturales pero de corazón humano.

La ambigüedad que envuelve a la película, el juego complejo de opciones que se establece entre los personajes, las verdades mostradas que son negadas en la toma siguiente indican, como lo hacía *Rashomon*, que nos hallamos ante una obra de las que exige tomar partido, incluso al interpretar un final monolítico. Según la física cuántica no hay barrera entre lo sucedido y lo que pudo suceder, la realidad y la fantasía, oportunidades que contempla con la misma validez. La posteridad, en manos del poder, se encargará de asentar una como verdad histórica; pero el pueblo las conservará todas como leyendas populares, y en la mente del espectador cada una goza ya de idéntica existencia virtual.

Hero bebe de la filosofía del *ying* y el *yang*, de la indispensable conciliación entre opuestos para que reine la armonía. El rey, que parece engendrar el mal, es el mal por el bien, el mal necesario para conseguir un objetivo más allá de las venganzas personales y las rencillas entre los reinos, resumido por un ideograma escarlata cuidadosamente pintado por Espada Rota: "Todo bajo el cielo". El héroe encuentra así su destino sacrificándose por el pueblo, dimitiendo de la lucha, dejándose aniquilar. La evidencia de que el rey es una figura histórica, que tras su política expansionista se convertirá en el primer emperador de la dinastía Qin y en el constructor de la Gran Muralla, que ha mantenido unidos y protegidos a millones de ciudadanos bajo la misma bandera, a la vez que contribuía a aislarlos del exterior, ha propiciado discutibles opiniones tachando al film de propagandístico del Gobierno de Pekín. Curiosamente, en China, donde existe un poder centralizado, si bien cada región conserva su cultura y su lengua, la película, que fascinó por su esteticismo, no convenció tampoco por ese mensaje subliminal de que el poder tiene razón, que muchos relacionaron con la política invasora e intrusista de los Estados Unidos. Interpretaciones tan contradictorias recuerdan que *Hero* es, ante todo, una obra de ficción de gran belleza y que vale la pena disfrutarla como tal. La gran epopeya del cine chino parece haber proporcionado a Yimou el éxito comercial tanto en su país como en el resto del mundo, y en este punto coinciden, de manera paradójica y ejemplar, los presupuestos del comunismo con los del capitalismo. ¿No resultaría ridículo calificar a su siguiente obra, *La casa de las dagas voladoras* (2004), de apología del terrorismo, en cuanto justifica la existencia de una organización clandestina rebelde al poder de un emperador represor y cruel? Al fin, el conflicto político queda diluido en una singular historia de amor entre dos agentes dobles (Andy Lau y Takeshi Kaneshiro) y una valiente heroína (Zhang Ziyi), que, si bien llega a alcanzar altas cotas poéticas, adolece al principio de un cierto exotismo vacuo, una ralentización de la imagen innecesaria y más de un toque *matrix*, aunque no tantos como los que su compatriota Chen Kaige utiliza en *The Promise* (2005), donde los efectos especiales realizados con la última tecnología digital nos enfrentan a una obra cuya pretendida espectacularidad resta verosimilitud a la acción. Respecto a la tercera incursión de Yimou en el *wuxia*, *La maldición de la flor dorada* (2006), ambientada en la dinastía Tang, hace más de mil años, cabe decir que la tragedia shakespeariana de la familia imperial no se sostiene precisamente en su argumento desdibujado, sino en la fuerza de los motivos visuales, su ostentosa coreografía y unos convincentes Chow Yun-fat y Gong Li.

DOLLS

Dolls

FICHA TÉCNICA: 2002. Japón. 114 minutos. **Color.**
DIRECCIÓN: Takeshi Kitano.
PRODUCTORES: Masayuki Mori y Takio Yoshida.
PRODUCCIÓN: Office Kitano, Bandai Visual Co., TV Tokyo Corporation y Tokyo FM Broadcasting Co. Ltd.
GUIÓN: Takeshi Kitano.
FOTOGRAFÍA: Katsumi Yanagishima.
MÚSICA: Joe Hisaishi.
MONTAJE: Takeshi Kitano.
REPARTO: Miho Kanno (Sawako), Hidetoshi Nishijima (Matsumoto), Tatsuya Mihashi (Hiro, el jefe), Chieko Matsubara (Ryoko, la mujer en el parque), Kyoko Fukada (Haruna Yamaguchi, la estrella pop), Tsutomu Takeshige (Nukui, el fan), Kayoko Kishimoto (tía de Haruna), Kanji Tsuda (joven Hiro).

La imagen de un recuerdo de infancia, dos mendigos, un hombre y una mujer, unidos por una cuerda en el barrio de Asakusa inspiró a Kitano una película singular, maltratada por algunos críticos, que no han dudado en calificarla como "irrisoria e insufrible"; elevada a obra maestra por otros, que admiran el giro surrealista y colorista del director y, sobre todo, su homenaje a la tradición teatral japonesa. La historia de dos jóvenes enajenados que vagan, incansables, por campos y ciudades es el marco de otros dos episodios actuales, sin más ligazón que el cruce azaroso de los personajes: el viejo *yakuza* que se reencuentra con la novia que tuvo años atrás, la cual le sigue esperando sentada en un banco del parque con una fiambrera, y el fan de una cantante pop de éxito que, al enterarse de que ésta ha sufrido un grave accidente y se ha retirado de la vida pública, no duda en mutilarse para poder acercarse a la convaleciente. Relatos de magníficos sacrificios por amor, de grandiosos actos de voluntad que, no obstante, son vencidos, superados, anulados por un destino implacable. La lucha entre el designio humano y el sino fatídico, que hace a *Dolls* tan bella y tan terrible a la vez, es un tema presente, como en la tragedia griega, en las cuatro grandes artes escénicas del país del sol naciente: *noh*, *kyogen*, kabuki y *bunraku*, aunque la huella de este conflicto metafísico se halle en toda su literatura. En concreto, la película toma como referente explícito el *bunraku*, teatro de marionetas que floreció en el período Tokugawa (1600-1868) y que comparte argumento, técnicas dramáticas y estéticas con el kabuki, interpretado por actores, hasta el punto de que se pueden considerar un solo arte. Al principio, los títeres encarnaban a dioses o seres sobrehumanos, pero con el célebre Chikamatsu Monzaemon (1653-1724), autor de más de 150 obras, la mayoría *sewamono* –crónicas de amores trágicos que desembocaban en suicidios o sacrificios inútiles, protagonizadas por gente común e inspiradas en sucesos de la época–, ejemplificaron la insignificancia y el patetismo de los seres humanos.

Frente al teatro *noh*, que evitaba el uso del color en el escenario y como fondo colocaba un viejo árbol estático que acompañaba los textos cantados, apelando a la imaginación del espectador, el *bunraku* y el kabuki destacan por la riqueza visual de las escenografías, la ornamentación de los ropajes y peinados, la sofisticación de unos decorados que se transfiguran con el contenido de los actos. La estilizada naturaleza de *Dolls*, su belleza artificiosa, entronca con la brillantez estética de estas dramaturgias. Los amantes malditos parecen desfilar tras un paisaje pintado, impresión a la que contribuye el vestuario creado por el diseñador Yohji Yamamoto. Cuando Kitano, que había previsto algo más sobrio y realista, vio los trajes que Yamamoto le proponía para los héroes errantes, éstos empezaron a desprenderse de su piel de simples enajenados para encarnar alegorías. Kimonos de colores vivos –fantasía del modisto, ya que este tipo de delicadas telas, que se desgastan con el sol, no se usaban en la costura tradicional japonesa–, de dimensiones desproporcionadas, mangas ensanchadas en las muñecas y bajos que se arrastran por el suelo, unidos bajo el busto con una cuerda roja: el cordón umbilical característico de los exquisitos diseños de Yamamoto, que remi-

te a la superstición japonesa de que las personas predestinadas están sutilmente ligadas a través de un hilo rojo atado en el dedo meñique, imperceptible a los ojos de los hombres. Ropajes onerosos sobre el cuerpo, como la pesada carga de nuestra conciencia, y al mismo tiempo frágiles, capaces de estremecerse con el viento, cuyo cromatismo no sólo simboliza los grados de la pasión amorosa, sino las estaciones en Japón, que jalonan el periplo de la reconquista de una memoria perdida: rosa como la flor del cerezo en primavera, azul como el mar en verano, rojo como los arces en otoño... Cuando al fin se internan en la nieve, incurren en el *michiyuki*, la convención del teatro kabuki y el *bunraku* que hace viajar a los amantes hasta un mundo helado, tan inerte y desolado como sus almas. Su visión, detenidos frente a un árbol o un obstáculo que les impide continuar, o bien avanzando, en plano frontal, lateral, general, de lejos, como dos pequeños muñecos agitados por el viento, sin manos y pies, deslizándose sobre el asfalto, la tierra polvorienta, las hojas secas o la nieve, los asemeja progresivamente a dos marionetas y surge la reflexión inevitable: ¿acaso el ser humano no es más que un muñeco en manos de una instancia enigmática y cruel que mueve su hilos, a la vez que él mueve los de sus títeres? Quizás éstos sean los espectadores mudos, los testigos impertérritos de su infortunio.

No hay en esta película menos violencia que en el resto de films de Kitano, aunque resulte menos explícita. Su manera abrupta de manifestarse, en incidentes extraídos de la vida cotidiana, sin embargo, resulta muy efectiva. La fatalidad se representa mediante la elipsis de lo horrible y lo truculento, a través de metáforas que preservan toda su pureza significativa: un charco de sangre diluido por una manguera, una hoja roja que se desliza hacia un río, los dos amantes colgados de la endeble rama de un árbol, en medio de un precipicio: ¿salvados o condenados en medio del vacío?

PRIMAVERA, VERANO, OTOÑO, INVIERNO... Y PRIMAVERA

Bom yeoreum gaeul gyeoul geurigo bom

FICHA TÉCNICA: 2003. Corea del Sur/Alemania. 103 minutos. **Color.**
DIRECCIÓN: Kim Ki-duk.
PRODUCTORES: Lee Seung-jae y Karl Baumgartner.
PRODUCCIÓN: Korea Pictures, LJ Film, Pandora Filmproduktion GmbH y Cineclick Asia.
GUIÓN: Kim Ki-duk.
FOTOGRAFÍA: Baek Dong-hyeon.
MÚSICA: Park Ji-woong.
MONTAJE: Kim ki-duk.
REPARTO: Oh Yeong-su (monje maestro), Kim Ki-Duk (monje adulto), Kim Young-min (monje joven), Seo Jae-kyeong (monje adolescente), Ha Yeo-jin (chica), Kim Jong-ho (monje niño), Ji Dae-han (detective Ji), Choi Min (detective Choi).

En los países asiáticos las estaciones regulan las celebraciones religiosas y las costumbres diarias, y tanto la pintura oriental como la poesía de los *haikus* se han especializado en plasmar la esencia de cada una de ellas. Kim Ki-duk aprovecha este motivo iconográfico de gran tradición para estructurar una película donde las estaciones aluden metafóricamente a las etapas de la vida humana, a través de un monje que habita en medio de la calma y la quietud de un templo que flota sobre un lago paradisíaco, la charca de Jusán, un hábitat natural protegido para rodar en el cual el director tuvo que esperar varios meses hasta obtener el permiso de las autoridades coreanas. Cada estación, simbolizada por un animal –el perro, la primavera; el gallo, el verano; el gato, el otoño; la serpiente, el invierno–, representa una lección vital: la primavera corresponde a la infancia, donde el niño descubrirá el dolor y la culpa; el verano, a la adolescencia, o el descubrimiento del deseo, encarnado en una joven tan pura como tentadora; el otoño, la edad adulta, o la violencia que desencadena el ansia de posesión y la necesidad de vencer el odio para alcanzar de nuevo la serenidad; el invierno ofrece la redención de la madurez, la vuelta a los orígenes, el dominio de los sentidos. En esta etapa interpreta al protagonista el propio Kim Ki-duk, ejercitando un arte marcial meditativo de origen budista para liberar su cuerpo y fortalecer su alma en un paisaje de hielo.

El budismo, introducido en Corea en el año 372, fue durante siete siglos la religión predominante en la península, arraigando profundamente en su arte y su cultura. Desde hace unas décadas, ha resurgido con fuerza no sólo en este país, sino en Occidente, donde cada vez tiene más acólitos y simpatizantes. El mismo Kim Ki-duk, tras unos años cristiano, se acabó decantando por el budismo, y el hecho es que la influencia de ambas religiones, y a menudo la fusión, se manifiesta en su filmografía. *Primavera, verano, otoño, invierno... y primavera* supone un interesante acercamiento al aprendizaje, centrado en la relación maestro-alumno, del pensamiento budista. El maestro observa, silencioso y circunspecto, los actos del niño, le deja equivocarse sin reproches o juicios, ya que el sufrimiento se vislumbra como el único camino para la purificación del espíritu. Como en todo proceso educacional, hay humor, y se agradece que Kim-Ki-duk no haya querido prescindir de esta dimensión, que humaniza a los personajes y contrarresta la solemnidad alegórica del decorado. Por ejemplo, cuando el niño, como un dios de una estupidez pueril y cruel, martiriza a los animales del bosque atándoles una piedra, ante la mirada desaprobatoria del monje, éste, en vez de regañarle, actúa. Y al día siguiente el niño no puede casi levantarse de la cama, ya que el maestro ha sujetado sobre su espalda una gran

FESTIVAL DE SAN SEBASTIAN
PREMIO DEL PUBLICO
FESTIVAL DE CINE DE LAS PALMAS
PREMIO MEJOR PELICULA
MEJOR FOTOGRAFIA
FESTIVAL DE LOCARNO
PREMIO DEL PUBLICO
ACADEMIA DEL CINE EUROPEO
NOMINADA A MEJOR PELICULA EXTRANJERA
FESTIVAL DE SUNDANCE
SELECCION OFICIAL
Primavera, Verano,
Otoño, Invierno
...y Primavera
un film de
KIM KI-duk
KOREA PICTURES en asociación con MIREA ASSET MUHAN INVESTMENT CO. LTD IPICTURES CINESOUL B&B INC. KBS MEDIA FILMFOERDERUNG HAMBURG presentan a LJ FILM production en co-producción con PANDORA FILM "SPRING, SUMMER, FALL, WINTER ... AND SPRING" con OH YOUNG-SU KIM KI-DUK KIM YOUNG-MIN SEO JAE-KYUNG HA YEO-JIN KIM JONG-HO KIM JUNG-YOUNG JI DEA-HAN CHOI MIN PARK JI-A SONG MIN-YOUNG director de fotografía BAEK DONG-HYUN música BARK JI-WOONG mezclas KU BON-SEUNG remezclas STEPHAN KONKEN maquillaje/vestuario KIM MIN-HEE montaje KIM KI-DUK productor LEE SEUNG-JAE productor ejecutivo SOMA CHUNG co-productores KARL BAUMGARTNER RAIMOND GOEBEL KIM SO-HEE escrita y dirigida por KIM KI-DUK
© Korea Pictures, LJ Film, Pandora Film 2003
FESTIVAL FILMS
KOREA PICTURES
LJ FILM
PANDORA FILM
BAVARIA FILM
karma

piedra que le dificulta caminar. Con la insoportable carga, como un nuevo Sísifo, el niño deberá buscar al pez, la rana y la serpiente a los cuales el día anterior torturó con su juego. Al igual que en *La isla*, los animales torturados adquieren simbolismo pleno de seres sufrientes y la vida se acoge a la metáfora de escabroso camino que debemos atravesar con un ominoso peso sobre los hombros. En este punto Kim Ki-duk está más cerca del cristianismo que del budismo –tal cual evidenciará la posterior *Samaritan Girl* (2004), donde una joven se dedica a expiar la culpa por la muerte de una amiga prostituta, practicando un acto sexual que le inspira repulsión, primero como acto de contrición y luego de caridad–, en la redención del pecado a través del dolor: cuando el monje comenta al niño que si alguno de esos animales ha muerto por su culpa, jamás podrá quitar esa piedra de su corazón.

Estos castigos radicales pueden violentar los ojos occidentales por su extrema dureza, no obstante, se encuentran centenares de anécdotas similares en los *haikus* o *koas* zen, doctrina para la cual la lógica y el intelecto, a las que se rinde culto en Occidente, no son vías de conocimiento tan satisfactorias como la experiencia de la naturaleza, el arte o las labores cotidianas. El niño sólo puede conocer el padecimiento que ha infligido a otro ser a partir de su propio dolor físico, lo cual le lleva a acatar su culpa o dolor psicológico, y a llorar por las consecuencias de sus actos. Más tarde, el trabajo manual de tallar caligrafía en madera durante horas que el maestro ordena al discípulo, ya adulto, servirá para que alivie su conciencia de un crimen cometido y venza el odio que le atormenta. Finalmente, el monje, ya anciano, que con anterioridad ha fustigado al joven al sorprenderlo intentando suicidarse, decide acabar con su vida tras partir éste con los policías que han acudido en su búsqueda, considerando su misión cumplida. Escribe en un papel el signo de CERRAR sobre sus orificios -ojos, boca y orejas- porque ya no desea ver, hablar y escuchar por más tiempo; es decir, obstruye el acceso de sus sentidos al mundo antes de entregarse a la muerte. Una serpiente resurgirá de las cenizas de la barca icinerada y volverá al

templo, enroscándose junto a la ropa que el maestro ha dejado cuidadosamente doblada sobre su esterilla.

La serpiente, animal sagrado para los orientales, cierra el círculo kármico de las reencarnaciones, el ciclo del nacimiento y la muerte. Al regresar el discípulo al templo y reiniciar una primavera, con una estatua sagrada que él mismo se ha amarrado sobre su espalda, el duro ascenso de la montaña omnipresente en la película como una deidad impasible–, descubre que hay algo más aparte del íntimo jardín del templo, minúsculo desde la cima, un punto insignificante en el agua resplandeciente. El discípulo está ahora preparado para alcanzar la trascendencia ante la contemplación de la belleza del mundo exterior. Kim Ki-duk, más allá del budismo, entronca con la piedad confuciana o la misericordia cristiana, se sumerge en el culto zen a la naturaleza, adquiriendo su complejo alcance esta fábula filosófica: sólo la aceptación de la insignificancia humana abre la puerta del nirvana; sólo la compasión hacia el prójimo –el rostro de Buda en la mujer ahogada– dará sentido a nuestra existencia. En el templo, alguien le espera para que le guíe hacia el conocimiento, alguien que ríe, lleno de vida. El ciclo de las estaciones se cierra, para volver a empezar.

BEAUTIFUL BOXER

Beautiful Boxer

FICHA TÉCNICA: 2003. Tailandia. 118 minutos. **Color.**
DIRECCIÓN: Ekachai Uekrongtham.
PRODUCTOR: Ekachai Uekrongtham.
PRODUCCIÓN: GMM Pictures Co.
GUIÓN: Ekachai Uekrongtham y Desmond Sim.
FOTOGRAFÍA: Choochart Nantitanyatada.
MÚSICA: Amornbhong Methakunavudh.
MONTAJE: Dusanee Puinongpho.
REPARTO: Asanee Suwan (Nong Toom/Parinaya Charoemphol), Sorapong Chatree (Pi Chart), Orn-Anong Panyawong (madre de Nong Toom), Nukkid Boonthong (padre de Nong Toom), Sitiporn Niyom (Nat), Sarawuth Tangchit (Nong Toom niño).

EL cine de Tailandia era un perfecto desconocido en las pantallas europeas hasta el siglo XXI. No obstante, existía en este país una industria cinematográfica desde los años veinte que, pese a estar orientada al entretenimiento, había aportado nombres que trasparon fronteras, como Rattana Pestonji en los años cincuenta o el príncipe Chatri Chalerm Yukol en los ochenta. Sin embargo, las películas tailandesas fueron decayendo en calidad y cantidad a medida que el mercado hollywoodense inundaba las grandes pantallas y la televisión acaparaba al público masivo. 1997, estallido de una crisis económica para Tailandia tras su fuerte apuesta por la globalización, fue paradójicamente el año en que dos directores provenientes del ámbito de la publicidad, Penek Ratanaruang y Nonzee Nimibuth, triunfaron con sus óperas primas, *Fun Bar Karaoke* y *Dang Bireley and the Young Gangsters*, con las cuales se inició tanto el resurgimiento nacional como la exportación internacional del cine tailandés. Nonzee Nimibuth sería asimismo el productor de *Las lágrimas del tigre negro* (Wisit Sasanatieng, 2000), el primer film tailandés estrenado en España desde 1982, un western romántico y salvaje que parodia con nostalgia la estética *kitsch* y los tópicos del cine de acción de los cincuenta. Y es que el género de acción, así como el de terror y la comedia, es uno de los más comerciales, junto a una modalidad autóctona que no deja de resultar curiosa, aún sabiendo que Tailandia es uno de los lugares donde se llevan a cabo más operaciones de cambio de sexo y que los concursos de belleza de *katoey* son tan populares como los de mujeres: las películas de travestis o transexuales. En este sentido, *Beautiful Boxer*, primer largometraje de Ekachai Uekrongtham, un joven director formado en el teatro, está avalado por el éxito de *The Iron Ladies* (2000), de Yongyoot Thongkongtun, el desenfadado relato de la amistad entre un grupo de gays, travestis y transexuales integrantes del equipo de voleibol vencedor del campeonato del país de 1996. *Beautiful Boxer* adopta un tono más serio para aproximarnos a las alternativas vitales y los estados emocionales de Nong Toom, campeón de *kickboxing*, o *muay thai*, deporte nacional, que lucha en el cuadrilátero como un hombre para llegar a convertirse en la mujer que siempre ha habitado su interior.

Una sucesión de *flashbacks*, a partir de la entrevista que un periodista realiza a Parinaya, bella modelo y actriz, después de que ella le rescatara del ataque de unos desaprensivos con una demostración de artes marciales, conforma la película. Cautivado desde la tierna infancia por las bailarinas de los espectáculos tradicionales, los cosméticos y el maquillaje, los ornamentos y abalorios con que se adornan, es decir, esa atmósfera de sensibilidad y belleza que encierra la esencia de la femineidad en Tailandia, Nong siente estar ocupando el cuerpo equivocado. Expulsado de una escuela budista por incumplir sus rígidos preceptos, empezará a practicar el *muay thai* por casualidad y, pese a ser reacio a cualquier forma de violencia, se dedicará a entrenar con tesón y a descubrir los secretos de un arte marcial que utiliza las ocho articulaciones –manos, pies, codos y canilla– para golpear al adversario. Escenas cortas, separadas por fundidos en negro, componen una serie de recuerdos independientes que forjan el rostro de la fascinante mujer revelada ante nuestros ojos. Por encima de todos los combates de los que Nong saldrá victorioso, se insinúa una lucha de mayores dimensiones, librada por el protagonista consigo mismo, cuando tiene que soportar la vergüenza de su familia, las burlas de sus compañeros o la incomprensión de parte de su público al hacer su aparición maquillado en el *ring*. Pese a su dulzura y serenidad, es un chico perseverante y con carácter, que conseguirá imponerse a todos los convencionalismos, escapando del destino de la mayoría de transexuales o *katoey* de Tailandia: la marginalidad, la prostitución o la pornografía. Parinaya no llegará a la paz, la reconciliación de su cuerpo y su alma, a través de la doctrina budista, de la aceptación resignada de su karma, sino de una operación de cambio de sexo –la magia de la ciencia– que le permitirá fusionarse con su verdadero yo a través de la identificación con el espejo.

Aunque el cine tailandés suele rehuir cualquier alusión explícita a los problemas religiosos, sociales y políticos del país, *Beautiful Boxer* subraya cómo el budismo más dogmático está perdiendo autoridad moral y espiritual, incapaz de ofrecer soluciones a los problemas y necesidades de las nuevas generaciones. Si Parinaya –interpretada por Asanee Swan, otro luchador de *kickboxing* cuyo parecido físico con Nong Toom lo hicieron ideal para el papel– encarna las virtudes femeninas y aboga por el respeto de la diferencia en la sociedad del progreso, en otra de las películas tailandesas que se han podido ver en España, *Tong-Ban, el guerrero muay thai* (2004), de Prachya Pinkaew –y más tarde su secuela *Thai-Dragon* (2006)–, Tony Jaa representa la masculinidad arraigada a la defensa de la identidad nacional; los valores de un idílico, conservador y religioso mundo rural enfrentado al materialismo y la perversión de la corrupta Bangkok. Este joven autodidacta nacido en 1976 en el nordeste de Tailandia interpreta a un ingenuo pero heroico pueblerino que persigue a los desaprensivos ladrones de la cabeza de un Buda –el contrabando de objetos valiosos de culto es frecuente en Tailandia–, a quienes deja fuera de combate con sus saltos asombrosos, patadas contundentes y enérgicos puñetazos. Tony Jaa, de quien ya se habla como digno sucesor de Bruce Lee y Jackie Chan, exhibe un estilo tan personal como espectacular, mezclando las habilidades del *muay thai* –antes que deporte, técnica guerrera– y la fantasía del kung fu de Hong Kong.

OLD BOY

Old Boy

FICHA TÉCNICA: 2003. Corea del Sur. 120 minutos. **Color.**
DIRECCIÓN: Park Chan-wook.
PRODUCTOR: Lim Seung-yong.
PRODUCCIÓN: Egg Films y Show East.
GUIÓN: Park Chan-wook, Hwang Jo-yun y Lim Chun-hyeong, basado en el *manga* escrito por Garon Tsuchiya y dibujado por Nobuaki Minegishi.
FOTOGRAFÍA: Jeong Jeong-hun.
MÚSICA: Cho Young-wuk.
MONTAJE: Kim Sang-beom.
REPARTO: Choi Min-sik (Oh Dae-su), Yu Ji-tae (Lee Woo-jin), Kang Hye-jeong (Mi-do), Ji Dae-han (No Joo-hwan), Oh Dal-su (Park Cheol-woong), Kim Byeong-ok (señor Han)

PARK Chan-wook, que se dio a conocer tanto en Corea como en el extranjero con *Joint Security Area* (2000), un exitoso *thriller* militar acerca de las tensas relaciones entre Corea del Norte y Corea del Sur no exento de crítica a los intereses y las políticas intervencionistas de países como Estados Unidos, ha desarrollado la vertiente más personal y creativa de su obra en una trilogía sobre la venganza: tres films de poderosa factura visual y sugestiva ambigüedad moral, donde ha forjado un estilo compulsivo e hipnótico, inconfundible. *Sympathy for Mr. Vengeance* (2002), la más sobria, reflexiva y sociológica, narra la historia de un sordomudo, Ryu, que para costear el trasplante de riñón de su hermana decidirá raptar a la hija de su ex jefe, una niña de cinco años que, una vez pagado el rescate, morirá accidentalmente ahogada. El padre no descansará hasta ejecutar su venganza, entrando en una espiral de autodestrucción: "Sé que eres un buen hombre, pero tengo que matarte". *Sympathy for Lady Vengeance* (2005), la más formal, lírica y autorreferencial, hasta el punto de que el guión queda desdibujado por la abrumadora fotografía y las piruetas del montaje, describe la transformación de Lee Geom-ja, una mujer que tras pasar trece años encarcelada por secuestrar y asesinar a un niño, se convierte en el implacable ángel vengador del verdadero culpable e instigadora de una alucinante venganza colectiva en la que los padres de las víctimas se erigirán en torturadores y verdugos. Entre ambas se sitúa *Old Boy* (2003), gran triunfadora del Festival de Cannes y de Sitges, una trepidante, sádica y romántica obra maestra, con reminiscencias de tragedia griega o de tragedia barroca, ya que los fascinantes eventos se desarrollan en una incierta dimensión entre la realidad y el sueño: Oh Dae-su, un hombre encerrado en una habitación sin más explicaciones, donde pasará quince años incomunicado, tendrá cinco días para averiguar el porqué y vengarse del responsable, Lee Woo-jin, un inaccesible desconocido que controla su destino y le recuerda que el quid de la cuestión no es tanto descubrir la causa de su encierro, sino por qué ha sido liberado.

Old Boy es una combinación explosiva, un enigma delirante, donde importan más las preguntas que las respuestas, y unas se sustituyen por otras a medida que el tiempo se agota y el desenlace es inminente. Oh Dae-Su (Choi Min-sik, de quien pudimos ver otra poderosa interpretación en *Ebrio de mujeres y pintura,* de Im Kwon-taek, todo un clásico veterano del cine surcoreano pese a que su filmografía es prácticamente inédita en España) tiene mucho de Edipo, pero también del Segismundo de "La vida es sueño" calderoniana o del Conde de Montecristo, del Dr. Hyde de Stevenson y de la bestia de Cocteau, y, cómo no, del esclavo sin nombre de la caverna platónica. Estas referencias no son azarosas, puesto que Park Chan-wook, antes de dedicarse al cine estudió filosofía y cultivó la crítica de arte. Como algunos de sus predecesores literarios, Oh Dae-su deberá retroceder en el tiempo, remontarse al principio para comprender, en un guión de extraordinario pulso narrativo capaz de alternar magníficas escenas de acción, donde los hechos se suceden de manera incontrolable, como la pelea prodigiosamente diseñada en *travelling* lateral en que no se repite un solo plano; sangrientos prime-

ros planos de mutilaciones, en los cuales los dientes, la mano o la lengua adquieren significado de punto flaco y simbólico, y espectaculares panorámicas que, gracias a la fotografía de Jung Jung-hoon y la música de Cho Young-wuk, dotan a la película de gran lirismo. En *Old Boy* sólo hay culpables, pero existe esperanza para la redención a través del dolor. Por encima de una metáfora fosilizada –los ojos deslumbrados por la luz del sol–, los indicios nos van empujando, junto al protagonista, hacia una verdad angular, impetuosa como un martillazo, irreverente como la visión de una fotografía inesperada, un recuerdo soterrado.

Hay un momento en que Lee Woo-jin (el ser melancólico y escurridizo que mueve los hilos del protagonista y domina a su criatura, ya que es el único que conoce sus secretos) dice a Oh Dae-su (el hombre convertido en bestia airada, obsesionado por llegar hasta la razón final, la lógica que le libere de su condición de marioneta furiosa): "¿Quieres vengarte o quieres saber la verdad?". Y aquí se produce la inspirada revelación, la palabra tabú que no se debe pronunciar so pena de romper el encanto de una impetuosa e intrigante tragedia postmoderna a la cual el espectador debe acceder sin más pistas, sin esperar más de lo esperable, con la mirada pura. El esclavo de la caverna platónica vivía entre sombras, y cuando por fin vio la claridad del sol quedó cegado. El superhombre nietzschiano, Oh Dae-su, aguantaría la mirada frente al sol y seguiría sonriendo con los ojos carbonizados. Edipo se arrancó los ojos, Oh Dae-su se cortó la lengua. La bestia y Oh Dae-su aman. Y el amor va más allá de una fantasía inoculada: una vez se experimenta trasciende el espejismo que lo propició. La imposibilidad del olvido es la única venganza y el único perdón. Aunque pudiéramos despojarnos del monstruo que anida en nosotros, y hacerlo envejecer a cada paso hasta que muriese al dar el paso setenta, siempre quedarían sus huellas sobre la nieve.

CRÓNICA DE UN ASESINO EN SERIE

Salinui chueok

FICHA TÉCNICA: 2003. Corea del Sur. 130 minutos. **Color.**
DIRECCIÓN: Bong Joon-ho.
PRODUCTORES: Cha Seoung-jae, Moo Ryung Kim y No Jong-yun.
PRODUCCIÓN: CJ Entertainment y Sidus Pictures.
GUIÓN: Bong Joon-ho y Shim Sung-bo, basado en una historia de Kim Kwang-rim.
FOTOGRAFÍA: Kim Hyeong-gyu.
MÚSICA: Taro Iwashiro.
MONTAJE: Seon Min Kim.
REPARTO: Song Kang-ho (detective Park Doo-Man), Kim Sang-kyung (detective Seo Tae-Yoon), Kim Roe-ha (detective Cho Yong-koo), Song Jae-ho (sargento Shin Dong-chul), Byeon Hie-bong (sargento Koo), Ko Seo-hie (oficial Kwon), Park No-shik (Baek Kwang-ho), Park Hae-il (Park Hyeon-gyu).

EL cine de Corea del Sur impactó en Europa a principios de la década de los noventa, revelándose como uno de los más frescos y originales del panorama internacional, con Hong Sang-soo, Im Kwon-taek y, especialmente, Kim Ki-duk. Cuando estos ya empezaban a hacerse fáciles y previsibles para el público occidental, sediento de sorpresas por parte del cine coreano, se estrenó en España el segundo film de Bong Joon-ho, *Crónica de un asesino en serie*, tras resultar premiado en el Festival de Cine de San Sebastián. Como su amigo Park Chan-wook, se trata de un director que explora la hibridación de los géneros, dotando a sus películas de una identidad original e intransferible. Sin embargo, frente a las hiperficciones estilizadas y convulsas del primero, Bong Joon-ho posee un talento de realizador clásico, de no menor elegancia visual, que mantiene la imagen bien sujeta al hilo narrativo de la historia para realzar unos diálogos muy elaborados desde el punto de vista de la psicología de los personajes. Estudió Sociología en su juventud, y pese a haber confesado que en vez de acudir a las clases prefería hartarse de películas, desde las más comerciales hollywoodienses al cine de culto de Shoei Imamura o Hou Hsiao-hsien, una de las constantes de sus argumentos reside en el interés por las clases humildes y las situaciones laborales precarias: así, su ópera prima, *Barking Dogs Never Bite* (2000), una excéntrica comedia negra, trata sobre un profesor en paro con falta de autoestima que se dedica a secuestrar y matar a los molestos perros de sus vecinos. Un humor sangriento y absurdo, una ironía no exenta de ternura, empapa una velada y efectiva crítica social, como la lluvia empapa la cabeza y el fango los pies de los ineptos y tenaces detectives de *Crónica de un asesino en serie*.

Un título como éste remite a las previsibles películas que fabrica la industria de Hollywood, donde unos aguerridos, pulcros e infalibles agentes atrapan, después de encontrar servidas en bandeja las pistas pertinentes y atar con asombrosa facilidad los cabos sueltos, a un siniestro asesino: el prototipo de film que ven los protagonistas por la televisión de un calabozo, mientras sorben unos fideos junto a un retrasado mental a quien intentan obligar a confesar el asesinato de una mujer. Queda claro desde el principio: el pequeño pueblo del interior en que suceden los hechos no es Seúl, y Seúl tampoco es América. Los policías de la localidad encargados de resolver el caso –Park Doo-man, un hombre convencido de descubrir con la mirada a los verdaderos asesinos, que a falta de pruebas en el escenario del crimen no duda en inventárselas, y su joven ayudante, Cho Yong-hoo, ansioso por golpear a los sospechos con su bota envuelta en un calcetín para conseguir declaraciones sin marcas–, sometidos a una gran presión por encontrar al psicópata sexual que tiene aterrorizado a la población, y al acoso de la prensa que los denuncia como torturadores, adelantan en sus pesquisas a base de intuiciones, cotilleos vecinales o incluso los servicios de una vidente.

A ellos se une Seo Tae-yoon, un agente recién llegado de Seúl, más analítico y cerebral, crítico con los métodos de investigación expeditivos y caseros que utilizan sus compañeros provincianos, y que descartará a sus sospechosos con sólo mirarles las manos. No obstante, será la sargento Kwon, a la que utilizan de cebo y para servir los cafés, quien descubrirá por casualidad una coincidencia reveladora: cada mujer es asesinada en una noche lluviosa mientras suena una nostálgica canción por una emisora de radio. Por desgracia, la policía suele estar ocupada reprimiendo manifestaciones, y los detectives peleando entre ellos, cuando se necesitan refuerzos; y, por otro lado, las pruebas que se suponen más rigurosas no siempre se encajan con la lógica criminal. Conforme el film avanza, se aleja de la parodia para revelarse como una disquisición sobre las consecuencias de tomarnos la justicia por la mano cediendo al impulso de nuestras certezas, y cada vez más vinculada al contexto histórico de la obra, los abusos y masacres cometidos bajo el régimen dictatorial del general Park Cheng-hee durante la década de los ochenta. Muchos de ellos, como los crímenes reales meticulosos y refinados en los que está basado el argumento –diez mujeres violadas, estranguladas con su ropa interior y con objetos introducidos en sus vaginas– no fueron esclarecidos nunca por completo. De hecho, no importa tanto quién es el psicópata, ya que ésta es la obsesión de Seo Tae-yoon, no el tema de la película, que formula un interrogante inesperado: ¿si un policía puede dejar de torturar, un asesino puede dejar de matar? *Crónica de un asesino en serie* no da lecciones de ética y menos aún aporta respuestas satisfactorias o finales unívocos. Eso sí, emociona al espectador cuando un objeto indignante, como una bota envuelta en un calcetín, inspira unos pocos planos después una infinita piedad; le estremece, al suceder a la diversión de una escena desopilante en una comisaría, la angustia del testimonio de una violación o el terror de una de las víctimas en medio del bosque presintiendo la cercanía del asesino.

La capacidad de aunar crítica social y comicidad de una forma tan especial, y más aún, de conseguir que el humor, en vez de elemento distanciador funcione como efectivo catalizador de la humanidad de los personajes, se halla también en la posterior *The Host* (2006), en la línea de la fructífera tradición japonesa de Godzilla que, como es costumbre en el director, rompe el molde genérico del que parte para convertirse en un espejo deformado de los fantasmas de la Corea contemporánea. Si Godzilla o, respetando el nombre original, Gojira (según la versión de Ishiro Honda de 1956, que tantas continuaciones y variaciones ha propiciado hasta la actualidad) es un dinosauro que despierta de su estado de hibernación a causa de las pruebas con armas nucleares que los Estados Unidos realizan en las costas japonesas, la criatura de *The Host*, que emerge del río Han, uno de los lugares de recreo habitual de los coreanos, es producto de la imprudencia de un científico norteamericano que ordena tirar cientos de botellas de vertidos radioactivos al río y de la sumisión del ayudante coreano a sus órdenes. Los héroes son una familia de lo más grotesco y esperpéntico, una pandilla de fracasados para el sistema que, pese a las diferencias entre ellos, se aliarán en una espectacular cruzada para salvar a la más pequeña de sus miembros de las garras del monstruo que la confina en su guarida: cloacas, túneles, sótanos, son recurrentes en la obra del realizador, acaso metáforas translúcidas de los recovecos ocultos de nuestra conciencia. Mas para poder enfrentarse a él, la familia debe antes luchar contra otro monstruo de tres cabezas que se vislumbra, si cabe, igual de espeluznante: unas autoridades paranoicas, un ejército estúpido y una ciudadanía corrupta y fanática, que ponen en peligro el éxito de la misión de rescate. Película más taquillera en Corea el año 2005 y avalada por el éxito en los principales festivales internacionales, *The Host* confirma a Bong Jon-hoo como nuevo director prodigio del cine coreano.

ZATOICHI

Zatoichi

FICHA TÉCNICA: 2003. Japón. 116 minutos. **Color.**
DIRECCIÓN: Takeshi Kitano.
PRODUCTORES: Masayuki Mori, Tsunehisa Saito, Masanori Sanada y Takio Yoshida.
PRODUCCIÓN: Office Kitano, Asahi National Broadcasting Company, Bandai Visual Co. Ltd., DENTSU Music And Entertainment Inc., Saito Entertainment y Tokyo FM Broadcasting Co. Ltd.
GUIÓN: Takeshi Kitano, basado en las novelas de Kan Shimozawa.
FOTOGRAFÍA: Katsumi Yanagishima.
MÚSICA: Keiichi Suzuki.
MONTAJE: Takeshi Kitano y Yoshinori Oota.
REPARTO: Beat Takeshi (Zatoichi), Tadanobu Asano (Hattori Genosuke), Michiyo Ookusu (tía O-Ume), Gadarukanaru Taka (Shinkichi), Daigoro Tachibana (*geisha* O-Sei), Yuuko Daike (*geisha* O-Kinu), Yui Natsukawa (O-Shino, mujer de Hattori), Ittoku Kishibe (Ginzo), Saburo Ishikura (jefe Ogi).

PRIMERA película de época, primer *jidaigeki* de Takeshi Kitano, *Zatoichi* parte de un personaje de la tradición nipona, Zatoichi, el Lobo Blanco, el espadachín ciego, que durante los años sesenta había encarnado con gran éxito popular el actor Shintaro Katsu en el cine y la televisión, para urdir un guión original, entre el homenaje y la parodia, síntesis de algunas de las principales convenciones del *chambara*. Beat Takeshi representa una nueva imagen del mítico héroe nipón, un defensor de los débiles campesinos que sólo conserva de su referente su prodigiosa habilidad con la espada pese a su completa ceguera. Su Zatoichi lleva el pelo teñido de rubio platino, viste de negro y oculta su espada en su bastón rojo. En la línea de los protagonistas de *Hana Bi* o *El viaje de Kikuhiro*, se trata de un hombre distante y reflexivo, cuyo carácter dependerá emocionalmente del resto de los personajes. Así, en cuestión de segundos, puede pasar de seducir a una vieja campesina con sus masajes a provocar una sangrienta carnicería en una partida de dados, o convertirse en un justiciero feroz cuando se enfrenta a la malvada banda que extorsiona a los habitantes de la aldea. No obstante, aunque se erija en el hilo conductor del relato, son otros caracteres secundarios los más relevantes desde el punto de vista dramático: el *ronin* Hattori Genosuke, interpretado por Tadonobu Asano, que ha vendido sus servicios al jefe de la banda que atemoriza el lugar con la esperanza de comprar las medicinas que salvarían la vida de su amada esposa enferma, o las dos falsas *geishas*, obcecadas en vengarse del hombre que asesinó a sus padres en la más tierna infancia, y que aportan un tono melancólico y crepuscular a algunas memorables escenas del film.

Si con estos personajes Kitano evoca el tono de ciertos clásicos de Kurosawa, Mizoguchi o Naruse, la violencia propia de las películas de samuráis recibe en *Zatoichi* un tratamiento singular. Su hiperbólica dimensión no es dolorosa, más bien cómica, lo cual resulta meritorio. La experiencia como humorista y el uso de las nuevas técnicas digitales por parte del director convergen a la hora de coreografiar los combates con la espada, escenas de gran belleza visual, como la lucha bajo la lluvia; de truculento efectismo, como la pelea durante la partida de dados, donde vuelan brazos cortados y la sangre brota como un chorro a presión. Interpretar al espadachín ciego supuso uno de los grandes retos de Beat Takeshi en su carrera como actor: "A veces no sabía dónde tenía la espada, me desorientaba totalmente tener que hacerlo todo con los ojos cerrados. Incluso cuando debía andar en línea recta era difícil, a pesar de tener marcas en el suelo. Tropezaba y me caía continuamente. No sabía cuál era la distancia que había entre mí y los otros actores. No podía ver la expresión de su cara ni sus movimientos cuando actuaba con ellos. Al actuar con los ojos abiertos, indirectamente sientes cómo moverte y cómo decir el texto, aunque físicamente no puedas verte a ti mismo". En *Dolls*, el director bebía del teatro *noh*, y aquí lo hace del *manzai*, un estilo teatral irónico y paródico de dúo cómico en el cual se formó durante su juventud, inventando para Zatoichi un particu-

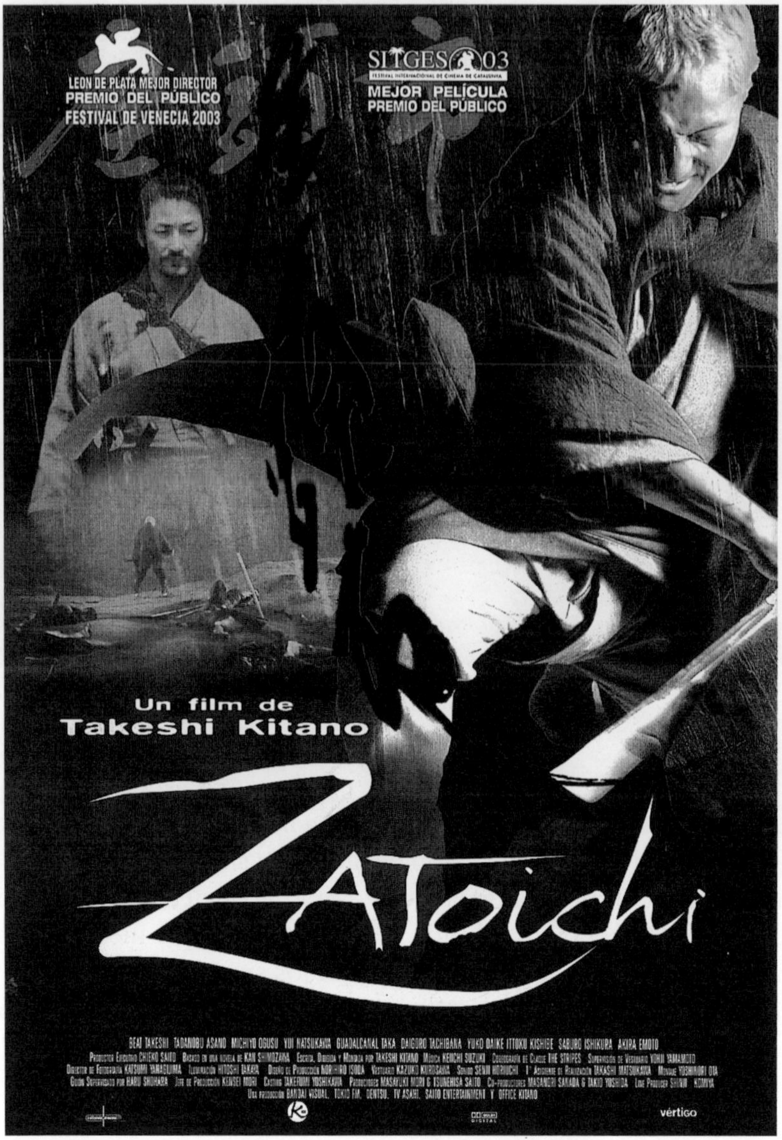

LEON DE PLATA MEJOR DIRECTOR
PREMIO DEL PÚBLICO
FESTIVAL DE VENECIA 2003
SITGES 03
MEJOR PELÍCULA
PREMIO DEL PÚBLICO
Un film de
Takeshi Kitano
ZATOICHI
BEAT TAKESHI TADANOBU ASANO MICHIYO OGUSU YUI NATSUKAWA GUADALCANAL TAKA DAIGORO TACHIBANA YUKO DAIKE ITTOKU KISHIBE SABURO ISHIKURA AKIRA EMOTO
Una producción BANDAI VISUAL, TOKIO FM, DENTSU, TV ASAHI, SAITO ENTERTAINMENT Y OFFICE KITANO
vértigo

lar modo de desenfundar el arma, que la cámara muestra desde diversas perspectivas, y a la que interesa más plasmar el efecto del golpe recibido que la ejecución del golpe en sí. Pero lejos de detenerse en la coreografía de la lucha, Kitano convierte toda la película en un espectáculo donde música e imagen se integran a la perfección, cuyo ritmo se insinúa en los sonidos sincrónicos y recurrentes del hacha que corta la leña y las azadas que aran los campos, y se va acelerando hasta culminar en un inaudito baile coral donde los campesinos –y el espectador con ellos–, celebran la instauración de la justicia y la dimensión ficticia del héroe con un número de claqué japonés a cargo de los Stripes.

En *Zatochi* no se sacrifica la historia, únicamente se cuestiona cuando ya la hemos disfrutado lo suficiente para que nos importe. Con ella entramos en la tradición de los mejores films de aventuras, en el placer de una ficción en la cual acabamos creyendo ciegamente, con los ojos abiertos. *Zatoichi*, considerada por el director una de las experiencias más artísticas y creativas de su carrera cinematográfica, demuestra tanto su capacidad para personalizar diferentes opciones estilísticas y temáticas como su dominio técnico del montaje, y el sabio engarzamiento de comedia, acción, drama y musical a través del *flashback*. Años después, en el ejercicio postmoderno de *Takeshis'* (2005), Kitano se mostrará más interesado por los juegos de las posibilidades del montaje que por la lógica narrativa entre las imágenes. Si en *Zatoichi* el protagonista dotaba a la acción de una coherencia no exenta de guiños y sorpresas, en este reciente *Ocho y medio* japonés el director y actor se parodia multiplicándose en varios espejos deformantes y casi se autodestruye. (¿Tendrá algo que ver con una influencia directa de su colega Takeshi Miike?) Después de *Takeshis'* podemos esperar cualquier cosa de Kitano. Incluso el silencio. Pero no. En *Glory to the Filmmaker!/Kantoku Banzai!* (2007) vuelve a derrochar talento, al convertir su propia crisis creativa en una comedia con toques surrealistas, haciendo estallar su caótico universo mental ante nuestros ojos.

IZO

Izo

FICHA TÉCNICA: 2004. Japón. 128 minutos. **Color.**
DIRECCIÓN: Takashi Miike.
PRODUCTORES: Taizo Fukumaki y Fujio Matsushima.
PRODUCCIÓN: KSS Inc., Excellent Film (Izo Seisaku Jikkoiinkai), Office Kitano.
GUIÓN: Shigenori Takechi.
FOTOGRAFÍA: Nobuyuki Fukazawa.
MÚSICA: Koiji Endo.
MONTAJE: Yasushi Shimamura.
REPARTO: Zazuya Nakayama (Okada Izo), Kaori Momio, Ryuhei Matsuda, Ryosuke Miki, Yuya Uchida, Masumi Okada, Hiroki Matsukata, Hiroshi Katsuno, Masato, Bob Sapp, Takeshi Kitano, Daijiro Harada.

EN *Lluvia negra*, de Shoei Imamura, radiografía de la sociedad japonesa de la posguerra tras la hecatombe atómica, un joven Takashi Miike figura como ayudante de dirección e interpreta su primer papel, el de obrero de una fábrica. Desde entonces, la trayectoria de Miike ha tenido un ascenso fulminante, tras el reconocimiento mundial de *Fudoh. The New Generation* (1996), convirtiéndose en uno de los realizadores más experimentales de su generación. *Izo*, donde las peripecias ficticias de un bandido que es crucificado y cuyo espíritu vaga por diferentes épocas del país del sol naciente masacrando a quien ose cruzarse en su camino, se alternan con imágenes documentales de conflictos bélicos y actos brutales cometidos a lo largo de la historia, es su particular homenaje a la violencia, una violencia que carece de apellidos o nacionalidad, presente o futuro, que emerge de la noche de los tiempos y del caos de la existencia: porque el principio y la radicalidad de la violencia, definidos por el tratamiento formal de la acción, se erigen propiamente en tema de esta película. No es de extrañar que desencantara, por motivos opuestos, tanto a a los fans de sus films de *yakuzas*, que encontraron pretenciosas sus aspiraciones trascendentales, como a la crítica, incapaz de registrar intención trascendente entre tanta carnicería. El público, sin embargo, ya debe estar acostumbrado a que Miike, que trabaja con poco presupuesto y tiempo, pero con total libertad, no haga películas para nadie, sino para "llevar mi cine a un sitio más imaginativo, donde nada esté aún creado", como ha declarado en más de una ocasión. Y viendo *Izo*, la impresión que recibimos es precisamente la de una obra que ha escapado de las manos de su creador –o bien ha sido lanzada al aire por éste–, que progresa a saltos, vertiginosa, arrastrada por una corriente intuitiva: puro ritmo cinematográfico, tiranía de la imagen, súmmum de la anarquía fílmica.

La más inaudita recreación de la leyenda de un samurái no se puede considerar un *chambara*. Si en *Zatoichi* Takeshi Kitano, desde la perspectiva de Kurosawa, hace del samurái un ángel de la guarda del pueblo indefenso frente a los abusos de los poderosos, *Izo* representa su anverso, el demonio que da rienda suelta a la agresividad, inevitable y gratuita. Inspirado en la figura de Izo Okada (1838-1865), un hombre de baja clase social que en el declive del período Edo fue adiestrado por la organización Tosa Kinnotou para liquidar al sogunato de los Togugawa y defender los intereses de la corte imperial, merecedor del apodo de *Hitokiri* o asesino por sus sangrientos crímenes, su vida fue novelada por Ryotaro Shiba y Ryuichiro Mine, y llevada al cine por Hiromasa Nomura, Fuun Sanjougawara y Hideo Gosha. Poco queda, no obstante, de este popular personaje, aparte de su legendaria fama de feroz homicida, en el Izo de Miike: alegoría de las caras de la violencia en el mundo y de la posibilidad de la regeneración a partir de la destrucción, tiene tanto de Cristo como de Satán, y su esencia forma parte del padre Caos de las mitologías primitivas, tan presentes en *Yokai daisenso* (*La gran guerra de los duendes*, 2005), film posterior apto para el público infantil pero fiel a su estilo personal, que en la línea de *El viaje de Chihiro* (2001), de Miyazaki, plantea el conflicto entre naturaleza y tecnología, mostrando una serie de espíritus autóctonos, de diferentes y fantásticas formas, identificables para los familiarizados con el folclore del país. El director reinventa, de esta forma, lo japonés a partir de la hiperbolización de algunos elementos que definen su cultura por antonomasia.

Sin embargo, la historia no es el aspecto más relevante de esta película, sino su discurso formal, el diseño artístico de escenas de luchas y matanzas, la sorprendente facilidad para pasar de un plano temporal a otro y, por supuesto, el mensaje que transmite, porque la violencia en estado puro es tan absurda e implacable como *Izo*. Miike lleva a su máxima expresión la calidad de la narrativa japonesa, el *suji*, que al contrario del modelo occidental, fundado en la relación causa y efecto de los acontecimientos, se basa en la conexión mental de secuencias. Quizá su obra resulte tan extraña y tan poética a la vez en cuanto constituye un velado regreso a la estética de la fragmentación del cine mudo japonés, donde primaba lo teatral y lo repetitivo, es decir, lo presentacional frente a lo representacional. Como un dibujante de *manga* o un artífice de videoclips, un *eizo sakk* o artista visual, Miike parte de los guiones de Shigenori Takechi, a simple vista deslavazados o incoherentes, apoyándose en la fuerza de los fotogramas y permitiendo que un significado profundo brote de las asociaciones en la mente del espectador. Sus films no respetan la verosimilitud, cimiento del discurso cinematográfico convencional, y están sembrados de elementos desconcertantes, como la explosión del planeta en *Dead or Alive* (1999) o el parto de un adulto en *Gozu* (2003). Tan cerca de lo primitivo como de lo moderno, recogen la tradición olvidada, traicionándola y reivindicándola a la vez, para que resucite lo postmoderno. Es cómodo menospreciar su cine, difícil comprenderlo y también cabe la posibilidad de que diga a algunos más de lo que pretende decir. Basta ver *Bing Bang Love, Juvenile A* (2006), su peculiar descripción de un crimen en una prisión, que comienza con la danza de un hombre tatuado y finaliza con el despegue de un cohete espacial y la visión de un arco iris a través de los barrotes de una celda. Lenta, reincidente, nos encierra en una alegoría indescifrable, pero perdonamos al director la confusión a cambio de la belleza que desprenden sus imágenes y todos los misterios que despiertan en nosotros, como en el final *in crescendo* y apocalíptico de *Izo*. Tras una serie ininterrumpida de peleas, asesinatos, magnicidios, el implacable brazo ejecutor llega a una casa misteriosa, un palacio del tiempo, donde los pilares del poder en Japón, los responsables de la corrupción del país, esperan impasibles que llegue su hora alrededor de una mesa. Por fin Izo se enfrentará a su raíz, a su causa y origen, al mismo infinito, en un duelo que adquiere dimensiones metafísicas. ¿Es Izo la materia que debe disolverse en la nada, el caos que aspira al tao, al vacío?

NADIE SABE

Dare mo shiranai

FICHA TÉCNICA: 2004. Japón. 141 minutos. **Color.**
DIRECCIÓN: Hirozaku Kore-eda.
PRODUCTOR: Hirozaku Kore-eda.
PRODUCCIÓN: Bandai Visual Co., Cine Qua Non Films, Engine Film Inc., C-style.
GUIÓN: Hirozaku Kore-eda.
FOTOGRAFÍA: Yutaka Yamasaki.
MÚSICA: Titi Matsumura y Gonzalez Mikami (Gontiti).
MONTAJE: Hirozaku Kore-eda.
REPARTO: Yuya Yagira (Akira Fukushima), Ayu Kitaura (Kyoko), Hiei Kimura (Shigeru), Momoko Shimizu (Yuki), Hanae Kan (Saki), You (Keiko, la madre), Kazumi Kushida (Yoshinaga), Yukiko Okamoto (Eriko Yoshinaga).

DESDE la década de los ochenta, una serie de jóvenes directores japoneses independientes volvieron al tema de la familia, como Mitsuo Yanagimachi en *Saraba itoshiki daichi* (*Adiós a la tierra*, 1982), Juzo Itami en *Ososhiki* (*El funeral*, 1984), Yoshimitsu Morita en *Kazoku gemu* (*Juego de familia*, 1983) o Jun Ichikawa en *Tokio kyodai* (*Los hermanos de Tokio*, 1994), cuyo título rinde un explícito homenaje a Ozu. Está claro que en el ámbito creativo el destino de los hijos es negar a los padres y reivindicar a los abuelos. Cambian los tiempos, las ropas, las modas, pero no los sentimientos. El tradicional drama doméstico japonés, el *shomingeki*, adopta en la actualidad tintes sociales y nuevas formas de representación, algunas profundamente arraigadas al documental. Es el caso de la obra de Hirozaku Kore-eda, que inició su andadura cinematográfica como documentalista para acabar explorando, al igual que Naomi Kawase, Funiki Watanabe o Atsushiko Suwa, los límites entre la realidad y la ficción en films como *Maboroshi no hikari* (*Ilusión* 1995), disquisición narrativa sobre la tentación del suicidio; *After Life* (1998), limbo imaginado donde los difuntos deben llevarse un recuerdo a la eternidad, o *Distance* (2001), análisis de las consecuencias que tuvo la intoxicación con gas en el metro de Tokio por los miembros de la secta del Arca de la Verdad en los familiares de las víctimas y los causantes de la tragedia. La muerte, la memoria, la ausencia, son constantes de una obra excepcional que, pese a haber recibido galardones y reconocimientos, permanece inédita en nuestro país.

El BAFF (Barcelona Asian Film Festival), una de las citas anuales para el amante del cine oriental, inauguraba su programa del año 2005 y agotaba las localidades en las taquillas con la primera película de Hirozaku Kore-eda estrenada en España, *Nadie sabe*, inspirada en un hecho verídico que años antes había conmocionado a la sociedad japonesa: cuatro hermanos de distinto padre habían sido abandonados por su madre, quien tras encontrar una pareja, tomó la decisión de emprender una nueva vida. Parece que no se trataba de un fenómeno aislado, ya que en Japón, según las estadísticas, cientos de niños, la mayoría hijos de madres solteras, no son registrados, lo cual indica la desprotección social y las dificultades de este colectivo para conseguir un trabajo y una vivienda digna. Pero Kore-eda rehúye el drama de denuncia para centrarse en una exploración de la infancia en estado puro, desvelando la existencia cotidiana de los cuatro hermanos, con un naturalismo tan cercano a lo poético que nos recuerda a Ozu, y un gusto por los largos planos fijos, la estética de los vacíos y la elocuencia del detalle. La cámara se acerca y detiene en esas extremidades infantiles, habitantes del apartamento de 40 m^2 que conforma su universo: los pies en la ducha, las manos en el fregadero, unos dedos dibujando en un vidrio entelado o pintando su primer dibujo en un aviso de factura impagada, un dedo acariciando una mancha de laca en el tatami, unas manos jugueteando con las hormigas del parque o manoseando la chapa de un refresco regalado por la niña amada. Dos manos de adolescentes que se cogen, cómplices, mudas.

Es Akira (Yagira Yuga obtuvo el premio al mejor actor en el Festival de Cannes), el hijo mayor, el único que puede salir al exterior, quien con apenas doce años debe hacerse cargo del resto, convertirse en el padre que nunca tuvo. Renunciar a ir a la escuela, jugar al béisbol o a la consola, como el resto de chicos de su generación, para hacer la compra y aprender matemáticas mientras se ocupa de la economía doméstica: "Gasté 674 yenes en el supermercado. Me quedan 650 yenes en la cartera. ¿Cuántos yenes tenía al principio?". Su hermana Kyoko, dos años menor, le ayuda preparando la comida y haciendo la colada. Shigeru y Yuki, de cuatro y tres años, pese a habitar el paraíso infantil, no tardarán en darse cuenta de que algo sucede cuando la madre no recuerde sus cumpleaños ni acuda a verlos por Navidad. El director evita caer en el sentimentalismo lacrimógeno para involucrarnos en una historia que incita a la reflexión. Así, descubrimos cómo los niños se ven obligados a adoptar roles y actitudes de los adultos para subsistir cuando el dinero se acaba, y progresivamente se quedan sin agua, sin luz, sin gas. Mira Nair había captado quince años antes en *Salaam Bombay* la odisea de los niños de la calle, destacando su dignidad, coraje e instinto de supervivencia. Kore-eda revela el aislamiento afectivo y emocional en que crecen hoy en día numerosos niños, la pérdida de su inocencia en una sociedad deshumanizada.

No cae en la tentación de arremeter contra la madre, interpretada por una celebridad televisiva llamada You, que no es mala ni cruel, sólo infantil e irresponsable. Obsesionada con vivir el presente e incapaz de asumir obligaciones, sueña con un hombre que la cuide y haga feliz, pero intuye que no encontrará a nadie que acepte hacerse cargo de su prole. Cuando Akira le recrimina su egoísmo, ella le responde: "¿No se me permite ser feliz?". En realidad, no es tan diferente al resto, a la masa humana que, absorta en sus propios asuntos, pasa junto a los niños sin advertir su aspecto de vagabundos, a los propietarios del apartamento que no ven o prefieren no ver la ausencia de la madre, a los muchachos que van a jugar a casa de Akira y no quieren regresar porque apesta. Sólo unos pocos, que experimentan la marginación en esa misma sociedad, demuestran piedad y comprensión, como el joven dependiente del supermercado o la chica solitaria de la que se burlan las compañeras de clase. Ésta última, aunque hija de una familia acomodada, es más infeliz que los hermanos, porque no tiene amigos. Akira, Kyoko, Shigeru y Yuki, pese a las penurias económicas y el desamparo, conforman una pequeña familia, una comunidad unida, con sus rutinas y juegos, sus derechos y deberes, donde ella encuentra calor y compañía. Kore-eda registra el progresivo desgaste físico y psicológico del abandono en unos niños que deben enfrentarse a la indigencia, a la soledad, a la muerte, al temor de ser descubiertos por los servicios sociales y separados. Niños que no saben o no pueden permitirse el lujo de llorar.

2046

2046

FICHA TÉCNICA: 2004. China/Francia/Alemania/Hong Kong. 129 minutos. **Color.**
DIRECCIÓN: Wong Kar-wai.
PRODUCTOR: Wong Kar-wai.
PRODUCCIÓN: Block 2 Pictures Inc., China Film Co-Production Corporation, Classic S.r.l., Columbia Pictures Corporation, Fortissimo Film, France 3 Cinéma, Jet Tone Films, Jet Tone Production, Orly Films, Paradis Films, Shanghai Film Studios, Zweites Deutsches Fernsehen (ZDF) y Arte France Cinéma.
GUIÓN: Wong Kar-wai.
FOTOGRAFÍA: Christopher Doyle.
MÚSICA: Peer Raben y Shigeru Umebayashi.
MONTAJE: William Chang.
REPARTO: Tony Leung Chiu Wai (Chow Mo Wan), Gong Li (Su Lizhen), Takuya Kimura (Tak/novio de Wang Jing Wen), Faye Wong (Wang Jing Wen/androide en tren del 2046), Zhang Ziyi (Bai Ling), Carina Lau (Lulu/Mimi/androide en tren del 2046), Chang Chen (novio de Mimi), Sum Wang (señor Wang/maquinista en tren del 2046).

Deseando amar finalizaba con un hombre susurrando un secreto en el hueco del árbol de un templo budista de Camboya y tapándolo con un puñado de barro. Era 1966, año de la Revolución Cultural china, y con esta referencia histórica nos hacía regresar a la cruda realidad. Con *2046* entramos en el interior de ese hueco perfectamente orquestado y de peculiar textura fílmica, a través de un título que alude al llamado síndrome de 1997, año en que Hong Kong pasó de ser una colonia británica a formar parte de China, y en que el nuevo gobierno prometió que durante cincuenta años el país no sufriría ningún cambio significativo. Así, *2046* es la fecha de caducidad de una promesa, un símbolo del temor a la disolución de un paraíso en vías de extinción... Nunca los vericuetos de los recuerdos, de los encuentros azaro-

sos, se parecieron tanto a la realidad virtual como en *2046*, que es además el número de la habitación de hotel de *Deseando amar*, reencontrada en el presente, y el título de la novela pergeñada por un escritor que nos preguntamos si no ama a las mujeres que se cruzan en su camino porque sólo puede amar un ideal o ama un ideal porque es incapaz de amar a todas esas mujeres concretas: la bella vecina de la habitación contigua, que representa la pasión carnal del ahora; una enigmática jugadora de cartas profesional, la Araña Negra, que siempre lleva en un brazo un largo guante de este color, cuenta pendiente del pasado; la hija del dueño de la pensión, que escribe bellas novelas por diversión y está enamorada de un muchacho japonés con quien mantiene una relación epistolar clandestina, es el después, el acaso. Tras todas ellas se proyecta la sombra de la primera Su Lizhen, el gran amor de *Deseando amar*, fantasma omnipresente que se interpone entre el protagonista y las mujeres con quien intenta establecer una relación. Ya que, ¿cómo puede competir la repetición de una experiencia física con el recuerdo sublimado de la sensación original? ¿Adónde nos lleva, pues, *2046*? En palabras de Wong Kar-wai, a "ese estado mental al que acudimos cuando queremos recuperar lo que hemos perdido, cuando tratamos de conservar no sólo la persona o el tiempo dejados atrás, sino también el momento y la atmósfera. *2046* no alude a una fecha o a un lugar del futuro, sino que trata del ahora, de por qué experimentamos más intensamente lo que tuvimos en el pasado que lo que nos rodea en el presente".

Si *Days of Being Wild* (1991) constituye el embrión de *Deseando amar*, *2046* completa el tríptico del Hong Kong de los sesenta –refinado, *kitsch*, impregnado de referencias de la cultura occidental–, fruto de la mirada nostálgica y maravillada del niño Wong Kar-wai que, con apenas cinco años, llegó exiliado de China. El nombre de una mujer, Su Lizhen, que aparece en las tres historias aunque con caras diferentes, hace de los films perspectivas de una misma realidad. De la evocación de lo que no sucedió que representa *Deseando amar*, pasamos a una dimensión posterior de la memoria en *2046*, lo que al fin ocurrió, aunque fugaz y temporal, y a partir de entonces lo cambió todo. Deseos puros, juegos de seducción, pasiones sexuales, se simultanean; ficción, sueños y realidad se entrelazan; encuentros y desencuentros sentimentales convergen, como en *Chunking Express* (1994), donde dos agentes, el número 223 y el 663, se enfrentan al abandono de sus novias y apuestan con más o menos suerte por la mujer que les depara el azar. Pero demasiado egoísta, cobarde o abúlico, Chow no se entrega a un amor que vive como un juego de naipes. A veces por cinismo, otras por orgullo; sea porque es demasiado pronto o demasiado tarde, sus pasiones están destinadas al terreno de lo imposible o de las infinitas posibilidades. A diferencia de *Deseando amar*, el director ya no se limita a alargar o condensar el tiempo, sino que entra en la dimensión de lo hipotético, sirviéndose de un montaje artesanal y personal, opuesto al planificado y rápido del cine comercial, que reinventa la película en el proceso de postproducción. Y en esta estructura abigarrada y ambiciosa encuentra su perfección fragmentada un argumento que, pese a no existir como tal, deslumbra acompañado de la magnífica selección operística y la inolvidable música original de Peer Raben y Shigeru Umebayashi, que convierten la película en una auténtica sinfonía visual.

No es el futuro el que se superpone y alterna con el pasado y el presente, sino el tiempo condicional de la creación, donde todo es posible. La novela de ciencia-ficción que Chow se empeña en escribir es el revestimiento formal que afianza la entidad de este tercer plano de la realidad. Formas geométricas, superficies metalizadas, horizontes sin fin. Mujeres androides con peinados punk que actúan como autómatas, que no responden cuando se les habla, de quienes no hay que esperar una respuesta. Trenes que anuncian su salida hacia el futuro, pero no, en realidad no hacen más que regresar, una y otra vez, al pasado, intentando borrar en vano la memoria.

HIERRO 3

Bin-jip

FICHA TÉCNICA: 2004. Corea del Sur/Japón. 88 minutos. **Color.**
DIRECCIÓN: Kim Ki-duk.
PRODUCTOR: Kim Ki-duk.
PRODUCCIÓN: Kim Ki-duk Films y Cineclick Asia.
GUIÓN: Kim Ki-duk.
FOTOGRAFÍA: Jang Seong-back.
MÚSICA: Slvian.
MONTAJE: Kim Ki-duk.
REPARTO: Lee Seung-yeon (Sun-hwa), Lee Hyun-kyoon (Tae-suk), Kwon Hyuk-ho (marido), Park Dong-jin (detective Lee), Choi Jeong-ho (carcelero).

KIM Ki-duk hunde las raíces en la filosofía oriental, pero sus ojos están fijos en el presente, en los jóvenes que andan a la deriva, habitantes de un mundo hipócrita y mezquino que ignora sus inquietudes existenciales que, de hecho, son las que siempre han acuciado a la humanidad: la búsqueda de la libertad, el miedo al dolor, la angustia ante el paso del tiempo, el sentido de la felicidad; jóvenes que son tan parecidos en Oriente y en Occidente que no importa que los sitúe en Seúl: como en tantas otras grandes urbes, las palabras de los demás no les permiten escuchar su propia voz, e incluso ponen en duda que existan con su indiferencia. Cuando el director habla de la sociedad coreana lo hace de la sociedad actual, lo cual explica el éxito de su obra en Europa y los numerosos galardones obtenidos en festivales internacionales, mientras que en su país de origen su reconocimiento es menor. *Hierro 3*, si no la mejor película de Kim-Ki-duk sí la más perfecta, demuestra la madurez de su cinematografía. Estudiados encuadres donde cada detalle de la cotidianeidad es rico en simbolismos son el marco de las espléndidas interpretaciones de la pareja protagonista, suscitadoras de emociones de las que dejan huella. Pero esta es también una película de doble filo: contemplativa, en la tradición del drama clásico oriental, *Hierro 3* se erige a la vez en implacable reflexión sobre el vacío de la vida moderna.

Tae-suk es un joven sin pasado ni futuro. Nada sabemos de él, o mejor dicho, todo lo que sabemos proviene de sus actos. No parece tener casa propia, y menos residencia permanente, puesto que se dedica a ir sobre su moto de barrio en barrio repartiendo propaganda, ocupación que le permite averiguar qué viviendas están vacías para instalarse esporádicamente en ellas. Okupa modélico, jamás roba, sólo curiosea los objetos que le llaman la atención, hace la colada de la ropa sucia y arregla algún aparato eléctrico que no funciona: relojes, cadenas musicales, básculas. Vive su soledad con convicción y alegría: se masturba mirando una fotografía o se hace fotos con su propia cámara digital junto a las que encuentra en las casas que visita. Está claro que prefiere la virtualidad al contacto humano, la libertad del nómada que ligarse a algo, o a alguien, a quien puede, o que puede, hacerle daño. Cierto día, se instala en una lujosa casa, con un pequeño jardín equipado para jugar al golf. Cree que está solo, sin embargo no tarda en descubrir que en su interior permanece recluida Sun-hwa, una mujer a la que su marido maltrata y no permite salir en su ausencia. Entre ambos, ingenuos, taciturnos, transparentes, se establece una silenciosa complicidad, y cuando regresa el esposo y la empieza a agredir, Tae-suk arremete contra él con un palo de golf poco habitual, un hierro 3, llevándose a Sun-hwa en su moto –por primera vez se lleva "algo" de una de sus estancias–, quien a partir de ahora compartirá con él su vida errante, las casas vacías de los otros y un amor sin palabras, que se expresa magistralmente en la ternura, el respeto, la compasión por el mutuo sufrimiento a través de simples gestos, sonrisas y miradas.

Tras ser encarcelado sin que haya cometido delito alguno, y separado de Sun-hwa, que debe volver a su pesar con su legítimo marido, Tae-suk no habla, no se rebela. Rechaza cualquier tipo de violencia. Aprendió la lección en el momento en que descargando su rabia contra una pelota con su palo de golf causó de manera involuntaria un grave accidente, lo que le hizo consciente de la responsabilidad imprevisible de cada una de nuestras acciones, de nuestras palabras. No se defiende durante el interrogatorio policial, ni cuando le pegan una paliza, y en la celda donde es confinado se limita a esconderse con una sonrisa misteriosa de su exasperado guardián, burlando al ojo humano, ejercitándose en volverse invisible hasta desaparecer del todo. Sólo así puede regresar a las casas donde ha vivido libre de peligro: como un fantasma. Como el hombre sabio del Tao Te King, "El búfalo salvaje no encuentra en él donde clavar sus cuernos,/ el tigre no encuentra en él donde clavar sus garras,/ el arma del soldado no encuentra en él donde clavar su filo./ ¿Cómo es eso posible?/ Porque él está más allá de la muerte". Sólo así su amada, mientras abraza a su marido, podrá besarlo a sus espaldas, en una de las representaciones iconográficas más bellas del triángulo perfecto.

A lo largo del film el director ha mostrado el interior de diversas viviendas –entre ellas, su propio apartamento– y modelos de familias que evocan una dicha o unos valores que se revelan falsos cuando conocemos a sus propietarios: a un hogar plagado de instantáneas de una feliz familia, ésta regresa de improviso, con la madre reprochando al padre lo desagradable que ha resultado pasar el fin de semana juntos; en un precioso chalet, cuyas paredes están decoradas con retratos de una bella mujer, vive esa misma mujer con moratones en la cara de los golpes que le pega su marido; en un pequeño piso reposa el cadáver de un viejo olvidado por sus hijos, a quien los protagonistas dan sepultura. Quizá podamos reconocer nuestros propios hogares, los que tuvimos alguna vez o los de nuestros familiares y amigos... hogares donde el bonito y armonioso continente poco tiene que ver con el pobre y triste contenido. Sólo en el caso de la pareja que vive en una humilde casa de estilo tradicional, con un pozo y unas cuantas macetas de plantas y flores que cuidan con esmero, ambos planos están en correspondencia. No es casual que Tae-suk y Sun-hwa se sientan tan a gusto, que sea en un sofá de esa casa donde se besen por primera vez y que Sun-hwa se refugie allí una tarde, a la espera del regreso de Tae-suk, para conciliar

un sueño tranquilo, ante la comprensión de los dueños, que respetan su descanso sin buscar explicaciones. ¿Es acaso a esta felicidad profunda y tranquila que respira el espíritu zen a la que aspiran los protagonistas?

Aunque en la obra de Kim Ki-duk son característicos los personajes mudos, como la enigmática Hee-Jin de *La isla*, la ausencia de diálogo en *Hierro 3* es más que significativa, ya que implica el cuestionamiento de la palabra, que se vislumbra fallida como medio de comunicación e inoperante a la hora de expresar los sentimientos. ¿Qué mejor ejemplo que la ironía de Sun-hwa diciendo a su esposo que le ama, mientras su mirada lo traspasa, yendo mucho más allá, hasta su imperceptible amante? Por primera vez, el celoso marido se tranquiliza, convencido de que ha recuperado el afecto de la mujer que guarda encerrada en casa como un objeto precioso, una más de sus pertenencias, poniendo en evidencia lo ridículo y egoísta del matrimonio burgués, un contrato de compraventa –o arrendamiento– que cifra la felicidad en la posesión. Despojado de su dimensión corpórea, el amor entre Tae-suk y Sun-hwa encuentra su lugar, entre el sueño y la realidad, el deseo y la nostalgia. Sobre una báscula, no pesan más de cero: he aquí la fascinante historia de amor entre dos almas.

TROPICAL MALADY

Sud pralad

FICHA TÉCNICA: 2004. Tailandia/Francia/Alemania/Italia. 118 minutos. **Color.**
DIRECCIÓN: Apichatpong Weerasethakul.
PRODUCTORES: Charles de Meaux y Alex Moebius.
PRODUCCIÓN: Downtown Pictures y TIFA.
GUIÓN: Apichatpong Weerasethakul.
FOTOGRAFÍA: Jarin Pengpanitch, Vichit Tanapanitch y Jean-Louis Vialard.
MONTAJE: Lee Chatametikool y Jacopo Quadri.
REPARTO: Banlop Lomnoi (Keng), Sakda Kaewbuadee (Tong), Huai Dessom, Sirivech Jareonchon, Udom Promma.

UNA de las características que define el Nuevo Cine Tailandés es precisamente la aparición a finales de la década de los noventa de una cultura cinematográfica alternativa, a cargo de directores cuya obra destaca por la experimentación con la imagen y la ruptura del discurso narrativo. Este es el caso de Apichatpong Weerasethakul (Bangkok, 1970), formado en el ámbito de la publicidad y el vídeo arte, uno de los pocos realizadores independientes tailandeses. Díptico misterioso y deslavazado, articulado en torno a la oposición entre lo civilizado y lo salvaje, lo racional y lo instintivo, lo religioso y lo sagrado, *Tropical Malady*, que resultó premiada en el Festival de Cannes –como su predecesora *Blissfully Yours* (2002), que escenifica el encuentro sexual de un joven tailandés y una inmigrante ilegal birmana en una jungla donde se difuminan las nociones del espacio y el tiempo–, dividió a la crítica occiental entre quienes la veían como un ejercicio incoherente y pretencioso y los que la calificaban de ambiciosa y original. En su país la excluyeron del Festival de Cine de Bangkok y de representar a Tailandia en los Oscar de Hollywood como mejor película extranjera. Probablemente pensaron que un inin-

teligible romance gay en las selva era poco representativo y tenía escasas posibilidades de reconocimiento. No obstante, el argumento, inspirado en relatos del tailandés Noi Itanon y del francés Jacques Tourneur, es sólo una excusa, una parábola apenas esbozada para reflexionar sobre el animal que subyace bajo nuestra humanidad, o en palabras del director: "Esa bestia interior que la sociedad reprime, domestica viviendo en las grandes urbes. Vestir de blanco o de negro representa una forma de identidad, pero en realidad ésta reside en el animal interior. Así que, a medida que penetras en la selva, tu animal se empieza a esclarecer y vislumbras mejor quién eres de verdad".

No hay duda de que la filmografía de Apichatpong Weerasethakul se desmarca del dramatismo típico del cine tailandés para ofrecer una perspectiva distanciada, austera, minimalista, en la línea de Hou Hsiao-hsien o Tsai Ming-liang. Como en estos directores, el peso de la narración es escaso. El espectador debe hilvanar las escenas y dotarlas de un sentido superior si quiere alcanzar su significado. De hecho, no sólo se trata de llenar los vacíos lógicos, la arbitrariedad de los indicios, sino de establecer una relación entre la primera parte, urbana, luminosa y naturalista, y la segunda, selvática, oscura, simbólica. El efecto de *Tropical Malady* se produce cuando en la mente se intentan encajar ambas partes, la fotografía y el negativo. En una película que muestra la realidad cotidiana, para después imaginar la cara oculta de esa misma realidad, sólo los intertítulos, que relatan una leyenda del folclore popular tailandés –peculiar homenaje al cine mudo– se erigen en bisagra entre ambas dimensiones. Cineasta de la dicotomía, en Apichatpong Weerasethakul la sucesión se convierte en correspondencia, sin nexos causales que orienten más que nuestra propia intuición y curiosidad. Un joven campesino y un soldado se aman. Un soldado y un tigre se acechan. Cada escena de la película genera una pregunta, pero el director no da respuesta, se limita a formular otra hipótesis –igual que en el documental *Mysterious Object at Noon* (2000), donde sigue la fortuna de una misma historia por parte de personas de todo el país, y crea la ficción a partir de las imágenes de los narradores– o una respuesta inesperada, una pieza que no encaja en la construcción de un argumento convencional.

Durante generaciones, el budismo doctrinal y popular ha sido indesligable en Tailandia de creencias sobrenaturales, de fantasmas o *phii*, convocados en films de terror autóctonos como *The Eye* (Oxide Pang y Danny Pang, 2002) o *The Shutter* (Banjong Pisanthanakun y Parkpoom Wongpoom, 2004). Las referencias budistas en la primera parte de la película –la visita de los dos jóvenes al templo excavado en una tenebrosa cueva, custodiado por una anciana; las rayas tatuadas en el cuerpo del campesino, ya que es frecuente que los monjes budistas practiquen la milenaria tradición de tatuar animales que otorgan poderes relacionados con su simbología– se acaban disolviendo en el animismo de un estadio primitivo, ajeno a la civilización, al lenguaje, incluso a la memoria. Una vez ha penetrado en la jungla, el soldado, como el viejo cazador de *Dersu Uzala*, experimenta una comunión con la naturaleza y los seres míticos que la pueblan, bajo la amenaza y la fascinación del tigre, o su fantasma. Penetra en un mundo ancestral poblado de seres mágicos, que también son el abismo del inconsciente: la oscuridad de la mente en una noche real, un fotograma grisáceo escasamente iluminado. Cuenta una leyenda que, en una vida anterior, Buda permitió que un tigre lo devorara para saciar el hambre del animal. Como un iniciado, el soldado, que comprende todos los sonidos y voces del universo, se debate entre destruir al tigre o unirse a él, abandonarse en cuerpo y alma a la bestia que anida en su interior. Hay que reconocer que en esta película, objeto de especulaciones cinematográficas más que de emoción y entretenimiento, la evolución del clímax y el desenlace sorprendente conducen lo soporífero hacia lo hipnótico, porque acostumbrados a la oscuridad, la visión final resulta tan impactante a nuestros ojos como pudoroso el tímido romance del principio. Falta, no obstante, un plano. El director, poco complaciente con el espectador, eliminó aquél en que dos hombres yacen juntos, mientras se devoran entre sangre y vísceras. Implícita hasta la alegoría, *Tropical Malady*, cuya traducción textual sería "extraño animal", describe una metamorfosis arraigada al concepto de reencarnación budista, metáfora moderna del canibalismo de la pasión.

EL CASTILLO AMBULANTE

Hauru no ugoku shiro

FICHA TÉCNICA: 2004. Japón. 119 minutos. **Color/Animación.**
DIRECCIÓN: Hayao Miyazaki.
PRODUCTOR: Toshio Suzuki.
PRODUCCIÓN: Studio Ghibli, DENTSU Music And Entertainment Inc., Mitsubishi Corporation, NTV, Nippon Television Network Corporation, Tohokushinsha Film Corp. y Tokuma Shoten.
GUIÓN: Hayao Miyazaki, basado en la novela homónima de Diana Wynne Jones.
FOTOGRAFÍA: Atsushi Okui.
MÚSICA: Joe Hisaishi y Youmi Kimura (canción "Sekai no Yakusoku").
MONTAJE: Takeshi Seyama.
REPARTO (voces): Chieko Baisho (Sofia), Takuya Kimura (Hauru), Akihiro Miwa (bruja del páramo), Tatsuya Gashuin (Calcifer), Ryunosuke Kamiki (Marco), Haruko Kato (Suliman).

TRAS el éxito de *El viaje de Chihiro*, Hayao Miyazaki anunció que su próxima película sería un melodrama: "Una historia de amor en la que entran en juego el sufrimiento, las enfermedades y la guerra". Había quedado fascinado por el libro "Howl's Moving Castle", de las escritora inglesa Diana Wynne Jones. El resultado de la adaptación cinematográfica es un prodigio de la animación artesanal y de la desmesura imaginativa, cuya mejor muestra es ese gigantesco ingenio móvil humeante del que sobresalen tejados, escalerillas, antenas, hélices y chimeneas, cruzando las montañas con sus patas de hierro. Si *El viaje de Chihiro* representaba una inmersión en las tradiciones y la mitología japonesa, *El castillo ambulante*, ambientado en Europa central (el director tomó como referencia los paisajes galos de Alsacia y el estilo del pintor francés Albert Robida, un contemporáneo de Julio Verne que, compartiendo esa doble atracción-rechazo por los rápidos progresos que experimentaba la ciencia a principios del siglo XIX, se dedicó a diseñar una serie de máquinas proféticas y artilugios visionarios), está inspirado en la historia occidental y apela a inquietudes muy actuales. Bajo la límpida superficie de un cuento de hadas y el tenebroso enfrentamiento de poderes mágicos, no es difícil entrever un mensaje antibélico en paralelo a los acontecimientos internacionales que han conmocionado al planeta en los últimos años; el director dejó claros sus posicionamientos éticos y políticos cuando, premiado con un Oscar por *El viaje de Chihiro*, no acudió a Los Ángeles para recibir el galardón, fruto de una decisión personal de hacer manifiesta su protesta por el conflicto de Iraq. Así, durante el proceso de realización de la película, avanzaba en una entrevista: "La joven protagonista no quiere tomar partido por un lado o por el otro, y en estos días se requiere a todo el mundo que tome partido, que piense en blanco o en negro... No se tratará de una película sobre la guerra, pero sí quiero expresar que existen caminos alternativos, que no quiero estar ni con el 'emperador' Bush, ni con 'el villano' Sadam".

En efecto, en *El castillo ambulante* las cosas no son ni blancas ni negras: una guerra absurda tiene lugar, sin razones ni culpables, pero bajo la responsabilidad de todos. El cine de Miyazaki rehúye de la oposición occidental entre el bien y el mal, que se trasluce en el maniqueísmo redundante de las producciones animadas de Disney. Más de acorde con la filosofía del *ying* y el *yang*, para él se trata de dos dimensiones que habitan una misma persona y se manifiestan o disuelven en el terreno de las apariencias y las metamorfosis. Esta característica de la filmografía del director llega aquí al paroxismo y aún da un paso hacia delante: Sofia es una jovencita que se convierte por culpa de un hechizo en una anciana. Hauru, el amo del castillo, adopta diversos nombres según sus interlocutore. Por norma se comporta como un frívolo *play-boy* sacado de un *sojo manga*, que tanto éxito tienen entre las adolescentes japonesas, pero cuando se deprime deviene en un ser inseguro, que puede llegar a disolverse en un repugnante líquido verde. Durante la noche adopta la forma de un temible pájaro de plumas negras que mantiene encarnizadas luchas contra ejércitos infernales de híbridos de máquina y animal retro futuristas. La terrible bruja del páramo, desprovista de sus poderes, se convierte en una abuelita golosa y amante de los puros digna de compasión, mientras que la maga Suliman, de rostro bondadoso y embajadora del poder real, es capaz de ordenar actos de atroz crueldad. ¿Es realmente un espantapájaros ese ser que persigue a la joven heroína? ¿Y el perro volador que le acompaña en sus proezas?

Resulta inevitable establecer relaciones con el resto de películas del director, en especial paralelismos con *El viaje de Chihiro*, tanto en lo que respecta a la historia –una inocente muchacha que es víctima de una maldición y, aun así, conseguirá librarse de ella, salvando a su vez a un héroe masculino de otro cruel encantamiento–, como al diseño de los personajes –Sofia, lustrando el interior del castillo, podría ser Chihiro con diez años más, trabajando de criada en el Palacio de los Baños; Huru, al igual que Haku, es capaz de metamorfosearse en animal y su inmenso poder es manipulado por las fuerzas del mal–. Los personajes, ciertamente, recuerdan a otros, pero sus trazos son más precisos, así como los detalles de las calles y fachadas de las ciudades y los fondos de los cielos bombardeados. Miyazaki es uno de esos artistas que recrean una vez tras otra el mismo eje argumental en un avance hacia la perfección, sin temor a una estética de la saturación. Sin embargo, si en algo se diferencia esta película de *El viaje de Chihiro* es en la inexistencia de una frontera entre el mundo de la realidad y lo maravilloso, lo que interfiere cuestionando la continuidad narrativa del relato.

En *El castillo ambulante* no sólo rigen las leyes de un mundo fantástico donde nadie es quien aparenta ser, también se transgreden las leyes elementales del espacio y el tiempo: el aquí y el allá dependen del color del cilindro de la puerta del castillo por donde se accede al exterior; las edades se confunden y los contornos entre pasado y presente se difuminan: la heroína, además de convertirse en una anciana, adquiere una figura u otra de manera imprevisible, oscila entre las dos edades según sus sentimientos y sensaciones. La película desemboca en un torbellino onírico, un encadenamiento de imágenes por libre asociación que escapan de la lógica e incluso se hacen con el control del rumbo de la obra. Y es así como *El castillo ambulante*, antes de caer ante nuestros ojos como un inmenso montón de chatarra, se erige simultáneamente en alegoría antibélica y drama romántico, oda a la vejez y *haiku* a la infancia: síntesis o abuso tanto de una obsesión por la luminosidad, los colores pastel y la pureza de líneas, como por una naturaleza idílica y un mundo armónico de influencia sintoísta donde las personas pueden liberarse de falsos reflejos y cadenas para encontrar el corazón que han perdido o se les ha arrebatado.

EL SABOR DE LA SANDÍA

Tian bian yi duo yun

FICHA TÉCNICA: 2005. Taiwán/Francia. 114 minutos. **Color.**
DIRECCIÓN: Tsai Ming-liang.
PRODUCTOR: Bruno Pésery.
PRODUCCIÓN: Arena Films, Homegreen Films y Arte France Cinéma.
GUIÓN: Tsai Ming-liang.
FOTOGRAFÍA: Liao Pen-jung.
MÚSICA: Diversas canciones.
MONTAJE: Chen Sheng-chan.
REPARTO: Lee Kang-sheng (Hsiao-Kang), Chen Shiang-chyi (Shiang-chyi), Lu Yi-ching (madre), Yang Kuei-mei (actriz porno taiwanesa), Sumomo Yozakura (estrella porno japonesa).

¿QUÉ sabores exóticos y oscuros significados encierra una sandía, entre su grueso caparazón verde esmeralda y su jugoso y rojo interior? *El sabor de la sandía,* primera película del taiwanés Tsai Ming-liang estrenada en España, da respuestas paradójicas a este interrogante. Para el heterodoxo director, cuya personal filmografía incide en la dificultad de comunicación en el mundo contemporáneo, un argumento es un punto de partida para explorar sensaciones: "Cada película depende, en primer lugar, del momento en que la concibo, de mi estado de espíritu, mis inquietudes. Y después, de mi motivación, es decir, de la observación de mis actores. En cada película los contemplo, los veo cambiar a medida que pasa el tiempo. Si provoco no es por gusto ni por elección, sino porque estoy más cerca de ellos que de mí mismo. Esta evidencia prima sobre la historia que estoy explicando. De hecho, no hago películas para contar historias. Si lo hiciera, me parecería una lástima, tendría la impresión de estar fabricando un producto, y cualquier producto puede ser reemplazado por otro". Su concepción de una obra es, pues, más poética que narrativa, en cuanto la narración está supeditada a las intuiciones, por lo tanto requiere una lectura diferente a la habitual. Acaso por este motivo *El sabor de la sandía* ha merecido calificaciones tan contradictorias como desconcertante, obscena, tediosa, desagradable, absurda, extraña o fascinante. El caso es que cuando todo parece dicho y redicho, incluso cuando es nuevo y se adecua a nuestras expectativas, este director las ignora. Se atreve a mezclar las bases del cine pornográfico con el musical romántico y de la conjunción de ambos surge un drama realista sobre la soledad más profunda del ser. Y es así como la magia de sus imágenes, por ejemplo el extremo y liberador plano final, duele por la misma razón que niega.

Como si se arrastraran por las calles, como si buscaran algo tan simple como sobrevivir. Caminan sedientos, en largos planos fijos, en escenarios desolados de vacía inmensidad. Ella subsiste bebiendo el agua que sustrae en botellas de litro de los aseos públicos. Él se refresca cuando llega la noche sumergiéndose en las cisternas de agua de las azoteas. Son vecinos en un edificio inmenso de pasillos desiertos donde todo suena a hueco. Él dormita en un banco, ella lleva una sandía bajo el brazo y espera a que él se despierte para pronunciar su única frase en toda la película: "¿Todavía vendes relojes?". En una demostración de que pese a todo la vida es maravillosa, se intercalan unos números musicales, de lúgubre tristeza o de festiva alegría, de naif expresión de la añoranza bajo la luna o de la pasión bajo los parasoles. Ella trabaja de guía en un museo. Él protagoniza películas porno en su apartamento. Comparten una cena y el delicado momento de fumarse juntos un cigarrillo debajo de una mesa. Él la sorprende por la noche lamiendo clandestinamente una sandía recién sacada de la nevera. Él sueña con las estrellas. Más tarde se masturba con unas revistas para poder continuar con su trabajo en condiciones. Ella lo contempla extasiada actuar en un video porno. Las coreografías, homenaje nostálgico del director a la música pop y a las comedias musicales taiwanesas de la década de los sesenta, son susurros o alaridos de las almas de unos cuerpos muertos en la claustrofóbica canícula de la deshumanizada era del progreso. Melancólica y cómica, pornográfica y dramática, así. No a la vez, sino sucesivamente.

Tsai Ming-liang planteó a su equipo habitual (desde 1997 trabaja con el mismo trío de actores) sus papeles como un reto, y los puso en algún que otro aprieto en las explícitas escenas sexuales. La presencia de una actriz de porno japonesa profesional, ya que todavía resulta difícil para una taiwanesa desnudarse frente a la cámara, contribuyó a su progresiva desinhibición y a la naturalidad de sus interpretaciones. La polémica que levantó la película en Taiwán reveló que mostrar el coito descarnado en la gran pantalla es todavía tabú; no obstante *El imperio de los sentidos*, de Oshima, aún se considera en Japón escandalosa. En el tratamiento de la pornografía se percibe tanto un tono cómico al mostrar los rodajes chapuzas hasta la hilaridad –cuando se acaba el agua que derraman en garrafas sobre una actriz o se pierde el tapón de una botella a la que se ha dado dudoso uso–, como una crítica velada a la cosificación que se hace de la mujer, al aparecer muerta la actriz, o al menos sumida en un profundo desmayo, antes de ser penetrada implacablemente por el actor porno, con el objetivo de poder terminar la película como Dios o los cánones del género obligan en este caso: con un orgasmo a tiempo real bien visible frente a la cámara.

Pero no se halla en lo visible la originalidad de la película, sino precisamente en lo que no muestra. En sus anteriores películas, *The Hole* (1998) o *What Time Is It there?* (2001), casi no había contacto físico entre los protagonistas. Aquí dicho contacto resulta más explícito que en el cine habitual y, no obstante, distanciado de tal manera que la expresión de los afectos se ha reducido a roces o muecas mecánicas y cansinas, agudizando la impresión de soledad y aislamiento del ser humano. Quizás *El sabor de la sandía* es una película erótica y frígida a la vez, es decir, de un erotismo helado, ausente. Sudor, jadeos, esperma. Un coito que se hace con los ojos es puro voyeurismo. ¿El sexo de la mujer es simbolizado por una sandía o el alma de la mujer es la sandía? Escisión absoluta entre cuerpo y alma: sexo sin alma, almas sin sexo. Y al igual que en *Hierro 3*, de Kim Ki-duk, la presencia de

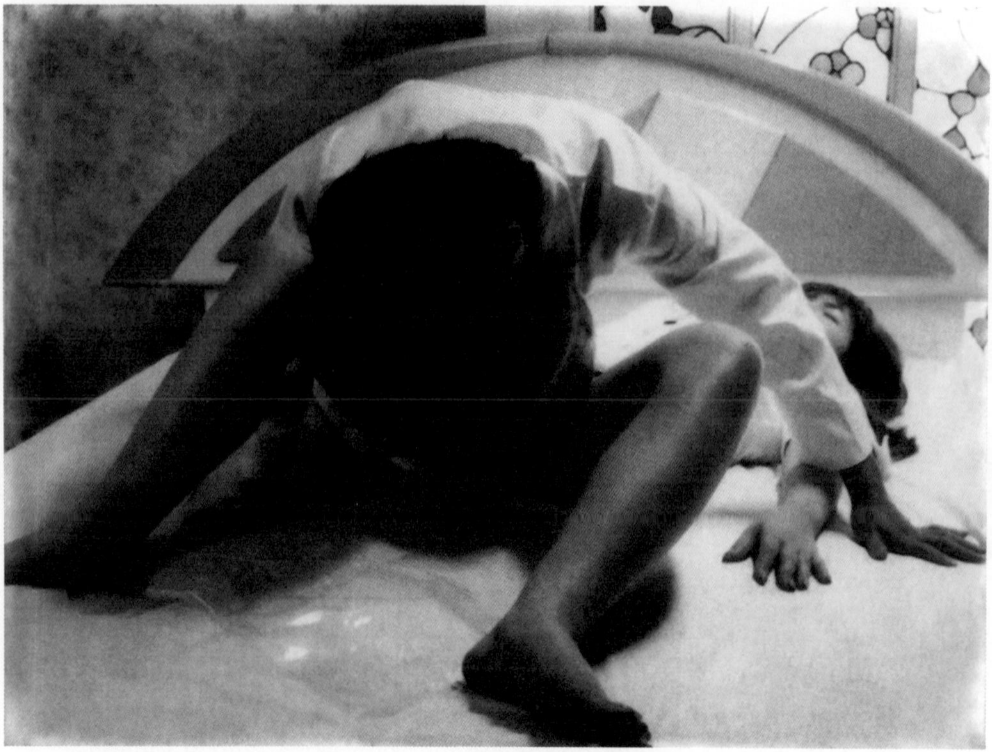

un cuerpo, un objeto no identificado, interponiéndose entre nosotros y el deseo.

Una canción *kistch*, con su inocencia e idealismo, diría sin embargo: como la sandía, todos tenemos un exterior y un interior... ¿Y quién se va a conformar con la insípida dureza de la cáscara, pudiendo refrescarse con todo su sabor.

AGUA

Water

FICHA TÉCNICA: 2005. India/Canadá. 114 minutos. **Color.**
DIRECCIÓN: Deepa Mehta.
PRODUCTOR: David Hamilton.
PRODUCCIÓN: Deepa Mehta Films, Flagship International, David Hamilton Productions, Echo lake Productions, Noble Nomad Pictures Ltd., Téléfilm Canada.
GUIÓN: Deepa Mehta.
FOTOGRAFÍA: Giles Nuttgens.
MÚSICA: Michael Danna. Canciones de A. R. Rahman.
MONTAJE: Colin Monie.
REPARTO: Kalyani (Lisa Ray), Shakuntala (Seema Biswas), Narayan (John Abraham), Chuyia (Sarala), Madhumati (Manorma), Bhagwati (Waheeda Rehman).

EL cine de la India no sólo es *Bollywood.* Desde Bimal Roy y Satyajit Ray en la década de los cincuenta a Mira Nair y Deepa Mehta en los años ochenta, existe un cine de autor que descubre las problemáticas sociales de este país. Considerada una de las miradas más comprometidas del nuevo cine indio, Deepa Mehta cierra con *Agua* su trilogía sobre los elementos, que se ha erigido en la más feroz denuncia de la servidumbre de la mujer india. *Fuego* (1996) simbolizaba el deseo y estaba ambientada en la actualidad, con la libertad sexual como última conquista femenina. *Tierra* (1998) se centraba en la guerra civil entre India y Pakistán tras la retirada de los británicos del país en 1917, y mostraba la pérdida de la inocencia de una niña en nombre del nacionalismo y la religión. Ambientada hacia 1938 en un país colonizado por los británicos, pero donde se empieza a hablar de independencia y de cambios sociales alrededor de la figura de Mahatma Gandhi, *Agua* describe la situación de un colectivo de mujeres de diversas edades, unidas por la desgracia común de ser viudas y, por lo tanto, seres de rango inferior en la clasista sociedad india condenados al aislamiento y a la pobreza. En esta época, la ley todavía permitía a los hombres casarse con niñas, y muchas de ellas eran entregadas en matrimonio por sus padres a hombres de edad avanzada por motivos financieros, en lo que constituía una especie de pedofilia institucionalizada. La película, cuya magnífica fotografía, luminosa y cristalina, con predominio de los tonos azulados, podría hacernos pensar que nos hallamos frente a un ejercicio de estilo, conmueve al tiempo que sacude conciencias. Comienza con una cita extraída de las Leyes de Manu, un texto sagrado hindú que durante más de 2000 años ha regido el destino de las viudas: "Una viuda debería llevar una existencia de sufrimiento hasta su muerte, reprimiendo sus deseos y preservando su castidad. La mujer que conserva su pureza una vez ha muerto su marido cuando fallece va al cielo. La mujer que es infiel a su marido se reencarna en su próxima vida en el útero de un chacal".

Según los textos sagrados hindúes, cuando una mujer contrae matrimonio pasa a convertirse en la mitad de su marido. Las opciones para una viuda son las siguientes: casarse de nuevo con el hermano menor del difunto, ser inmolada en el fuego junto a su cadáver o bien recluirse y consagrarse a la memoria del fallecido en un reducto junto a otras de su misma condición, donde dedicará sus días a expiar los supuestos pecados cometidos en otras vidas. Para que estos mandatos inhumanos, instaurados en nombre de la religión, se cumplan, la tradición cuenta con el apoyo de las propias mujeres, sea por interés económico o por verdadera fe religiosa. Deepa Mehta escoge a Chuyia –una niña de apenas ocho años, con su inocencia libre de prejuicios, cuyo marido fallece la misma noche de su boda– para introducirnos en la cotidianeidad de un *ashram* o casa donde se recluyen las viudas para supuestamente consagrar su vida a la pureza. Con sensibilidad y ternura desfilan ante nuestros ojos una serie de mujeres –la hermosa Kalyali, la creyente Shakantala, la corrupta Madhumati, la golosa y senil Bhagwati– que otorgan una interesante dimensión coral femenina a la película. Esta última es interpretada, con casi setenta años, por Weheeda Rehman, una de las grandes actrices del cine indio, entre cuyos papeles memorables se halla el de Gulabo, la bellísima prostituta de gran corazón en *Pyaasa*, de Guru Dutt.

Las viudas viven en un estado de ignorancia fomentado por la religión, cuando la verdadera razón de su reclusión es económica, tal cual el joven Narayam, licenciado en Derecho y seguidor de la ideas de Gandhi, revela a Shakantala: "Una boca menos que mantener, seis saris menos y una cama más en la casa familiar". Pero todavía se da una hipocresía más perversa aplicando las leyes: aunque la tradición dicta que estas comunidades tienen como objetivo la vida austera y espiritual, lo cierto es que la mayoría de mujeres viven gracias a la caridad pública, y las más jóvenes y hermosas de ellas son obligadas a menudo a prostituirse para que el resto pueda subsistir. Los brahmanes, que con la colonización británica parecen haber adoptado sus peores vicios, son sus principales clientes, y se comprende por qué son tan conservadores y recelosos de los cambios que se avecinan: las jerarquías que se establecen en los *ashrams* reproducen el sistema de castas imperante en la sociedad hindú, donde las altas basan sus privilegios en la opresión de las inferiores. Cuando el padre de Narayan intenta justificar sus actos, afirmando que "los brahmanes pueden yacer con quien quieran, ya que las mujeres que comparten su lecho son bendecidas por Dios", su hijo le responde, aludiendo a un clásico de la literatura india: "¿Sabes que le dijo Lord Ram a su hermano? Nunca honres a aquellos brahmanes que interpreten los sagrados textos en su propio beneficio".

Si cuando *Fuego* se estrenó en la India despertó desde su primera proyección en un festival reacciones violentas y propició actos vandálicos, los problemas de *Agua* comenzaron antes: el rodaje, que se había previsto el año 2000 en Varanasi, a orillas del Ganges, se convirtió en un infierno cuando un grupo de extremistas saquearon y quemaron los decorados y amenazaron de muerte a la directora, acusando a la película de denigrar a la viuda hindú y de ser un complot cristiano contra el hinduismo. El Gobierno indio reprobó públicamente estas actitudes como

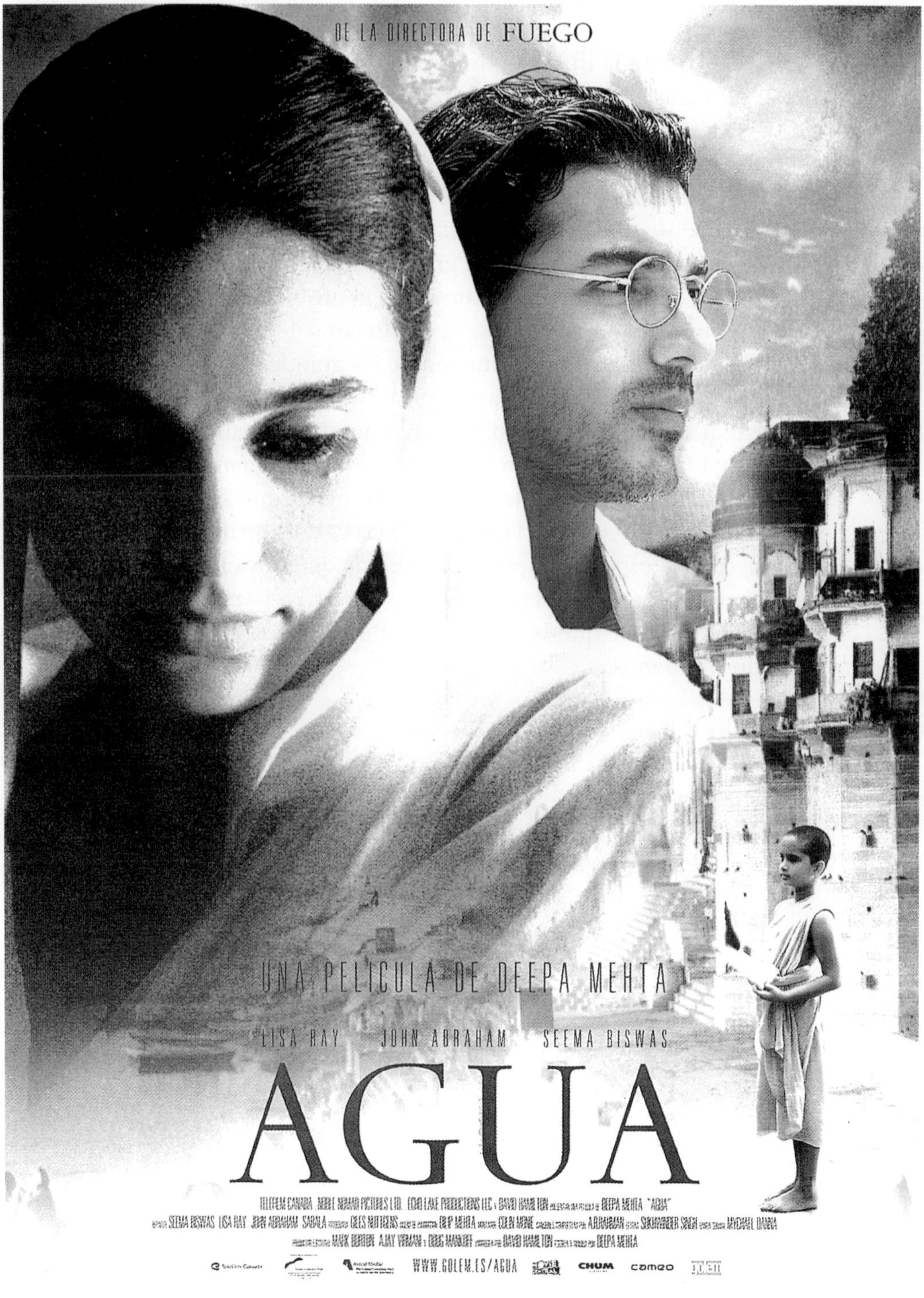
DE LA DIRECTORA DE FUEGO
UNA PELICULA DE DEEPA MEHTA
LISA RAY JOHN ABRAHAM SEEMA BISWAS
AGUA
WWW.GOLEM.ES/AGUA
CHUM
cameo

atentados contra la libertad de expresión; no obstante, nuevas amenazas de asesinatos o suicidios le llevaron a cancelar el rodaje por razones de seguridad, pese a las numerosas muestras de adhesión internacionales que consideraron esta decisión un síntoma de las fisuras de la democracia en la India. Sólo cinco años más tarde se reanudó el rodaje, esta vez en Sri Lanka, con cambios en el *casting* previsto y una gran discreción. Pese a su mala experiencia, la directora no circunscribe el problema de la intolerancia al hinduismo ni a su país, ya que lo considera un fenómeno generalizado: la mala interpretación de las grandes religiones del mundo, el culto a los dogmas atrofiados, desde el integrismo islámico al fundamentalismo cristiano americano, son caras de una misma moneda. La figura de Gandhi, pronunciando un discurso en el que clama por la Verdad, con mayúsculas, y por una doble independencia, la del país y la de las castas oprimidas, abre una puerta a la esperanza, pero el hecho de que hoy en día de los treinta millones de viudas del país once todavía malvivan en *ashrams* indica que queda mucho por hacer en la lucha por los derechos humanos.

HANA

Hana yori mo naho

FICHA TÉCNICA: 2006. Japón. 127 minutos. **Color.**
DIRECCIÓN: Hirozaku Kore-eda.
PRODUCTORES: Nozomu Enoki y Shiho Sato.
PRODUCCIÓN: Hana Film Partners.
GUIÓN: Hirozaku Kore-eda.
FOTOGRAFÍA: Yutaka Yamasaki.
MONTAJE: Hirozaku Kore-eda.
REPARTO: Junichi Okada (Auki Souzaemon), Rie Miyazawa (Osase), Arata Furuta (Sadashiro), Jun Kunimra (Isekan), Katsuo Nakamura (Shigehachi), Tadanobu Asano (Jubei Kanazawa).

LA figura del samurái culmina su proceso de desmitificación en esta película ambientada en el período Edo, a principios de nuestro siglo XVIII, una época pacífica y de crecimiento económico donde la estructura feudal que había regido a Japón durante siglos, fundamentada por los sogunes y sus guerreros, los samuráis, vistos cada vez más inútiles y parasitarios por campesinos y artesanos, empieza a carecer de sentido: es decir, el principio de la era moderna. La apuesta de Kore-eda, un director joven que hasta el momento se había inspirado en problemas sociales de actualidad bajo la premisa del naturalismo poético, por el *chambara* y un estilo dramatizado supone menos una reconstrucción histórica que una reflexión acerca del pragmatismo del presente. ¿Se mira a sí mismo el cine japonés y no se reconoce? *Hana* pertenece a esas películas que con el nuevo siglo cuestionan los mitos que las han definido desde su nacimiento, borran las fronteras tradicionales entre sus géneros cinematográficos o las dinamitan sin clemencia, como Kitano en *Glory to The Filmmaker!/Kantoku Banzai!* (2007).

De hecho, representa la visión original de una de las más populares leyendas japonesas, "Los 47 ronin": la historia de un grupo de samuráis cuyo amo, Asano Takuni, fue condenado a muerte por el sogunato por atacar al maestro Kira Koukenosuke, que le había humillado públicamente en el palacio imperial. Tras perder a su señor Asano, que fue conminado a cometer *seppuku*, un grupo de sus servidores liderados por Oishi Kuranosuke planeó una paciente venganza. La noche del 14 de diciembre de 1702 se reunieron con sus armaduras y espadas e irrumpieron en casa de Kira, matando a gran parte de su guardia. A Kira se le dio la oportunidad de cometer *seppuku*, pero al negarse fue decapitado por Oishi con la misma daga que Asano había usado para matarse. Finalmente, los 47 ronin se entregaron a las autoridades y fueron condenados a una muerte digna, ejerciendo durante una ceremonia su derecho al *seppuku*, salvo el más joven, que obtuvo permiso para regresar junto a su familia. Los cuerpos de los 46 hombres fueron enterrados en el templo de Sengakuji, junto al de su señor. Tal ejemplo de lealtad y heroísmo se elevó a clásico de la literatura nipona en el "Chushingura" de Chikamatsu y propició numerosos *jidaigeki*, desde Kenji Mizoguchi a Hiroshi Inagaki.

Auki Sozaemon, el joven protagonista de *Hana*, también juró vengar la muerte de su padre, víctima de un duelo tras una partida de dados. Con este propósito, se instala en un mísero barrio de la capital y aguarda el momento de enfrentarse al supuesto asesino, que resulta ser un tipo simpático casado con una bella viuda. También Auki está enamorado de su vecina viuda y encariñado con su hijo, a su vez colega del hijo de su enemigo. Poco ducho con la espada, incapaz de sentir el odio suficiente como para matar ni lo suficientemente estúpido para arriesgar su vida, abandona la idea de la venganza para dedicarse a enseñar a leer y a escribir a los muchachos del lugar; sin embargo, su familia insiste en la necesidad de que restaure el honor del clan... Su lucha interna por librarse de las imposiciones del código Bushido y las obligaciones filiales para poder disfrutar de una vida tranquila contrasta con los planes de un grupo de samuráis rebeldes, que en el mismo suburbio aguardan ocultos la hora de una venganza colectiva. Corre el año 1702. Y en este punto, las vicisi-

tudes de Auki convergen en la trama paralela del mítico suceso de los 47 ronin.

Con un tono de comedia ligera donde lo trágico se diluye en lo cómico, Kore-eda muestra lo ridículo, inútil y vanidoso del sacrificio de los mártires, salvo para convertirse en el reclamo turístico que dará de comer a los oriundos de la zona. A la sombría gravedad del ronin, dispuesto a dar su vida para defender el honor de su señor, contrapone el humor zafio y socarrón del pícaro, del pobre, del cobarde, pero también del generoso de corazón, de quien sabe perdonar. Los primeros se convertirán en leyenda. A los segundos, una obra de teatro les ayudará a reparar honores sin necesidad de muertos ni tragedias. Más cerca del Kurosawa de *Los bajos fondos* (1957) o *Dodeskaden* (1970) que del de *Los siete samuráis* (1954) o *Kagemusha* (1980) y, ¿por qué no?, del maestro Imamura, Kore-eda pinta un retrato paródico y grosero, pero emotivo y caluroso, de la lucha diaria del pueblo por sobrevivir.

DESEO, PELIGRO

Se, jie

FICHA TÉCNICA: 2007. China/Hong Kong/Taiwán/ USA. 157 minutos. **Color.**
DIRECCIÓN: Ang Lee.
PRODUCTORES: Bill Kong, Ang Lee y James Schamus.
PRODUCCIÓN: Focus Features, Haishang Films, Mr. Yee Productions, River Road Entertainment, Hai Sheng Film Productions Company.
GUIÓN: James Schamus y Wang Hui-Ling, basado en el relato de Eileen Chang.
FOTOGRAFÍA: Rodrigo Prieto.
MÚSICA: Alexandre Desplat.
MONTAJE: Tim Squyres.
REPARTO: Tony Leung Chiu Wai (Sr. Yee), Tang Wei (Wong Chia Chi), Joan Chen (Sra. Yee), Wang Leehom (Kuang Yu Min).

EL Hong Kong de los años cuarenta –sombrío, bullicioso, cosmopolita– es el escenario del soberbio melodrama con que Ang Lee, después de realizar en Estados Unidos obras tan inmersas en la cultura occidental como *Sentido y sensibilidad*, *La tormenta de hielo* o *Brokeback Mountain* regresa a sus raíces orientales. Primera película rodada en China y en mandarín tras *Tigre y dragón*, recrea un período histórico con escasa presencia en la literatura y el cine de su país, considerado tabú por los comunistas chinos y los nacionalistas taiwaneses: la ocupación japonesa de China durante la Segunda Guerra Mundial.

En 1938 un grupo de estudiantes chinos, jóvenes e idealistas, que han organizado una sociedad teatral para fomentar el patriotismo, se propone eliminar a un agente chino, el Sr. Yee, colaborador de las fuerzas de ocupación japonesa. La actriz de la compañía, Wong Chia Chi, es convencida por su amigo Kuang Yu Min para hacerse pasar por la Sra. Mak, ganarse la confianza de la esposa de Yee, con quien juega largas partidas al *majhong*, y

luego seducir a su marido, conduciéndolo a una trampa mortal. Los Sres. Yee deben marchar precipitadamente y la misión se suspende. Tres años más tarde, en plena ocupación, Wong Chia Chi se reencuentra con Kuang, quien trabaja para la resistencia y la incita a seguir adelante con el plan: eliminar al infame Yee, nombrado ministro del nuevo Gobierno impuesto por los japoneses. La intriga se centra a partir de entonces en la relación tempestuosa y tórrida entre la espía y el colaborador: Tony Leung, uno de los rostros más célebres del cine asiático (*Una bala en la cabeza*, de John Woo; *Deseando amar* y *2046*, de Wong Karwai; *Hero*, de Zhang Yimou; *Infernal Affairs*, de Lau Wai-keung y Siu Fai Mak) encarna a un Sr. Yee desconfiado, austero, agresivo, en las antípodas del hombre delicado y soñador de *Deseando amar*. Tang Wei, con apenas dieciocho años, modelo y graduada en Dirección en Pekín, deslumbra con su talento interpretando a Wong Chia Chi. Las explícitas escenas eróticas entre los protagonistas supusieron un reto añadido para ambos actores.

Deseo, peligro ha sido bien recibida en Europa, tras obtener el León de Oro en el Festival de Venecia. Batió récord de taquilla en Taipei durante sus primeras semanas de estreno, donde pudo verse la versión íntegra, de dos horas y media de metraje. También fue un éxito en los cines de Hong Kong y en China continental, aunque en este último caso se exhibió una versión censurada, con cortes de los planos considerados "inmorales", puesto que no existe la clasificación por edades y cualquier film debe obtener la calificación de apto para todos los públicos por parte de un organismo oficial. En Estados Unidos *Lust, Caution* fue catalogada como pornográfica, lo cual determinó su difusión minoritaria. Ang Lee, cuya obra se ha caracterizado por la expresión sutil y púdica del erotismo, sorprende aquí con una representación de la sexualidad brutal, acrobática, sadomasoquista. No obstante, el sexo tiene una importancia capital para entender la evolución de los caracteres en el contexto de la acción. Como en *El imperio de los sentidos*, es más que una excusa para mostrar los cuerpos, aunque en ocasiones pueda incurrir en un esteticismo un tanto artificial. Secuencias como el crimen colectivo de los estudiantes o la visita de la pareja a la joyería resultan mucho más impactantes o emocionantes. La virtud más encomiable de la película es, pues, una complejidad psicológica que no sólo se revela a través del sexo, sino en las miradas, las palabras y los gestos. La reflexión, subyacente a una magnífica puesta en escena donde los encuadres están perfectamente delimitados, alrededor de la dicotomía entre razón y pasión, lujuria y temor, codicia y prudencia; del deseo que revela nuestra naturaleza oculta y del instinto primario de conservación. En este sentido, la obra no sólo desvela el poder de la seducción sino que habla sobre la forja de la identidad.

Erotismo y violencia constituyen los dos polos entre los cuales oscila una pasión arrebatadora y turbulenta que se impone a la intriga política. Ang Lee dota de un intimismo arriesgado, controvertido, al relato original de Eileen Chang, la historia de iniciación y madurez de una mujer que se encuentra a sí misma asumiendo el papel que le ha tocado interpretar, aunque ello suponga traicionar a su patria. Wong Chia Chi se convierte así en la heroína de una de esas películas norteamericanas de los años cuarenta (*Casablanca*, *Sospecha*, *Serenata nostálgica)* con las que llora en el cine, pero *Deseo, peligro* continúa precisamente donde éstas finalizaban. La realidad es más cruel y siniestra que la ficción, y en tiempos de guerra y de miedo las decisiones osadas implican consecuencias trágicas. Dos seres humanos que, en el fondo, no son más que marionetas de intereses políticos opuestos ("Nadie sabe mejor que yo qué es ser una puta", confiesa Yee a su amante con amargura), se liberan de su sufrimiento retozando sobre la cama salvajemente, acoplando sus cuerpos en posiciones imposibles. Sin embargo, el lenguaje de los cuerpos es ambiguo, porque incluso en un coito el orgasmo puede ser fingido. Resultan más reveladores el susurro casi imperceptible de una advertencia, la proyección de la sombra de un hombre, detenido ante un umbral y contemplando impotente unas sábanas arrugadas.

Ang Lee, director internacional pero fiel a un estilo propio, borra las fronteras entre dos formas de hacer cine, la occidental y la oriental. En su sobriedad, su profundidad, su refinamiento, *Deseo, peligro* reivindica su dimensión de clásico.

FILMOGRAFÍAS

BONG Joon-ho
Corea del Sur, 1969

2000 Fandersui gae/Barking Dogs Never Bite
2003 Salinui chueok/Memories of Murder (Crónica de un asesino en serie)
2006 Gwoemul (The Host)

CHAN Wook-park
Corea del Sur, 1963

1992 Moon Is the Sun's Dream
1997 Saminjo
1999 Simpan
2000 Gongdong gyeonbi guyeok
2002 Boksuneun naui geot/Sympathy for Mr. Vengeance
2003 Yeoseot gae ui siseon Oldboy (Old Boy)
2005 Chinjeolhan geumjassi (Sympathy for Lady Vengeance)
2006 Saibogujiman kwenchana/I'm a Cyborg, but that's OK

CHEN Kaige
Pekín (China, 1952)

1984 Huang tui (Tierra amarilla)
1985 Da yuc bing
1987 Haizi wang (El rey de los niños)
1991 Bian zhou bianchang/Life on a String
1993 Bawang beiji (Adiós a mi concubina)
1994 Temptress Moon (Temptress Moon)
1999 Jing ke ci qin wang (El emperador y el asesino)
2001 Killing Me Softly (Suavemente me mata)
Ten Minutes Older. (Un episodio.)
2002 He ni zai ki (Together)
2005 Wu ji (La promesa: La leyenda de los caballeros del viento)
2007 Chacun son cinéma. (Un episodio.)
2008 Mei Lanfang

DUTT, Guru
Bangalore (India), 1925-Bombay, 1964

1951 Baazi
1952 Jaal
1953 Baaz
1954 Aar Para
1955 Mr. & Mrs.'55
1956 Sailaab
1957 Pyaasa
1959 Kaagaz Ke Phool

GOWARIKER, Ashutosh
India, 1968

1993 Pehla Nasha
1995 Baazi
2001 Lagaan: Once Upon a Time in India (Lagaan: Érase una vez en la India)
2004 Swades: We, the People
2008 Jodhaa Akbar

HOU Hsiao-hsien
Guangdong (China), 1947

1980 Jiushi liuliu de ta/Cute Girl
1981 Feng'er titcai/Cheerful Wind
1982 Zai na hepan quing cao quing/Green, Green Grass of Home
1983 Erzi de da wan'ou/The Sandwich Man
Fengkuei lai de ren/The Boys from Fengkuei
1984 Dong dong de jiaqi/A Summer at Grandpa's
1985 Tongnian wangshi/A Time to Live and a Time to Die
1986 Lianlian fengchen/Dust in the Wind
1987 Nilohue nuer/Daughter in the Nile
1989 Beiqing chengshi/A City of Sadness
1993 Hsimeng renshen/The Puppetmaster (El maestro de marionetas)
1998 Haonan haonu/Good Men, Good Women
1999 Goodbye South (Goodbye)
2000 Flowers of Shanghai (Flores de Shanghai)
2002 Qianxi manbo (Millenium Mambo)
2003 Kôhî jikô
2005 Zui hao de shi guang
2007 Chacun son cinéma. (Un episodio.)
Le voyage du ballon rouge

ICHIKAWA, Kon
Mei (Japón), 1915

1947 Musume Dojoji
Toho senichi ya
1948 Hanahiraku
Sambyaku rokujugo ya
1949 Ningen moyo
Hateshinati jonetsu
1950 Ginza Sanshiro
Netsudei chi
Akatsuki no tsuiseki
Yerai shang
1951 Koibito
Niukokusekisha
Nusumareta Koi
Bungawan Soro
Kekkon konshinskyoku
1952 Rakki san
Wakai hito
Ashi ni sawatta ona
Ano te, kono te
1953 Pu san
Aoiro kakumei
Seishun Zenogata Heiji
Aijin
1954 Watashi no dubete o
Okuman choja
Josei ni kansuro juni sho
1955 Seishun kaidan
Kokoro
1956 Biruma no tatego (El arpa birmana)
Shokei no haya
1957 Nihonbashi
Manin deusha
Ana

1958 Tohoku no zunmutachi
Enjo
1959 Sayonara konnichiwa
Kagi
Nobi
1960 Bonchi
Jokyo
Ototo
1961 Kuroi junin no onnen
Hakai
1962 Watashi wa nisai
Yukinojo Henge
1963 Taiheiyo Hitoribocchi
1964 Zeni non odori
1970 Ai futatabi
1973 Matatabi
1975 Wagahi wa neko dearu
1976 Tsuma to onna no aida
1977 Inugamike no ichizoku
Akuma no temari uta
1978 Joobachi
1979 Hi no tori (Ordas salvajes)
1981 Bonchi
1982 Kofuku
1983 Sasame yuki
1986 Eiga joyn
1987 Taketori monogatari (La princesa de la luna)

IMAMURA, Shoei
Tokio (Japón), 1926-Tokio, 2006

1958 Nusumareta yokujo (Deseo desvanecido)
Nishi-Ginza eki mae (Calles de neón)
Hateshinaki yokubo (Deseo insatisfecho)
1959 Nyan-Chan (El hermano mayor)
1961 Buta to gunkan (Cerdos y acorazados)
1963 Nippon konchun-ki (La mujer insecto)
1964 Akai satsui (Llamada al homicidio)
1966 Jinruigaku nyumon (El pornógrafo)
1967 Ningen Johatsu
1968 Kamigani no fukaki yokubo
Kuragejima
1970 Nippon Sengashi
1975 Karayuki san
1979 Fukushu suru wa ware ni ari (La venganza es mía)
1981 Eijanaika (Eijanaika)
1983 Narayama Bushiko (La balada de Narayama)
1987 Zegen (Zegen, el señor de los burdeles)
1989 Kuroi ame (Lluvia negra)
1997 Unagi (La anguila)
1998 Kanzo Senseï (Dr. Akagi)
2001 Akai hashi no shita no norui mizu (Agua tibia bajo un puente rojo)
2002 Shinjuku-Cherry Blossom Fantasy
11' 09" 01. 11 de septiembre (Un episodio.)

INAGAKI, Hiroshi
Tokio (Japón), 1905-Tokio, 1980

1928 Tenka taihei ki (La paz del mundo)
Genju goso
1929 Mekura gumo
Koshita hito
1930 Samezaya
Kaigyaku san roshi
1931 Ippon gatana dohyori (Una espada y el anillo eterno)
Genroju jusannen

1932 Yataro gasa (El sombrero de gala de Yataro)
1934 Daibosatsu toge (El paso del Boditsava)
1940 Miyamoto Musashi (Miyamoto Musashi)
1941 Edo saigo no hi (El último día de Edo)
Ichijoji no ketto
Umi o watataru sairei (La fiesta a través del mar)
1943 Muhomatsu no issho (Vida de Muhomatsu el indómito)
1945 Saigo no joiti
1948 Te o tsunagu kora (Muchachos entrañables)
1949 Wasurerareta kora (Los muchachos olvidados)
Shiro zukin arawau
1951 Sasaki Kojiro
1956 Miyamoto Musashi
Ichijoji no ketto (Desafío en el templo de Ichijoji)
Ketto genryujima (Musashi y Kojiro)
1957 Arashi (La tempestad)
Yagiu bugeicho (Confidencias de Yagiu)
Shujin-sen (Los rebeldes de alta mar)
Nyotai wa kanashiku (Una geisha en la vieja ciudad)
1958 Muhomatsu no issho (El hombre del carrito)
Tabisugata nezumikozo (El viaje de las ratas)
Nijutsu
1959 Nipon tanjo (Los tres tesoros)
Aru kengo no shoai
1960 Funloshi isha (El médico de aldea)
Chusingura (Los 47 samurais leales)
1961 Osaka jo monogatari
1962 Hiken (El joven espadachín)
1963 Daitatsumaki (Torbellino)
1967 Kojiro
1969 Furin Kazan
1970 Machibuse

KAPOOR, Raj

Peshawar (India Británica, act. Pakistán), 1924-Nueva Delhi (India), 1988

1948 Aag
1949 Barsaat
1951 Awaara (El vagabundo)
1955 Shree 420 (El señor 420)
1964 Sangam (Confluencia)
1970 Mera Naam Joker
1973 Bobby (Bobby)
1978 Satyam Shivam Sundaram: Love Sublime (Verdad, fuerza, belleza)
1982 Prem Rog
1985 Ram Teri Ganga Maili

KIM Ki-duk

Bonghwa (Corea del Sur), 1961

1996 Ag-o/The Crocodile
1997 Yasaeng dongmul bohoguyeog/Wild Animals
1998 Paran daemun/Birdcage Inn
1999 Seom (La isla)
2000 Shilje sanghwang/Real Fiction
2001 Suchwiin bulmyeong/Address Unknown
2002 Nabbeun namja/Bad Guy
Hae anseon/The Coast Guard
2003 Bom yeoreum gaeul gyeoul geurigo... bom (Primavera,

Verano, Otoño, Invierno... y Primavera)
2004 Samaritan Girl (Samaritan Girl/Samaria)
Bin-jip (Hierro 3)
2005 Hwal/The Bow (El arco)
2006 Shi gan (Time)
2007 Chacun son cinéma. (Un episodio.)
Soom

KITANO, Takeshi
Tokio (Japón), 1947

1985 Violent Cop
1986 Boiling Point
1987 A Scene at the Sea
1993 Sonatine
1995 Getting Any?
1996 Kids Return
1997 Hana-Bi (Flores de fuego)
1999 Kikujiro no natsu (El verano de Kikujiro)
2000 Brother (Brother)
2002 Dolls (Dolls)
2003 Zaitochi (Zaitochi)
2005 Takeshis' (Takeshis')
2007 Chacun son cinéma. (Un episodio.)
Kantoku-Banzai!/Glory to the Filmmaker!

KOBAYASHI, Masaki
Otaru (Japón), 1916- Tokio, 1996

1952 Musuku no seishun
1953 Magokoro
1954 Kabe atusiki heya
Mittsu no koi
1955 Kono hiroi sora no dokoka ni
Uruwashiki saigetsu
1956 Anata Kaimasu
Izumi
1957 Kuroi kawa
1960 Ningen no joken
1961 Ningen no joken III-IV
1962 Karami-ai
Ningen no joken V-VI
1963 Seppuku (Harakiri)
1965 Kwaidan (El más allá)
1967 Joi-Uchi (Rebelión)
1969 Nippon no seishun
1971 Inochi Bonifaro
1974 Moeru aki
1975 Kaseki
1984 Tokyo saiban
1985 Shokutaku no nai ie

KORE-EDA, Hirokazu
Tokio (Japón), 1962

1991 Shikashi. Fukushi kirisute no jidaimi
1994 Kare no inai hachigatsu ga
1995 Maboroshi no hikari
1996 Without Memory
1998 Wandafuru raifu
2001 Distance
Dare mo shiranai (Nadie sabe)
2006 Hana yori mo naho (Hana)

KUROSAWA, Akira
Tokio (Japón), 1910-Tokio, 1998

1943 Sugata sunshiro (La leyenda del judo)
1944 Ichiban utsukushiku (Lo más hermoso)
1945 Zoku sugata sunshiro (La nueva leyenda del judo)
Tora no o fumu otokotaschi (Los hombres que pisan la cola del tigre)
1946 Asu o taukuru hitobito (Los constructores del mañana)

Waga sishun ni kuinashi (No añoro mi juventud)
1947 Subarashiki nichiyobi (Un domingo maravilloso)
1948 Yoidore tenshi (El ángel ebrio)
1949 Shizukanaru ketto (Duelo silencioso)
Nora inu (El perro rabioso)
1950 Shubun (Escándalo)
Rashomon (Rashomon)
1951 Hakuchi (El idiota)
1952 Ikiru (Vivir)
1954 Sochinin no samurai (Los siete samurais)
1955 Ikimony no kiroku (Si los pájaros lo supieran o Notas de un ser vivo)
1957 Kumohoso-jo (Trono de sangre)
Donzoko (Los bajos fondos)
1958 Kakusi toride no san akunin (La fortaleza escondida)
1960 Warui Yatsu hodo yoko nemuru (Los canallas duermen en paz)
1961 Joyimbo (El mercenario)
1962 Tsubaki Sanjuro (Sanjuro de las camelias)
1963 Tengoku to jigoku (El infierno del odio)
1965 Akahige (Barbarroja)
1966 Sugata sunhiro (La leyenda del judo)
1971 Dodes Ka-den (Dodes Ka-den)
1975 Dersu Uzala (Dersu Uzala/El cazador)
1980 Kagemusha (Kagemusha)
1985 Ran (Ran)
1990 Dreams (Los sueños)
1991 Rhapsody in August
1992 Madadayo

LEE, Ang
Pingtung (Taiwán), 1954

1991 Pushing Hands
1992 The Wedding Banquet (El banquete de bodas)
1993 Eat, Drink, Man, Woman (Comer, beber, amar)
1995 Sense and Sensibility (Sentido y sensibilidad)
1997 The Ice Storm (Tormenta de hielo)
1999 Ride with the Devil (Cabalga con el diablo)
2000 Crouching Tiger, Hidden Dragon (Tigre y dragón)
2002 The Hulk (Hulk)
2005 Brokeback Mountain (Brokeback Mountain/ En terreno vedado)
2007 Se, jie (Deseo, peligro)

LEE, Bruce
San Francisco (Estados Unidos), 1940-Hong Kong (China), 1973

1972 Meng long guo jiang (El furor del dragón)

MEHTA, Deepa
Amritsar (India), 1950

1989 Seam and Me
1995 Freda and Camilla (Freda y Camilla)
1996 Fire (Fuego)
1998 Earth (Tierra)
2002 Bollywood/Hollywood
2003 The Republic of Love
2005 Water (Agua)

MIIKE, Takashi
Yao (Japón), 1960

1995 Shinjuku kuroshakai: Chaina mafia sensô
1996 Gokudô sengokushi: Fudô
1997 Kishiwada shônen gurentai: Chikemuri junjô-hen
Gokudô kuroshakai
1998 Chûgoku no chôjin
Andoromedia
Blues Harp
Kishiwada shônen gurentai: Bokyo
1999 Nihon kuroshakai
Ôdishon (Audition)
Dead or Alive : Hasnzaisha
Saraiiman Kintarô
2000 Hyoryu-gai
Tengoku kara kita otoko tachi
Dead or Alive 2: Tobosha (Dead or Alive 2: Sangre yakuza)
2001 Kikuchi-jo monogatari sakimori-tachi no uta
Family
Koroshiya 1
Araburu tamashii tachi
Katakuri-ke no kofûku (La felicidad de los Katakuris)
2002 Dead or Alive: Final (Dead or Alive 3: Duelo final)
Onna kunishuu ikki
Shin jingi no hakaba
Togenkyo no hito-bito
Jitsuroku Ando Noboru kyodo-den: Rekka
2003 Yurusarezaru mono
Gokudo kyofu dai-gekijo: Gozu
Chakushin ari (Llamada perdida)
2004 Zebraman
Izo
2005 Yokai daisenso
2006 46-okunen no koi
Waru
Taiyo no kizu
2007 Ryu ga gotoku: gekijo-ban
Sukiyaki Westerm Django
Tantei monogatari
Kurozu zero
2008 God's Puzzle

MIYAZAKI, Hayao
Tokio (Japón), 1941

1979 Rupan sansei: Kariosutoro no shiro (El castillo de Cagliostro)
1984 Kaze no tani no Naushika (Guerreros del viento)
1986 Tenkû no shiro Rapyuta (La fortaleza celeste)
1988 Tonari no Totoro (Mi vecino Totoro)
1989 Majo no takkyubin (Nicky, la aprendiza de bruja)
1992 Kurenai no buta (Porco rosso)
1997 Mononoke-hime (La princesa Mononoke)
2001 Sen to Chihiro no kamikakushi (El viaje de Chihiro)
2002 Mei to Koneko basu
2004 Hauru no ugoku shiro (El castillo ambulante)
2008 Gake no ue no Ponyo

MIZOGUCHI, Kenji
Tokio (Japón), 1898-Kioto, 1956

1922 Ai ni yomigaeru hi (El día en que vuelve el amor)
1923 Furusato (La tierra natal)

Seishun no yumeji (Sueños de juventud)
Joen no chimata (La ciudad del fuego)
Haizan no uta wa kanashi (La triste canción de los vencidos)
Kiri no minato (El puerto de las nieblas)
Haikyo no naka (En las ruinas)
Yoru (La noche)
Chi to rei (La sangre y el alma)
1924 Toge no uta (La canción del desfiladero)
Kanashiki Hakuchi (El pobre imbécil)
Akatsuki no shi (La muerte al amanecer)
Gendai no jo (La reina de los tiempos modernos)
Josei wa tsuyosbi (Las mujeres son fuertes)
Jinkyo (El mundo de aquí abajo)
Shichimencho no yukue (En busca de una pavita)
Samidare zoshi (Lluvia de mayo y papel de seda)
Kanraku no onna (La mujer alegre)
Musen fusen (No hay guerra sin dinero)
1925 Kyokubadam no jo (La reina del circo)
Gakuso o idete (Tras los años escolares)
Daichi wa homoemu (La sonrisa de nuestra tierra)
Shirayuri wa nageku (El llanto del crisantemo blanco)
Akai yuhi ni terasarete (Bajo los rayos rojos del sol poniente)
Gaijo no suketchi (Escenas de la calle)
Ningen (El ser humano)
Furusato no uta (La canción de la tierra natal)
1926 Nogi taisho to Kumasan (El general Nogi y el señor Kuma)
Doka O (El rey de la perra chica)
Kami ningyo haru no sasayaki (Murmullo primaveral de una muñeca de papel)
Shin onoga tsumi (Mi culpa, nueva versión)
Kyoren no onna shisho (El amor apasionado de una profesora de canto)
Kaikoku danji (Los hijos del mar)
Kane (Del dinero)
1927 Ko on (Gratitud al emperador)
Jihi Shincho (Como el cambiante corazón de un pájaro)
1928 Hito no issho (La vida de un hombre)
Musume kawaiya (Querida hija)
1929 Nihon-bashi (El puente de Nihon)
Asahi wa kagayaku (Brilla el sol al elevarse)
Tokyo koshin kyoku (La vida de Tokio)
Tokai kokyogaku (Sinfonía de la gran ciudad)
1930 Furusato (La tierra natal)
Tojin Okichi (Okichi, la extranjera)

1931 Shikamo karera wa yuku (Y sin embargo, avanzan)
1932 Toki no ujigami (El dios guardián del presente)
Mammo kenkoku no reimei (El amanecer de la fundación de Manchuria)
1933 Taki no shiraito (El hilo blanco de la catarata)
Gion matsuri (La fiesta de Gion)
Jimpuren ou kamikazeren (El grupo Jinpu)
1934 Aizo toge (El desfiladero del amor y del odio)
Orizuri Osen (Osen, la de las cigüeñas)
1935 Maria no Oyuki (Oyuki, la virgen)
Gubi jinso (Las amapolas)
1936 Naniwa hika/Naniva erejii (Elegía de Naniwa)
Gion no kyodai (Las hermanas de Gion)
1937 Aienkyo (El valle del amor y la tristeza)
1938 Roei no uta (La canción del campamento)
Aa Furusato (La patria)
1939 Zangiku monogatari (Historia de los crisantemos tardíos)
1940 Naniwa onna (La mujer de Naniwa)
1941 Geido ichidai otoko (La vida de un actor)
1942 Genroku chushingura (La venganza de los cuarenta y siete samurais)
1944 Danjuro sandai (Los tres Danjuro)
1945 Hissho ka (Canto de victoria)
Musashi Miyamoto (La Leyenda de Musashi)
Meito bijomaru (La espada Bijomaru)
1946 Josei no shori (La victoria de las mujeres)
Utamaro o meguru gonin no onna (Cinco mujeres alrededor de Utamaro)
1947 Joyu Sumako no koi (El amor de la actriz Sumako)
1948 Yoru no onna-tachi (Mujeres de la noche)
1949 Waga koi wa moenu (La llama de mi amor)
1950 Yuki fujin ezu (El destino de la señora Yuki)
1951 Oyusama (Señorita Oyu)
1952 Musashino fujin (La dama de Musashino)
Saikaku ichidai onna (Vida de una mujer galante según Saikaku/La vida de Oharu, mujer galante)
1953 Ugetsu monogatari (Historias de la luna pálida de agosto/Cuentos de la luna pálida después de la lluvia)
Gion bayashi (Los músicos de Gion)
1954 Sansho dayu (El intendente Sansho)
Uwasa na onna (La mujer crucificada/Una mujer de la que se habla)
Chikamatsu monogatari (Los amantes crucificados)
1955 Yokihi (La emperatriz Yang Kwei-Fei)
1956 Shinheike monogatari (Historia del clan de los Taira/El héroe sacrílego)

1957 Akasen chitai (La calle de la vergüenza)

NAIR, Mira
Bubaneshwar (India), 1957

1988 Salaam Bombay (Salaam Bombay)
1991 Mississippi Massala (Mississippi Massala)
1995 The Pérez Family (Cuando salí de Cuba)
1996 Kamasutra (Kamasutra)
2000 Attotide Deovasa (El día del perro)
2001 Monsoon Wedding (La boda del Monzón)
2002 11'09"01. 11 de septiembre (Un episodio.)
2004 Vanity Fair (La feria de las vanidades)
2006 The Namesake (El buen nombre)

NAKATA, Hideo
Okayama (Japón), 1961

1996 Joyû-rei
1998 Ringu (The Ring: El círculo)
Joseph Losey: The Man with Four Names
1999 Kaosu
Ringu 2 (The Ring 2)
2000 Sadistic and Masochistic
Garasu no nô
Sotohiro
2002 Honogurai mizu no soko kara (Dark Water)
Last Scene
2005 The Ring Two (The Ring Two. La señal 2)
2007 Kaidan
2008 The Last Days of L

NALIN, Pan
Gujarat (India)

2001 Samsara (Samsara)
Ayurveda: Art of Being
2006 Valley of Flowers

NARUSE, Mikio
Tokio (Japón), 1905-1969

1930 Oshikiri shinkonki
Junjo
Fukeiki jidai
Chambara fufu
Ai wa chikara da
1931 Uwaki wa kisha ni notte
Tonari no yane no shita
Nikai no himei
Nee kifun shicha iya yo
Hige no chikara
Koshiben gambare
1932 Onna wa tamoto o goyojin
Mushibameru haru
Kashi no aru Tokyo o fukei
Eraku nare
Chokoreito garu
Aozora ni naku
Nasanu naka
1933 Boku no marumage
Kimi to wakarete
Yogoto no yume
Sobo
1934 Kagirinaki hodo
1935 Sakasu gonin-gumi
Joyu to shijin
Otome-gokoro Sannin-shimai
Tsuma yo bara no yo ni
Uwasa no musume
1936 Tochuken Kumoemon
Kimi to yuku michi
Asa no namikimichi
1937 Nyonin aishu
Kafuku zempen

Kafuku kôhen
Nadare
1938 Tsuruhachi Tsurujiro
1939 Hataraku ikka
Magokoro (Sinceridad)
1940 Tabi yakusha
1941 Natsukashi no kao
Shanhai no tsuki
Hideko no shasho-san
1942 Haha wa shinazu
1943 Uta-andon
1944 Tanoshiki kana jinsei
Shibaido
1945 Shôri no hi made
Sanjuusangen-dou, toushiya monogatari
1946 Urashima Taro no koei
Ore mo omae mo
1947 Yottsu no koi no monogatari
Haru no mezame
1949 Furyo shojo
1950 Ishinaka sensei gyojoki
Ikari no machi
Shiroi yajuu
Bara gessen
1951 Ginza gesho
Maihime
Meshi
1952 Okuni to Gohei
Okaasan (Madre)
Inazuma
1953 Ani imôto
Fûfu
Tsuma
1954 Bangiku
Yama no oto (La voz de la montaña)
1955 Ukigumo (Nubes flotantes)
Kuchizuke
1956 Shu-u
Tsuma no kokoro
Nagareru
1957 Arakure
1958 Anzukko
Iwashigumo
1959 Kotan no kuchibue
1960 Yoru no pagare
Onna ga kaidan wo agaru toki (Cuando una mujer sube la escalera)
Musume tsuma haha
Aki tachinu
1961 Tsuma to shite onna to shite
1962 Onna no za
Hourou-ki
1963 Onna no rekishi
1964 Midareru
1966 Onna no naka ni iru tanin
Hikinige
1967 Midaregumo

OSHIMA, Nagisa
Kioto (Japón), 1932

1959 Ai to kibo no machi
1960 Seishun zakoku monogatari
Taiyo no hakaba
Nihon no yuro to kiri
1961 Shiiku
1962 Amakusa shiro tokisada
1964 Chiisana boken ryoko
Watashi wa bellett
1965 Etsuraku
1966 Hakuchu no torima
1967 Ninja bugeicho
Nihon shunka ko
Muri shinju nihon no natsu
1968 Koshikei
Kaette kita yopparai
Shinjuku dorobo nikki
1969 Shonen (El muchacho)
1970 Tokyo senso sengo hiwa
1971 Gishiki (La ceremonia)

1972 Natsu no imoto (Hermana de verano)
1975 Ai no corrida (El imperio de los sentidos)
1977 Ai no borei (El imperio de la pasión)
1982 Merry Christmas Mr. Lawrence (Feliz Navidad, Mr. Lawrence)
1987 Max, My Love (Max, mi amor)
1992 Hollywood Zen
2000 Gohatto (Gohatto)

OTOMO, Katsuhiro
Miyagi (Japón), 1954

1982 Jiyû o warera ni
1987 Robotto kânibaru
Meikyû monogatari
1988 Akira
1991 Warudo apaatoment hora
1995 Memorizu (Memories)
2004 Suchimuboi
2006 Mushishi

OZU, Yasuhiro
Tokio (Japón), 1903-Tokio, 1963

1927 Zange no yaiba
1928 Wakodo no yume
Nyobo funshitsu
Kabocha
Hikkoshi fufu
Nikutaibi
1929 Takara no yama
Wakaki hi
Wasei kenka tomodachi
Daigaku wa deta keredo
Kaishain seikatsu
Tokkan kozo
1930 Kekkon-gaku nyumon
Hogaraka ni ayume
Rakudai wa shita keredo
Sono yo no tsuma
Erogami no onryo
Ashi ni sawatta koun
Ojosan
1931 Shukujo to hige
Bijin aishu
Tokyo no gassho
1932 Haru wa gofujin kara
Umarete wa mita keredo
Seishun no yume ima izuko
Mata au hi made
1933 Tokyo no onna
Hijosen no onna
Dekigokord
1934 Haha o kowazuya
Ukigusa monogatari
1935 Hakoiri musume
1936 Tokyo no yado
Daigaku yoi toko
Hiroti Musuko
1937 Shukujo wa nani o wasuretaka
1941 Toda-ke no kyodai
1942 Chichi ariki
1947 Nagaya shinshi-roku
1948 Kaze no jaka no mendori
1949 Banshun
1950 Munakata shimai
1951 Bakusha
1952 Ochazuke no aji
1953 Tokyo monogatari (Cuentos de Tokio)
1956 Soshun
1957 Tokyo boshoku
1958 Higanbana
1959 Ohayo
Ukigusa
1960 Akibiyori
1961 Kohayagawa-ke no aki
1962 Samma no aji

RAY, Satyajit
Calcuta (India), 1921-Calcuta, 1992

1955 Pather Panchali
1956 Aparajito
1957 Paras Pathar
1958 Jalsaghar
1959 Apur Sansar
1960 Devi
1961 Tagore
1962 Kanchenjungha
Teen Kanya
Abhi jan
1963 Mahanagar
1964 Charulata
1965 Kapurush-o-mahapurush
1966 Nayak
1967 Chiriyakhana
1968 Goopy Gyne, Bagha Gyne
1969 Aranyer Din Ratri
1970 Pratiwandi
1972 Simabaddha
1973 Ashani Sanket
1976 Jana–Aranya
1977 Shatranj ke Kilhari
1978 Soi Baba Phelunath
1980 Hirok Rajar Deshe
1981 Pikoo
1982 Sadgati
1984 Ghare Baire (El mundo de Bimala)
1989 Ganashatru
1990 Shaka Proshaka
1991 Agantuk

SHINDO, Kaneto
Hiroshima (Japón), 1912

1951 Aisai monogatari
1952 Nadare
Gembaku no ko (Los niños de Hiroshima)
1953 Shuzuku
Onna no issho
1954 Dobu
1955 Okami
1956 Gin shinju
Ryûri no kishi
Joyu
1957 Umi no yarodomo
1958 Kanashimi wa onna dakeni
1959 Daigo Fukuryu-Maru
Hanayome-san wa sekai-ichi
1960 Hadaka no shima (La isla desnuda)
1962 Ningen
1963 Haha
1964 Onibaba (Onibaba)
1965 Akuto
1966 Honnou
1967 Sei no kigen
1968 Yabu no naka no kuroneko
1969 Kagerou
1970 Shokkaku
Hadaka no Jukyusai
1972 Kanawa
Sanka
1973 Kokoro
1974 Waga michi
1975 Aru eiga-kantoku no shogai
1977 Chikuzan hitori tabi
1979 Kosatsu
1981 Hokusai manga
1984 Chihei-sen
1986 Black Board
Sakura-tai Chiru
1992 Bokuto kidan
1995 Gogo no Yuigon-jo
1999 Ikitai
2000 Sanmon yakusha
2003 Fukuro

TRAN Anh Hung
My-Tho (Vietnam), 1962

1992 L'odeur de la papaye verte (El olor de la papaya verde)
1995 Cyclo (Cyclo)
2000 A la verticale de l'eté (Pleno verano)
2008 I Come with the Rain

TSAI Ming-liang
Kuching (Malasia), 1957

1991 Xiao hai
1992 Ching shaonien na cha
1994 Ai qing wan sui
1997 He liu
1998 Dong
2001 Ni nebian jidian
2003 Bu san/Good Bye Dragon Inn
2005 Tian bian yi duo yun (El sabor de la sandía)
2006 Hei yan quan
2007 Chacun son cinéma. (Un episodio.)

UEKRONGTHAM, Ekachai

2003 Beautiful Boxer (Beautiful Boxer)
2007 Kuaile gongchang

WANG, Wayne
Hong Kong (China), 1949

1982 Chan Is Missing
1984 Dim Sum
1987 Slam Dance (Sin vía de escape)
1989 Eat a Bowl of Tea (Cómete una taza de té)
1990 Life Is Cheap... But Toilet Paper Is Expensive
1993 The Joy Luck Club (El club de la buena estrella)
1994 Smoke (Smoke). Codirigida con Paul Auster.
Blue in the Face (Blue in the Face). Codirigida con Paul Auster.
1997 The Box Chinese (La caja china)
1999 Anywhere but Here (A cualquier otro lugar)
2002 Maid in Manhattan (Sucedió en Manhattan)
2005 Because of Winn-Dixie (Mi mejor amigo)
2006 Last Holydays (Las últimas vacaciones)
2007 The Princess of Nebraska
A Thousand Years of Good Prayers

WEERASETHAKUL, Apichatpong
Bangkok (Tailandia), 1970

2000 Dokfa nai meuman
2002 Sud saneha/Blissfully Yours
2003 Hua jai tor ra nong
2004 Sud pralad (Tropical Malady)
2006 Sang sattawat

WONG Kar-wai
Shanghai (China), 1958

1988 Wong gok ka moon
1991 A fei jing juen
1994 Dung che sai duk
Chungking Express (Chungking Express)
1995 Duolou tianshi
1997 Happy Together (Happy Together)

2001 In the Mood for Love (Deseando amar)
2004 2046 (2046)
2005 Eros (Eros). (Un episodio.)
2006 My Blueberry Nights
2007 Chacun son cinéma. (Un episodio.)
2008 The Lady of Shanghai

WOO, John
Guangzhou (China), 1946

1973 The Young Dragons
1974 The Dragon Tamers
1975 Princess Chang Ping
1976 Hand of Death
1977 The Pilferer´s Progress
Follow the Star
1978 Hello, Late Homecomers
1979 The Last Hurrah for Chivalry
1980 From Riches to Rags
1981 To Hell with the Devil
Laughing Times
1982 Plain Jane to the Rescue
1983 Heroes Shed No Tears
1984 The Time You Need a Friend
1985 Run, Tiger, Run
1986 A Better Tomorrow
1987 Tragic Heroes
A Better Tomorrow 2
1989 The Killer
1990 Bullet in the Head
1991 On a Thief
1992 Hard-Boiled
1993 Hard Target (Blanco humano)
1996 Broken Arrow (Alarma nuclear)
1997 Face/Off (Cara a cara)
2000 Mission: Impossible 2 (Misión imposible 2)
2002 Windtalkers (Windtalkers)
Hostage
2003 Paycheck (Paycheck)
2005 All the Invisible Children (episodio Song Song and Little Cat)
2008 Red Cliff

YUEN Woo-ping
Guangzhou (China), 1945

1978 Se ying diu sau (La serpiente a la sombra del águila)
Jiu kuen (El mono borracho en el ojo del tigre)
1979 Nan bei zui quan (La danza de la pantera borracha)
Lin Shi Rong
1980 Fo zhang luo han quan
1981 Yong zhe wu ju
1982 Qi men dun jia

ZHANG Yang
China, 1967

1997 Spicy Love Soup
1999 Xizhao/Shower (La ducha)
2001 Zuotian (Quitting)
2005 Xian ri Kui (Sunflowers)
2007 Luo ye gui gen

ZHANG Yimou
Xi-an (China), 1950

1988 Hong gaoliang (Sorgo rojo)
1989 Ju Dou (Semilla de crisantemo)
Condename Sugar
1991 Dahong denlong gaogao gua (La linterna roja)
1992 Qiu Ju, da guansi (Qiu Ju, una mujer china)
1994 Lifetimes (¡Vivir!)

1995 Shanghai Triad (La joya de Shanghai)
1997 You hua hao shuo (Keep Cool)
1998 Not One Less (Ni uno menos)
2000 The Road Home (El camino a casa)
2001 Happy Times (Happy Times)
2002 Hero (Héroe)
2004 Shi mian mai fu (La casa de las dagas voladoras)
2005 Qian li zou dan qi
2006 Man cheng jin dai huang jin jia (La maldición de la flor dorada)
2007 Chacun son cinéma. (Un episodio.)

ZHOU Sun
Shandong (China), 1954

1989 Di xue huang hun
1992 Xin xiang
2000 Piao liang ma ma
2002 Zhou Yu de huo che (El tren de Zhou Yu)

BIBLIOGRAFÍA

AGUILAR, Carlos, y AGUILAR, Daniel (2005): *Yakuza Cinema. Crisantemos y dragones.* Madrid: Calamar Ediciones.

ALCAINE, Rafael, y MEI-HSING, Chen (1999): *Zhang Yimou.* Madrid: Ediciones JC.

ALDAZÁBAL, Peio (ed.) (2004): *Hou Hsiao-hsien.* Filmoteca Vasca y Festival Internacional de Cine de Donostia-San Sebastián.

BERRUEZO, Pedro J. (2000): *John Woo y el cine de acción de Hong Kong.* Barcelona: Ediciones Glenat.

BLOCK, Alex (1974): *La leyenda de Bruce Lee.* Barcelona: Garbo Editorial.

BORGES, Jorge Luis, y JURADO, Alicia (2000): *Qué es el budismo.* Barcelona: Alianza Editorial.

BORWELL, David (1988): *Ozu and the Poetics of Cinema.* Londres y Princeton: British Film Institut y Princeton University Press.

BERRY, Chris (ed.) (2003): *Chinese Films in Focus.* Londres: British Film Institut.

CONFUCIO (1987): *Cuatro libros de la sabiduría*, Barcelona: Edicomunicación.

DESSER, David (1988): *Eros Plus Massacre: An Introduction to the Japanese New Wave Cinema.* Bloomington: Indiana University Press.

Diccionario de la sabiduría oriental: budismo, hinduismo, taoísmo, zen. Barcelona: Ediciones Paidós, 1993.

ELENA, Alberto (1998): *Satyajit Ray.* Madrid: Cátedra.

— (ed.) (2004): *Seul Express 97-04: la renovación del cine coreano.* Madrid: T&B Editores.

— (ed.) (2006): *Luces de Siam. Una introducción al cine tailandés.* Madrid: T&B Editores.

GALBRAITH IV, Stuart (2005): *La vida y películas de Kurosawa y Mifune. El emperador y el lobo.* Madrid: T&B Editores.

GENTRY III, Claude (1997): *Jackie Chan, Inside the Dragon.* Dallas: Taylor Publishing.

HEREDERO, Carlos F. (2002): *La herida del tiempo. El cine de Wong Kar-wai*. 47 Semana Internacional de Cine de Valladolid.

HESSE, Herman (1973): *Siddharta*. Barcelona: Bruguera.

KUROSAWA, Akira (1982): *Autobiografía*. Madrid: Fundamentos.

LAO TSE (2005): *Tao Te King. El libro del Tao*. Madrid: José J. De Olañeta Editor.

LARDÍN, Rubén, y SÁNCHEZ-NAVARRO, José (eds.) (2003): *El principio del fin. Tendencias y efectivos del novísimo cine japonés*. Barcelona: Ediciones Paidós.

LEE, Bruce (1990): *El Tao del Jeet Kune Do*. Madrid: Eyras.

MES, Tom (2003): *Agitator. The Cinema of Takeshi Miike*. Godalming: Fab Press.

MOHAN JOSHI, Lalit (ed.) (2001): *Bollywood. Popular Indian Cinema*. Londres: Dakini.

NARBONI, Jean (2006): *Mikio Naruse. Les temps incertains*. París: Cahiers du Cinéma.

NIOGRET, Hubert (2002): *Shoei Imamura. Entretiens et Témoginages*. París: Dreamland.

OLIVARES, Julio Ángel (2005): *The Ring. Una mirada al abismo*. Madrid: Ediciones Jaguar.

OSHIMA, Nagisha (1980): *Écrits 1956-1978. Dissolutions et jaillissement*. París: Gallimard.

OZU, Yasujiro (2000): *Antología de los diarios de Yasujiro Ozu*. Filmoteca de la Generalitat Valenciana, Donostia Cultura y Centro Galego de Artes da Imaxe.

Ponozzo, Marcelo (ed.) (2004): *Una sandía es una sandía. Las películas de Tsai Ming-liang*. Festival Internacional de Cine de Gijón.

QUIQUEMELLE, Marie-Claire, y PASSEK, Jean-Loup (eds.) (1985): *Le cinema chinoise*. París: Centro Georges Pompidou.

RAJADHYAKSA, Asís, y WILLEMEN, Paul (1994): *Encyclopaedia of Indian Cinema*. Londres y Nueva Delhi: British Film Institute, Oxford University Press y National Film Archive of India.

RAY, Satyajit (1994): *My Years with Apu: A Memoir*. Nueva Delhi: Penguin Books.

— (1994): *Our Films, Their Films*. Nueva York: Hyperion Books.

RICHIE, Donald (1984): *The Films of Akira Kurosawa*. Londres: University of California Press.

— (2004): *Cien años de cine japonés*. Madrid: Ediciones Jaguar.

RINS, Silvia (2002): *La pasión en el cine*. Madrid: Ediciones JC.

Santos, Antonio (1993): *Kenji Mizoguchi.* Madrid: Cátedra.
— (2005): *Yasujiro Ozu.* Madrid: Cátedra.
Schrader, Paul (1999): *El estilo trascendental en el cine: Ozu, Bresson, Dreyer.* Madrid: Ediciones JC.
Serceau, Daniel (1983): *Mizoguchi: de la révolte aux songes.* París: Éditions du Cerf.
Suzuki, Daisetz T. (1996): *El zen y la cultura japonesa.* Barcelona: Paidós.
Tagore, Rabindranath (1986): *La casa y el mundo*, en *Obras selectas.* Barcelona: Edicomunicación.
Taira, Shigesuke (2005): *El código del samurái.* Barcelona: Kairós.
Tanizaki, Junichiro (1994): *El elogio de la sombra.* Madrid: Siruela.
Tessier, Max (1990): *Images du cinéma japonais.* París: Henri Veyrier.
— (1999): *El cine japonés.* Madrid: Acento Editorial.
Thoraval, Yves (1998): *Les cinémas de l'Inde.* París: L'Harmattan.
Torgounik, Jonathan (2003): *Bollywood Dreams. An Exploration of the Motion Picture Industry and its Culture in India.* Londres: Phaidon.
Trashorras, Antonio (2002): *Hayao Miyazaki.* Patronato Municipal de Cinema de Sitges.
Ueno, Koushi (et alli) (1998): *Takeshi Kitano: al final de la violencia.* 43 Semana Internacional de Valladolid.
Valmiki (1984): *El Ramayana.* Barcelona: Lumen.
Vidal, Manuel (1992): *Akira Kurosawa.* Madrid: Cátedra.
VV.AA. (2001): "Nuevas miradas del cine asiático", *Nosferatu*, nº 36-37, San Sebastián: Editorial Paidós y Donostia Kultura, agosto.
Weisser, Thomas (1998): *Japanese Cinema Encyclopedia: The Sex Films.* Miami: Vital Books y Asian Cult Cinema Publications.
Weisser, Thomas, y Weisser, Yuko Mihara (1998): *Japanese Cinema Encyclopedia: the Horror, Fantasy and Science Fiction Films.* Miami: Vital Books y Asian Cult Cinema Publications.
Yamamoto, Yosho (1998): *Hagakure.* Barcelona: Obelisco.
Yoda, Yoshikata (1997): *Souvenirs de Kenji Mizoguchi.* París: Cahiers du Cinéma.
Zimmer, Heinrich (2001): *Mitos y símbolos de la India.* Madrid: Siruela.